코드와 살아가기

코드와 살아가기

코드가 변화시킨 세계에 관한
여성 개발자의 우아하고 시니컬한 관찰기

엘런 울먼 지음 권혜정 옮김

글항아리**사이언스**

사진작가, 나의 남편,

가장 충실하고, 진솔하고, 까다롭지만 친절한 편집자,

엘리엇 로스에게. 사랑을 담아.

차례

1부

개발자 생활

시간을 벗어나다

개발자 생활에 대한 고찰

1994년

1.

프로그램 개발은 논리적인 작업이라고 생각하기 쉽다. 시계를 고치는 일처럼 말이다. 그런데 현실은 딴판이다. 프로그램 개발은 논리보다는 열병, 흥분, 집착에 가깝다. 절대 내릴 수 없는 기차에 올라탄 것 같다고나 할까?

　프로그래밍이 골치 아픈 건 컴퓨터가 논리적이지 않은 탓이 아니다. 컴퓨터는 지긋지긋하게 논리적이고, 잔인하리만치 사실적이다. 컴퓨터는 얼핏 생각하면 똑똑한 것 같지만 사실은 멍청하기 짝이 없어서, 모든 걸 액면가 그대로 받아들인다. 돌쟁이는 "기분 조아쪄요?" 같은 혀 짧은 소리를 곧잘 이해한다. 하지만 컴퓨터에게는 그런 언변이 통하지 않는다. 컴파일러*가 투덜거리면서 개발자가 입력한 구문 속 오류를 집어낼 뿐, 0과 1로 이루어진 기계 언어로 번역해주지는 않는다. 컴퓨터가 말을 알아들은 **척** 작동하게 하는 프로그램을 만들 수는 있다. 하지만 그것 역시 코드에 속임수를 쓰는 '눈 가리고 아웅'에 불과하다.

개발자는 코드를 짜는 동안 머릿속으로 온갖 세세한 정보와 셀 수 없이 많은 지식을 떠올린다. 인간에게 익숙한 형상을 띠는 이 지식은 혼돈에 가까운 상태다. 개발자는 어떤 관점으로 그 지식에 대해 생각하다가 다른 관점으로 방향을 틀고, 마구잡이로 생각을 쏟아내다가 다른 중요한 생각을 해내고, 그 중요한 생각에 '만약'을 추가한다. 단순한 개념, 예를 들면 청구서에 대해 아는 걸 전부 떠올려보자. 이제 이 청구서를 어떻게 작성해야 하는지 외계인에게 설명해보자. 이게 프로그래밍이다.

컴퓨터 프로그램은 보통 사람들이 온전하게 이해하지 못하는 이상한 언어를, 특정 문법에 따라 알맞게 작성해야만 작동하는 알고리듬이다. 프로그램을 짠다는 건 살면서 겪는 혼돈을 컴퓨터 언어로 한 줄 한 줄 번역하는 과정이다.

프로그램을 짜는 동안에는 절대 정신을 놓으면 안 된다. 머릿속에서 인간 세계의 지식이 요동치는 와중에도 타이핑을 멈출 수는 없다. 그 어떤 방해도 용납되지 않는다. 잠시라도 집중력을 잃으면 여기저기 줄을 빠뜨리고 만다. 어떤 구문이 생각났는데(맙소사) 기억이 안 난다. 제발 내 머릿속으로 돌아와줘. 하지만 돌아오지 않을 것이다. 그대로

---

* 고급 프로그래밍 언어로 작성된 코드를 기계가 이해할 수 있는 언어로 번역해주는 프로그램.

영영 잊힐 것이다. 그러면 결국 버그를 만들게 되고, 이 버그는 무슨 수를 써도 고칠 수 없을 것 같다.

버그가 하나도 없는 컴퓨터 프로그램은 없다. 개발자는 늘 오류를 만들어낸다. 하지만 이 오류가 발견되는 건 시간이 지난 다음이다. 보통은 담당 개발자가 이직하고 나서야 버그가 모습을 드러낸다. 그러나 프로그램에는 만든 이의 이름이 남아 있다. 코드 라이브러리 소프트웨어는 누가 언제 무엇을 만들었다는 기록을 영구 보존한다. 덕분에 전 직장 사람들은 이미 떠난 개발자들을 신랄하게 깎아내릴 수 있다. 이것이 평범한 개발자의 삶이다. 시간이 지나도 문제들이 뒤를 졸졸 따라다니고, 떠난 다음에도 망신살은 남는다.

개발자가 말이 없는 이유는 사람보다 기계를 좋아해서라고 생각하기 쉽지만, 전혀 사실이 아니다. 개발자가 말을 하지 않는 건 절대 흐름이 끊겨선 안 되기 때문이다.

이렇게 일의 흐름을 끊을 수 없는 생활 탓에, 개발자는 다른 이들과 기묘하게 다른 시간대를 살게 된다. 개발자에게는 전화를 걸기보다 이메일을 보내는 편이 낫다. 회의 참석을 요구하기보다는 의자에 쪽지를 붙여두는 편이 낫다. 개발자는 자신의 마음의 시간에 맞춰 일해야 하는데, 전화기는 실제 시간에 맞춰 울린다. 회의 역시 실제 시간에 맞춰 열린다. 개발자가 다른 사람들과 함께 일하지 못하는 건 자존심 때문이 아니라 시간대를 동기화할 수 없어서다. 다른 사람들과 (또는 그들이 울리는 전화기, 초인종과) 동기화하려면, 달리는 기차에 올라탄 것과 같은 생각의 흐름을 끊어야만 한다. 흐름이 끊기면 버그가 출몰한다. 개발자는 결코 기차에서 내릴 수 없다.

나는 타인들의 대화를 엿들어서 프로그램으로 만들어야 하는 꿈을 꾸곤 했다. 한번은 사랑을 나누는 두 사람을 프로그래밍해야 했다. 꿈에서 그 둘이 땀에 절어 뒹구는 동안 나는 자리에 앉아 쥐가 난 손으로 코드를 짰다. 두 사람은 서로를 부드럽게 애무하다가 격정적으로 뒹굴었고, 나는 그 사랑의 행위를 C라는 컴퓨터 언어로 표현할 방법을 찾지 못해 절망했다.

2.

2년 동안 다닌 한 회사에서 어느 누구와도 말을 하지 않은 적이 있다. 계약 조건은 이랬다. 한 소프트웨어 스타트업에 최초의 엔지니어로 입사해서, 개인 생활을 포기하는 대가로 언젠가 대박이 터질 수도 있는 다량의 스톡옵션을 받는 것.

나는 최근 입사한 엔지니어 2명과 함께, 썬 워크스테이션 3대가 놓인 큰 방에 있었다. 기기에 장착된 팬이 돌아갔다. 키보드에서 딸깍딸깍 소리가 났다. 가끔 어느 한 명이 끙끙대거나 투덜거렸다. 그 소리를 제외하면 우리는 말을 하지 않았다. 이따금 내가 화를 참지 못하고 주먹으로 키보드를 내리치거나 삐 소리를 연이어 울리기도 했다. 그럴 때면 동료들은 고개를 들어 흘끔거리기도 했지만, 내 행동에 대해서는 일언반구도 하지 않았다.

일주일에 한 번씩은 상사와의 5분 회의가 있었다. 나는 그가 마음에 들었다. 상냥한 사람이었고, 자신이 스타트업에서 일하면서 가지는 불안을 타인에게 전가하지 않았다. 이 회의에서 나는 항상 그에게 일이 일정대로 진행되고 있다고 말했다. 소프트웨어 개발 업계에서는 일이 일정대로 진행되는 경우가 아주 드물기에, 그는 이렇게 말했다. "좋습니다, 좋아요. 다음 주에 봅시다."

나는 좁은 파티션 행렬 뒤로 사라지는 그의 모습을 지켜보곤 했다. 그는 늘 똑같은 카키색 바지에 똑같은 체크 무늬 셔츠를 입었다. 그래서 파티션 행렬 뒤로 사라지는 그의 모습도 매주 똑같았다. 똑같은 카키색 바지와 똑같은 체크 무늬 셔츠. "좋습니다, 좋아요. 다음주에 봅시다."

실제 시간은 더 이상 흥미롭지 않았다. 하루, 한 주, 한 달, 한 해 뒤에도 나를 둘러싼 물리적 환경은 그대로였다. 물론 나이를 먹긴 했다. 머리가 자라서 잘랐을 테고, 그 머리가 또 자랐을 것이다. 매일 앉아만 있는 몸이 중력을 못 이기고 처졌을 테지만 별다른 감흥은 없었다. 나는 오래 앉아 있느라 잔뜩 뭉친 등과 어깨만 보살폈다. 내가 퇴직한 다음에는 회사에 상근 안마사가 생겼다. 수시로 안마를 받으면 등도 어깨도 부드럽게 풀릴 것이다. 그만큼 직원을 자리에 오래 앉혀놓으려는 술책일 테지만.

흥미로운 건 소프트웨어였다. 나는 무에서 유를 창조하고 있다고 생각했고, 솔직히 말하자면 스쳐 간 연애, 친구, 고양이, 집, 남편의 칼에 찔려 목숨을 잃을 뻔한 이웃보다도 내 삶에서 큰 자리를 차지하고 있는 것이 소프트웨어였다. 나는 장치 독립적device-independent 인터페이스 라이브러리를 창조(우리는 '창조'라는 단어를 썼다)하고 있었다. 혼자 방에 앉아 여러 제조사의 컴퓨터 모니터들에 둘러싸여 있던 어느 하루 나는 삶의 동반자인 컴퓨터 화면을 보면서 이렇게 말했다. "말 좀 해봐."

나는 2년 만에 그 인터페이스 라이브러리를 완성하고 회사를 떠났다. 마지막 출근 날 재무부 담당자가 수표를 건넸다. 회사가 내 주식 대부분을 되사기 위해 지불하는 돈이었다. 이런 날이 올 줄 알았다. 입사할 때 서명한 근로 계약서에는, 5년 안에 회사를 떠나면 주식을 반납한다는 조건이 달려 있었다. 그렇다고는 해도 마냥 자유롭거나 우쭐한 기분은 아니었다. 수표를 주머니에 찔러 넣고 송별회에서 거나하게 술을 마셨다.

그 회사는 5년 뒤에 상장했다. 남아 있던 엔지니어들에게는 근로 계약서가 효자 노릇을 톡톡히 했다. 그들은 인생의 7년을 버린 대가로 막대한 부를 거머쥐었다. 나는 자동차나 한 대 뽑았다. 빨간색으로.

3.

프랭크는 컴퓨터와 가까워져야겠다고 생각하던 참이었다. 그는 이래저래 컴퓨터에서 멀어져만 갔다. 힙 메모리heap memory*와 커널kernel**을

---

* 프로그램을 실행할 때 언제나 사용할 수 있게 할당하는 메모리.

다루던 그는 파일 시스템file system***으로 옮겼다가, 유틸리티utility****를 거쳐, 지금의 최종 사용자end-user***** 쿼리query****** 담당에 이르렀다. 다음 차례는 총계정원장general ledger*******, 송장invoice, 그리고 다음은 (맙소사) **재무 보고서 업무**였다. 그는 이래저래 컴퓨터와 가까워져야 했다.

프랭크는 나를 못마땅해했다. 내가 컴퓨터와 더 가까웠을 뿐 아니라 동전 던지기에서 이겨 창가 자리를 얻었기 때문이었다. 프랭크는 복도가 훤히 들여다보이는 자리에 앉아, 나보다 컴퓨터에서 먼 일을 했다.

프랭크는 마흔이 코앞이었고 아내는 임신 중이었다. 야외 주차장에는(내 자리 창문에서는 보이지 않았다) 새로 장만한 스테이션왜건이 햇볕에 달궈지고 있었다. 앞으로 그는 얼마 전 일을 그만둔 아내와 곧 태어날 아이를 부양하고, 유아용 시트가 설치된 자동차를 몰면서, 최종 사용자용 쿼리 도구를 다뤄야 했다. 그는 이래저래 컴퓨터와 가까워져야 했다.

프랭크가 컴퓨터와 가까워지고 싶었던 이유는 이렇다. 컴퓨터를 다룬다는 건, 늦은 밤에 다이어트 콜라로 저녁을 때우면서 일한다는 의미다. 퀴퀴한 옷을 입고 맨발로 책상에 앉는다는 뜻이다. 현실이 아닌 마음의 시곗바늘이 가리키는 시간에 맞춰 산다는 뜻이다. 이렇게 살

** 컴퓨터 운영체제의 심장 같은 부분으로, 운영체제의 나머지 부분을 제어한다.
*** 운영체제에서 보조 기억장치와 그 안에 저장되는 파일을 관리하는 시스템.
**** 사용자가 컴퓨터를 더욱 편리하게 사용할 수 있게 해주는 프로그램.
***** 컴퓨터의 전문적 지식이 없는 최종 이용자.
****** 파일의 내용 등을 알기 위해서 몇 개의 코드나 키를 기초로 질의하는 것.
******* 기업회계상의 모든 계정을 수록한 장부.

// 코드와 살아가기

려면 컴퓨터와 개발자만이 사용하고 이해하는 요소를 다뤄야 한다. 컴퓨터와 프로그램은 우리의 인생이 어떻든, 언제 무엇을 하든 신경 쓰지 않는다. 사무실에 눌러앉든, 출근하든 말든, 잠을 자든 말든 마음대로다. 프로젝트가 끝날 무렵이면 어렴풋이 마감 날짜가 보이기 시작한다. 기차에서 내려야만 하는 끔찍한 종착역이다. 하지만 그전까지는 몇 년이고 자유의 몸이다. 시간이 부여한 의무를 벗어 던지는 것이다.

'컴퓨터와 친하다'는 개념을 설명할 때 엔지니어는 '저급 코드low-level code'의 개념을 참조한다. 보통 '낮다'는 말은 나쁜 뜻으로 통하지만 프로그래밍에서는 반대다. '낮은' 것이 좋다. 낮은 게 낫다.

일반인이 많이 쓰는 프로그램을 만들 때 쓰는 언어는 '고급'이다. 고급 프로그램을 '애플리케이션'이라고 부른다. 애플리케이션은 사람이 사용한다. 사람이 사용한다는 건 좋은 쪽인 것 같지만, 개발자 세계에서는 사람이 직접 사용하는 프로그램을 중요하게 쳐주지 않는다. 일반인, 즉 '사용자'도 과업을 이해할 수 있는 수준의 프로그램을 만드는 개발자는 큰돈을 벌지도, 굉장한 존경을 받지도 못한다. 보통 세계에서는 '높다'는 말이 좋게 들릴지 몰라도, 개발자 세계에서는 높을수록 별로다. 높은 건 나쁘다.

돈과 명예를 원한다면 기계와 개발자들만 이해할 수 있는 코드를 짜자. 그런 코드가 '저급'이다. 0과 1로만 이루어져 있어 프로세서로만 처리할 수 있는 마이크로코드microcode*를 짜는 것이 최고다. 프로세서

---

* 중앙처리장치나 각종 제어 장치를 통제하는 명령이나 프로그램을 기술하는 코드이며, 기계어 부호보다 '낮은' 수준에서 기계어 명령을 해석하고 이에 대한 실행을 제어한다.

를 위한 명령이지만 아는 사람은 읽을 수 있는 어셈블러가 그다음으로 좋다. 마이크로코드나 어셈블러를 쓸 수 없다면 C 언어나 C++를 쓰며 버텨도 된다. C와 C++는 사실 고급 언어이지만 '저급'으로 인정받기 때문에 이 언어를 쓰면 '소프트웨어 엔지니어'라고 불릴 수 있다. 광범위한 개발자의 세계 전체를 놓고 보면 '프로그래머'보다는 '소프트웨어 엔지니어'가 되는 편이 훨씬 낫다. 수천 달러의 연봉과 대박의 꿈을 품은 스톡옵션으로 두 직업의 차이가 갈린다.

내 직장 동료 프랭크는 자신의 일을 굉장히 싫어하는 남자였다. 나를 비롯해 모든 동료의 어깨너머를 기웃거리면서 보통 사람이 쓸 프로그램을 짠다는 치욕에서 벗어나려 애썼다. 이렇게 용을 쓰느라 업무에는 집중하지 못했다. 그는 제대로 작동하지 않는 프로그램을 만든 죄로 형벌을 받았다. 보통 사람들과 대화를 나누는 형벌이었다.

프랭크는 영업 지원 엔지니어가 되었다. 얄궂게도 영업 업무를 담당하며 상여금을 받으니 수입은 늘었지만 스톡옵션은 물 건너갔다. 그리고 다른 엔지니어들 사이에서 프랭크는 '최고급' 언어를 구사하는 개발자로 통했다. 누가 그에 대해 물어보면 우리는 이렇게 답했다. "프랭크는 이제 영업 부서에 있어요." 그에게 사망 선고와 다름없는 말이었다.

4.

진짜 개발쟁이techie는 강압적 우생학을 걱정하지 않는다. 나는 소프트웨어 회사 구내식당에서 만난 진짜 개발쟁이에게서 이 사실을 배웠다.

한번은 프로젝트 팀과 점심을 먹다가, X 염색체에 들어 있는 열성 질병 유전자를 전멸시키려면 시간이 얼마나 필요할지에 대한 토론이 시작되었다. 처음에는 유전적 확률을 계산했다. 엔지니어 한 명이 주어진 규모의 인구를 기준으로 전멸을 마칠 날짜를 구했다. 곧바로 다른 제안이 나왔다. 유전자의 양식을 다양하게 조정하면 날짜를 앞당길 수 있다는 것이었다. 예컨대 교육 캠페인을 통해서 말이다.

팀원 6명은 서로 경쟁하듯 새 제안을 내놓았다. 시작은 보상을 통해 질병 유전자 보유자의 출산 자제를 권장하자는 안이었다. 곧장 질병 유전자를 보유했음에도 아이를 가지는 사람에게 벌금을 물리자는 쪽으로 의견이 바뀌었다. 낙태를 유도하자. 불임 수술을 강제하자.

이제 토론의 열기가 뜨거워졌다. 계산을 거듭한 결과, 질병을 파멸시킬 최종 날짜가 몇 년씩 계속 앞당겨졌다.

결국 궁극의 해결책이 나왔다. "간단해요." 누군가 말했다. "그냥 질병 유전자가 있는 사람을 몽땅 죽이면 되죠." 모두가 이 마지막 제안에 열렬히 찬성했다. 한 세대 만에(쾅) 질병은 사라진다.

내가 나지막이 말했다. "나치가 했던 짓이 그런 거잖아요."

그들은 일제히 혐오스러운 얼굴로 나를 바라봤다. 마치 트림 대결을 펼치던 남자아이들이 놀이를 방해하는 여자아이를 바라보는 시선이었다. 한 명이 말했다. "꼭 우리 집사람처럼 얘기하시네요."

그가 내뱉은 '집사람'이라는 단어에는 어떠한 사랑도, 온기도, 선의도 없었다. 엔지니어의 입에서 나오는 '집사람'이라는 단어는 오줌 묻은 기저귀, 지저분한 설거짓거리를 뜻했다. 시간을 깜박해서 저녁 식사 시간을 놓친 자신에게 화를 내는 사람을 뜻했다. 감정적인 사람 말이다. (지금 이 순간) 그의 머릿속에서 '집사람'은 프로그래밍 파티에 초를 치는 **비논리적**인 모든 것을 함축한 단어였다.

나는 물러서지 않았다. "나치도 처음에는 생각만 했던 거 아시잖아요."

그 엔지니어는 역겨운 말을 남겼다. "이래서 엘런 님은 진짜 개발쟁이가 아니시라는 거예요."

5.

이탈리아 왕자의 한 후손이 유명한 유닉스 워크스테이션 제조사에서 연구 프로젝트를 지휘했다. 나는 설렜다. 그는 당시 5년 차 컨설턴트였던 나의 면접 복장을 칭찬해준 최초의 감독관이었다.

이탈리아 왕자에 대한 나의 환상이 산산이 부서지기까지는 그리 오랜 시간이 걸리지 않았다. 이탈리아 사람이라고 해서 몇 시간 동안 만찬을 즐기고 예쁘게 깎여 나온 과일로 점심 식사를 마무리하는 일은 없었다. 세련된 옷감으로 만든 맵시 있는 정장도 없었다. 그는(이제부터 파올로라고 칭한다) 어느 날은 나더러 근사하다고 칭찬을 날리다가, 또 어느 날은 웃긴 옷을 입었다고 놀려대는 식이었다.

파올로는 이탈리아인으로서의 허물을 완전히 벗고 캘리포니아의 히

피족, 실리콘밸리에서 엔지니어로 일하는 생명체들을 닮아갔다. 그는 지방을 먹지 않았다. 타파웨어Tupperware에 담아온 두부 샐러드 같은 걸 숟가락으로 퍼먹었다. 모든 일을 유닉스 워크스테이션의 알람 소리에 맞춰 처리했다. 달력 프로그램에 설정한 알람에 맞춰 식사하고, 회의에 참석하고, 주차장에서 롤러블레이드를 타고, 주식을 사고팔고, 아내에게 전화를 걸었다(그의 사무실 벽에 걸린 시계에는 숫자가 12 하나만 적혀 있었다). 게다가 파올로는 스웨터를 2벌씩 껴입고 다니기로 한 날부터 한 번도 감기에 걸리지 않았다고 단언했다. 그가 온 동네에 마늘 냄새를 풍기면서 스톡옵션으로 장만한 포르쉐를 몰 날이 머지않은 것 같았다.

파올로가 달라졌다는 사실을 알게 된 건, 그의 아내를 만나봤기 때문이다. 어느 금요일 저녁, 우리는 지역 개발자 모임의 팀 맥주 파티에와 있었다. 티셔츠에 청바지 차림의 남자들로 가득 찬 자리에서, 나와 파올로의 아내는 유일하게 화장을 한 사람이었다. 파올로의 아내는 내가 상상하는, 더 이상 어리지 않은 이탈리아 여성의 전형이었다. 외모를 정성껏 단장한 그녀는 사람들과 대화를 나누려 노력했다. 큼직한 맥주잔을 들고 치즈 범벅 감자튀김을 게걸스럽게 삼키는 이들 너머에서 그녀는, 희망에 찬 눈으로 나를 바라보았다. 또 한 명의 성인 여성으로서 말이다. 그녀는 부리토burrito의 효능을 큰 소리로 떠드는 남편을 보며 혀를 차기도 했다. 부리토는 '지구상에서 유일하게 고체를 순식간에 가스로 바꿔주는 유일한 물질'이라는 게 파올로의 주장이었다.

파올로는 기행을 많이 할수록 연구진에 잘 적응해갔다. 한 엔지니어는 늘 후식을 먼저 먹는다(그러면서 굳이 티를 낸다. 누군가 언급해주기를 바라고 부추긴다. 하지만 사람들은 말을 아낀다). 어떤 사람은 아무리 봐도 잠옷 같은 옷을 입고 출근한다. 그는 이 프로젝트에 참여하기 위해 아내와 아이들을 동부에 두고 왔는데, 가족과 떨어져 있는 것이 무슨 허가증이라도 되는 듯 면도를 안하고 잘 씻지도 않는다(그 사실을 모를래야 모를 수가 없다). 또 다른 연구직 엔지니어는 사시사철 반바지를 입고 다닌다. 무릎이 천으로 덮여 있는 모습은 단 한 번도 본 적 없다. 어떤 사람은 항상 마감일 하루 전에 자신의 작업을 대대적으로 손본다. 그리고 자신의 이런 행태에 대한 불만을 귓등으로도 듣지 않는다. 한 팀원은 아주 세심하게 필터를 조정해 모든 이메일을 거른다. 결국 이메일 대부분이 스팸함으로 간다. 마지막으로 소개할 엔지니어는 이 프로젝트의 유일한 정규직 여성으로, 기행에 있어 타의 추종을 불허한다. 업무용 전화번호를 공개하지 않는 것이다. 그에게 연락하려면 관리자에게 메시지를 남기는 수밖에 없다. 전화번호를 비밀에 부쳐 동시 소통을 공식적으로 거부한다는 사실은 경이롭기만 하다. 나는 듣도 보도 못한 일이었다.

이 연구직 엔지니어들이 마음껏 기행을 펼칠 수 있는 건 기계와 아주, 아주 가깝기 때문이다. 그들에게는 기괴한 것이 영예다. 사람들은 그들에게 요상한 행위를 기대하고 그 모습을 존경했다. 기행은 자신이 기계와 가까운 명석한 인물임을 나타내는 신호이기도 했다. 소프트웨어 엔지니어는 실력을 인정받으면 개인 사무실을 가지고, 아무 때나 출퇴근을 하면서 일반적인 시간대를 벗어나 살 수 있다. 하지만 영원

히 변치 않고 진정한 기인이 될 수 있는 건 선임 연구직 엔지니어들뿐
이었다.

이들은 회의에서 유치하게 군다. 서로를 멍청이라고 부르며 닥치라
는 말을 퍼붓는다. 종이를 구겨 던지기도 한다. 하루는 팀원 한 명이
한국인 동료에게 고함을 질렀다. "영어로 말하라고!" (이렇게 폭주한 뒤
잠시 정적이 찾아오기는 했다) 여기가 회사인지 어린이집인지 헷갈릴 지
경이었다.

일본인 후원사가 방문한 날에도 이들의 유치한 행동은 계속되었다.
그 연구는 여러 기관과 단체를 거쳐, 최종적으로 일본 상공회의소의
후원을 받아 진행됐다. 후원 부서 책임자가 부하직원을 데리고 방문
했다. 하나같이 파란 정장을 입고 온 이들은, 몸 앞에 양손을 단정하
게 포개고 회의실에 앉아 있었다. 그들은 굉장히 조심스러운 말투로,
몸을 앞으로 숙이고 들어야 할 만큼 조곤조곤 이야기했다. 반면 연구
진은 형편없이 행동하고 말다툼을 벌이며, 돈은 언제 들어오는지 물어
보는 대범함마저 보였다.

그 일본인들은 언짢기는커녕 즐거워 보였다. 그들은 애초에 돈을 쓴
목적을 정확하게 달성했다. 기괴하고 특출난 천방지축 캘리포니아인들
을 산 것이다. 엔지니어들의 기행이 확신을 주었다. 아! 최고 실력자들
이 확실하구나!

6.

우리는 컨벤션에 참석한다. 컴퓨터 중심에서 멀리 떨어진 지점에서 출발해, 점점 가까이 다가가도록 여행 동선을 짠다. 이 여정은 산맥으로 이루어진 국경선을 넘는 것과 같다. 고개를 넘을 때마다 전혀 다른 종족이 등장한다.

시작은 컴퓨터 교육자와 기술 작가를 위한 '고급' 콘퍼런스다. 어딜 가나 여성이 보인다. 젤네일, 붉은 입술, 고급 가죽으로 만든 서류 가방이 넘실댄다. 에어컨이 쌩쌩 돌아가는 시원한 박람회장에 은은하고 달콤한 향수 내음이 넘실댄다.

다음 목적지는 워싱턴 D.C.에 있는 애플리케이션 개발 콘퍼런스 '페더럴 시스템즈 오피스 엑스포Federal Systems Office Expo다. 이곳은 문화적 다양성의 장이다. 남자, 여자, 백인, 흑인, 아시아인 등 자격을 갖췄다면 누구든 환영받는다. 애플리케이션 개발('고급', 신분 낮음, 연봉 비교적 낮음)은 컴퓨터 세계의 공무원직이다.

이제 고도가 낮은 서쪽으로 이동한다. 우리는 캘리포니아에서 열리는 시그라프SIGGRAPH(미국 컴퓨터 학회Association for Computing Machinery의 그래픽 분과회)에 와 있다. 이제 흑인은 사실상 자취를 감췄다. 젊은 백인 남성이 주를 이루고, 아시아인도 여럿 섞여 있다. 아직 여성도 좀 있다. 여성이 줄어든다는 것은 우리가 점점 기계의 심장부에 다가가고 있다는 징표다.

여기서부터 우리는 프로그래밍의 깊고 낮은 반도체 계곡으로 급강

하한다. 먼저 미국 컴퓨터 학회의 운영체제 분과에 들른다. 그다음으로는 하드웨어에 더 가까이 다가가, 칩 설계자 컨벤션에 참석한다. 여자인 사람은 도통 보이지 않지만, 자세히 들여다보면 혼자 온 젊은 중국인 여성이 몇 명 있다. 이들은 수수한 차림으로 투명인간처럼 조용히 앉아 있다. 이 자리는 젊은 남성들의 모임이다. 이곳은 티셔츠와 청바지가 지배하는, 언제까지고 대학원생 같은 삶을 영위하는 땅이다.

그다음으로 소프트웨어 공급업체 개발자 학회에 가면, 우쭐대는 자칭 '야만인' 기업 개발자들이 있다(이들은 사실 자신들의 생각만큼 '저급'하지 않다). 이들은 거대한 화면에 슬라이드를 띄우고, 수염을 기르고 창과 곤봉을 든 채 동물 가죽옷을 입은 모습으로 자신을 표현한다. 홍보직 여성들을 제외하면(구석 자리에서 샤넬 N°5 향이 올라온다) 여성은 한 명뿐이다(그게 나다).

한 번은 선배 엔지니어가 내게 물었다. 왜 전업 엔지니어 생활을 접고 컨설팅을 시작했냐고. 그때까지 이 문제를 진지하게 생각해보지 않았던 나는 내 자신의 대답에 놀라움을 금치 못했다. 나는 성인 여성의 삶에 대해 투덜거리다가 말했다. "그런데 말이죠, 엔지니어링 업계 문화는 십대 남자애들처럼 유치하더라고요."

그 선배는 엔지니어로서는 드물게 교양이 있는, 명석하고 마음씨 고운 남자였다. 나는 그를 굉장히 존경했고, 그의 기분을 상하게 할 의도는 전혀 없었다. "참 안타까운 일이네요." 그는 진심인 듯 대답했다. "우리가 그런 식으로 인재를 잃는 거니까요."

그 뜻밖의 반응이 무척 고맙게 느껴졌다. 나는 말을 이어가며, 엔지니어들 사이에 남자 아이 같은 문화가 생긴 이유를 파고들려고 했다.

하지만 그 찰나에 방해꾼이 등장했다. 회사에서 부서들 간의 물풍선 싸움을 시작한다고 알린 것이다. 고무 풍선에 물을 채워 배달하는 복잡한 장비 설계에 회사 전체가 몇 주 동안 매달렸다. 업무를 중단하고, '남는 머리'를 전쟁 준비에 쏟아부었다.

사람 좋은 동료가 열정적으로 준비에 동참했다. 내가 마지막으로 봤을 때 그는 종이 냅킨에 물풍선 투석기를 그리고 있었다.

기계에 점점 다가가는 이 여정의 교훈은 이렇다. 소프트웨어 엔지니어링 업계는 실력주의 사회다. 재능과 실력을 겸비했다면 누구나 일원이 될 수 있다. 그러나 롤러블레이드, 프리스비, 물풍선 전쟁에 흥미가 없는 사람, 자주 만날 친구가 있는 사람, 돌볼 아이가 있는 사람은 오래 버틸 수 없는 세상이다.

7.

한번은 나와 말을 하지 않는 남자와 함께 그래픽 사용자 인터페이스를 디자인했다. 상사는 그를 뽑는 면접에 다른 직원을 아무도 데려가지 않았던 것을 땅을 치고 후회했다.

나는 새 동료에게 간단하게 업무를 소개하고, 또 다른 팀원과 함께 회의실에 갔다. 우리는 화이트보드 2개에 네 가지 색 마커로 선, 네모, 동그라미, 화살표를 그렸다. 그렇게 한 시간 반 정도가 지나고 보니, 새 동료가 무척 불안해 보였다.

"우리가 너무 빠른가요?" 내가 물었다.

"첫째 날인데 좀 심했나요?" 또 다른 팀원이 거들었다.

"아니요." 신입 사원이 답했다. "저는 이런 식으로는 못해요."

"뭘 못하죠?" 나는 물었다. "어떤 식으로요?"

그는 양손을 주머니에 찔러 넣은 채 팔꿈치를 들썩이며 말했다.

"이런 식이요."

"디자인 말이에요?" 내가 물었다.

"회의하는 거 말이에요?" 또 다른 팀원이 물었다.

우리의 새 동료는 답이 없었다. 어깨를 으쓱하고, 다시 팔꿈치를 들썩였다.

그때 머릿속에 끔찍한 생각이 떠올랐다. "말하는 거 말인가요?" 내가 물었다.

"네, 말하는 거요." 그는 대답했다. "저는 말하면서는 일 못해요."

지금까지 사회생활을 하면서 유별난 엔지니어를 여럿 만나왔지만, 아예 말을 안 하겠다는 사람은 처음이었다. 게다가 그땐 윈도나 모티프 같은 표준 사용자 인터페이스가 갖춰지기 전이었기 때문에 디자인할 거리가 산더미였다. 말을 안 하면 일이 힘들어질 수밖에 없었다.

"그럼 일을 어떻게 하겠다는 거죠?" 내가 물었다.

"메일이요." 그는 재깍 답했다. "이메일로 보내주세요."

결국 우리는 선택의 여지 없이 이메일을 주고받으며 그래픽 사용자 인터페이스를 디자인했다.

세 사람이 이메일을 주고받아가면서, 그중 한 명은 말도 거의 안 하면서 설계한 시스템을 북미와 유럽 회사들은 아직 사용하고 있다.

8.

흔히들 예쁜 그래픽 인터페이스를 '사용자 친화적'이라고 한다. 그러나 사용자 인터페이스는 사실 여러분의 친구가 아니다. 모든 사용자 친화적 인터페이스의 기저에는 인간을 지독하게 경멸하는 마음이 깔려 있다.

그래픽 인터페이스의 기본 개념은, 우려되는 일을 무조건 예방하는 것이다. 사용자가 마우스 버튼을 정신없이 누르면, 시스템은 사용자가 이런 한심한 행동을 하지 못하게 막는다. 키보드를 원숭이가 두드릴 수도 있고, 고양이가 밟고 지나갈 수도 있고, 아기가 주먹으로 내려칠 수도 있다. 이런 상황에도 시스템이 고장 나면 안 된다. 고장이 잘 나지 않는 시스템을 구축하기 위해, 디자이너는 어떤 멍청한 행동이 벌어질 수 있을지 상상해서 예방해야 한다. 사용자의 지적 능력은 믿을 게 못 된다. 누가 프로그램을 쓸지 어떻게 안단 말인가? 게다가 사용자의 지적 능력은 정량화할 수도, 프로그램으로 만들 수도, 시스템을 보호할 수도 없다. 디자이너가 진짜 해야 할 일은, 사용자가 지적인 인간이라는 생각을 접고 누군가 저지를 수도 있는 바보 같은 행동을 전부 생각해내는 것이다.

디자이너로서 이 일을 몇 개월, 몇 년씩 하다 보면 사용자들이 얼간이로 보이기 시작한다. 이런 시각은 필수다. 사용자를 멍청이라고 가정해야만 웬만해서 고장 나지 않는 탄탄한 시스템을 구축할 수 있다. 예쁜 데다 사용 중 기괴한 응답을 할 일이 없는 사용자 인터페이스를 사용하고 있다는 건, 그만큼 디자이너가 시스템 개발 단계에서 사용자를 덜떨어진 인간으로 가정했다는 뜻이다.

디자이너는 보통 사용자의 지능을 얕보는 마음을 코드 깊숙이 감춰두지만, 가끔은 그 업신여김이 수면 위로 드러나기도 한다. 간단한 예를 들어보자. 맥에서 파일 백업 같은 간단한 작업을 하려고 한다 치자. 프로그램이 잠시 작동하다가 오류가 생긴다. 디스크가 불량이라는 대화 창이 떴는데, 버튼은 달랑 하나다. 사용자에게는 그 버튼을 누르는 것 외에 어떠한 선택의 여지도 없다. 버튼을 누르지 않으면 프로그램은 그 상태로 영원히 움직이지 않는다. 디스크가 불량이고 파일이 날아갈 위험이 있는 순간에도, 디자이너는 사용자에게 단 하나의 응답만을 허락한다. 사용자는 마지못해 이렇게 대답한다. "예".

9.

우리의 몸속 모세혈관을 타고 흐르는 피처럼, 컴퓨터는 우리의 삶 속을 흘러 다닐 준비를 마쳤다. 머지않아 우리는 어디에서나 사용자에게 '예'라는 대답을 강요하며 멍청한 몸짓을 차단하는 어여쁜 인터페이스를 마주할 것이다.

소비자들을 상대로 서비스를 제공하는 거대한 전산 시스템이 곧 탄생할 것이다. 이 시스템에는 '쌍방향'이라는 이름이 따른다. 쌍방향이라는 단어 자체는 근사하게 들린다. 물론 반응, 응답, 대응은 긍정적인 활동이고, 무언가 다른 것, 무언가 나쁜 것, 무반응과 무응답, 무대응보다 나은 상태를 뜻한다. 문제는 단 하나, 우리의 쌍방향 소통 상대가 기계라는 것이다.

쌍방향 서비스는 '주문형'으로 제공되어야 한다. 주문이라니, 얼마나 강력한 단어인가! 영화를 보고, 농구 경기 표를 예매하고, 호텔 숙박을 예약하고, 어머니에게 카드를 보내는 모든 서비스가 전화기, 텔레비전, 컴퓨터에서 우리를 기다린다. 야밤이고, 꼭두새벽이고, 대낮이고 시간을 가리지 않는다. 몇 시에 잠을 자고 몇 시에 피자를 시키는지, 우리가 언제 무엇을 하는지는 전혀 중요하지 않다. 다른 사람을 통하지 않고도 우리가 원하는 걸 얻을 수 있다. 심지어는 입도 뻥긋할 필요가 없다. 정해진 시간을 따라야 한다는 의무 없이, 원하는 시간에 서비스를 받을 수 있다. 우리 모두 기계와 더 가까이 지낼 수 있다.

'쌍방향'이라는 명칭은 틀렸다. '비동기성'이라고 불러야 한다. 엔지니어들의 문화가 이렇게 일상에 스며든다.

일터에서, 집안에 차려놓은 작업실에서, 가게에서, 우리는 놀랍도록 서로를 닮아가는 프로그램들과 '대화'를 나누게 될 것이다. 유아용 장난감에 있는 '누르기' 단추처럼 애니메이션이 들어간 작은 그림들 중 하나를 고르는 것이다. 장난감은 우리를 즐겁게 해주기 위해 존재한다. 그런데 어쩌 된 일인지 이 프로그램들은, 사람들이 같은 공간에서 손 뻗으면 닿는 가까운 거리에서 서로를 마주 보며 명료하지만은 않은 자연 언어를 통해 성숙한 인간과 마음을 주고받는 만족감을 대체하기 위해 존재한다.

컴퓨터의 어여쁘고 유익한 얼굴이 (그리고 기저에 깔린 경멸적 코드가) 일상에 깊이 침투하면서, 엔지니어들의 남자아이 문화가 따라왔다. 엔지니어가 가정한 전제들과 넘겨짚은 사실들이 코드 안에 담겨 있다. 결국 프로그램을 만드는 목적은, 오랜 세월 시스템을 다뤄온 수많은 엔지니어의 지성과 의도를 종합하는 것이다. 이들은 이상하고 굉장히 특정한 행동 방식들을 배워온 사람들이다. 시스템은 엔지니어를 품는다. 시스템은 엔지니어가 아는 방식으로 삶을 재편하고 재현한다. 머지않아 우리는 모두 개발자 같은 삶을 살게 될지도 모른다. 혼자서, 내 마음의 시간대를 떠다니며, 기계와 거리가 먼 이들을 업신여기는 삶을 사는 것이다.

<

응답하라, CQ
1996년

>

어린 시절, 옆집에 살던 소년은 아마추어 무선국 국장이었다. 그의 이름은 유진이었다. 브롱크스 과학고등학교 공학도였던 이 뚱뚱한 친구는 저녁이면 지하실에 틀어박혀 하늘을 향해 전파를 보냈다. 그 무전실은 유진이 사는 세계의 중심이었다. 계기판, 토글스위치,* 스위치가 달린 장비들로 가득 찬 어두컴컴한 그 방에 홀로 앉아서 유진은 매주 토요일 밤을 지새웠다. 불빛이라고는 자그마한 빨간색 조명과, 장비 사용 설명서를 비추도록 목을 구부려놓은 스탠드가 전부였다.

　나는 유진의 무선이 드리우는 그늘 아래에서 자랐다. 우리 가족은 그 친구가 갈수록 정교하게 발전시키는 안테나를 우리 집 지붕에 고정하도록 허락해주었다. 단순한 T자 구조로 출발한 안테나에 기둥과

---

* 켜짐과 꺼짐의 두 상태만 있는 스위치.

대들보가 추가되더니, 마침내 모터 달린 둥글넓적한 물체가 들어섰다. 모터가 돌면 회전하고, 바람이 불면 진동하던 이 복잡한 구조물은 허리케인에 반토막이 나 너덜너덜해졌다. 이 안테나의 주 역할은 우리 집에 전파의 그늘을 드리우는 것이었다. 나는 유진의 지하실 안 비밀 생활을 속속들이 알게 되었다.

토요일 밤에 부모님과 언니가 외출을 하고 나면, 나는 유진의 목소리를 듣고 그가 열중한 모습을 '볼' 수 있었다. 한 번은 냇 킹 콜이 노래하는 방송을 보고 있는데 갑자기 유진의 아마추어 무선이 우리 집 TV 신호를 가로채는 바람에 텔레비전이 시끄러운 소리를 내며 지직거렸다. 그 지직거리는 화면에서는 드라마 「제 3의 눈 The Outer Limits」에 나오는 역전류 검출관 같은 무늬가 나오면서 신경질적인 잡음이 들렸고, 나는 그것이 유진의 진짜 육신이라고 생각하기에 이르렀다. 눈에 보이는 몸뚱이 속에 갇힌 진짜 유진 말이다. 그는 늘 같은 무전을 보냈다. "CQ, CQ. 응답하라, CQ. 대화. 대화를 원한다.* 여기는 K3URS다, CQ. 응답하라, CQ." K3URS는 그의 호출 신호이자, 허가 번호이자, 별명이었다. 누구라도 이 소리가 들리면, 누구든 듣고 있다면, 응답하라. 지금 생각해도 눈 오는 밤 CQ를 외치던 그 목소리만큼 엔지니어의 고독을 가슴 시리게 드러내는 것은 없다.

가끔은 유진이 교신에 성공하기도 했다. 특히 추운 밤이면 전파가 공기 중에 더 선명하게 퍼져 나갔다. 텔레비전 신호를 타고 양쪽에서

---

* CQ는 seek you(당신을 찾는다)를 영어 발음에 따라 표기한 무선용어다.

'대화'가 오갔다. 그들의 교신은 라디오와 비슷했다. 육중하게 솟은 동네 건물들 사이를 누비고 밤하늘을 떠돌면서 또 다른 영혼을 찾아 헤맨 끝에 만난 두 사람이 나눈 대화의 주제는…… 장비였다. 한 명이 말한다. 내 앰프, 내 마이크, 오버. 그러면 상대방이 답한다. 내 필터, 내 전압 조정기, 오버. 그들은 이 '대화'를 즐기는 것 같았다. 웃음소리도 들렸다. 화면에서 웃음소리는 주파수와 진폭이 유달리 높고, 파장이 널뛰는 양상을 보였다. CQ가 고독을 대변한다면, 이 양상은 엔지니어의 성취를 보여주었다. 지하실 소년들은 그 널뛰는 양상을 보며 안도했다. 모든 장비에는 용도가 있다고. 장비를 통해 정말로 친구를 사귈 수 있다고.

그로부터 35년 뒤, 유진을 잊고 살던 어느 날 밤 나는 잠을 이루지 못했다. 침실 맞은편 서재에서는 내 컴퓨터 3대가 자고 있었다. 나는 뭘 찾는지도 모른 채 컴퓨터들을 깨웠다.

맥 파워북은 깊이 잠들어 있었다. 몇 시간 전에 '잠자기 모드'를 실행한 터라, 자그마한 녹색 불빛이 아가의 쌔근쌔근 숨소리처럼 한결같이 깜박이고 있었다. 두 번째 컴퓨터는 바닥에 있는 PC였다. 이 PC에 연결된 21인치 모니터는 책상을 너무 많이 차지하는 데다, 어르고 달래야만 잠을 재우거나 깨울 수 있는 아이였다.

그리고 대망의 보이저Voyager는 13파운드짜리 휴대용 선 유닉스 워크스테이션이었다. 내가 외주 받은 프로젝트를 진행하느라 빌려온, 정교한 종이접기 작품처럼 접어서 가지고 다니다가 책상에 펼쳐 놓고 쓰도록 설계된 기발한 기계였다. 30분간 사용하지 않으면 저절로 잠자기 모드에 들어갔다가, 키보드 하나만 건드리면 바로 되살아난다. 고해상도 컬러 LCD 모니터가 보여주는 그래픽 인터페이스는 맥의 화면보다도 아름다웠고, 어둑한 방에서 화면의 색들은 진주처럼 반짝였다. 작은 창이 열리고 시계가 나왔다. 디지털 시계일 뿐이지만 얼굴과 큰 손, 작은 손을 가지고 있고 그 작은 손이 움직이는 것이 반가웠다. 시곗바늘은 지금이 태평양 표준시로 새벽 3시 5분임을 알려주었다.

인터넷에 접속하자 PC 모뎀이 끼익 끼익 소리를 내며 불을 깜빡였다. 불면증에, 날카로운 끼익 소리에, 불빛이 깜빡이는 와중에도 불구하고 행복한 기분은 어쩔 수 없었다. 나는 어두운 방에 앉아 첨단 기기에 둘러싸여 있었다.

1년 전 가입했던 게시판에 들어갔다. 말장난, 시시껄렁한 농담, PC보다 뛰어나다는 맥을 향한 예찬, 어디 모니터가 가장 밝고 어디 모뎀이 가장 튼튼한지에 대한 이야기로 시끌벅적했다.

그 순간, 수십 년 된 기억의 타래를 뚫고 유진이 떠올랐다. 이 게시판 사람들이 새 시대의 아마추어 무선국 국장들, 유진의 후예들이라는 생각이 뇌리를 스쳤다. 세계 여기저기 흩어져 있는 우리는 기계에 대한 애정을 공통분모 삼아 소통했다.

그 기억에 신경이 날카로워졌다. 토요일 밤에 홀로 집에 남아 텔레비전이나 보던 어린 시절을 되새기기는 싫었다. 하지만 이미 늦었다. 그 외로웠던 밤들이 떠오르자, 게시판 활동과 그 기억은 더 이상 떼놓을 수 없었다. 예전처럼 게시판을 즐길 수 없을 것 같다는 생각에 나는 그 사이트를 껐다.

나는 성인이 되고부터 내내 활동해왔던, 1985년에 개설된 '전 지구 전자 링크whole Earth 'Lectronic Link'에 접속했다. Well이라는 약자로 통하는 곳이었다. 그 사이트는 앞서 말한 게시판과는 정반대였다. 치열한 토론이 벌어지고 지적인 논쟁이 끊이지 않았다. 불면증에 시달리는 상태로는 감당하기 힘들었다.

이메일을 몇 통 보내보기도 했지만 답장이 없었다. 어쩔 수 없는 노릇이었다. 지구에서 인터넷에 접속하는 인구는 극히 적었고, 그중 이메일에 로그인한 채 눌러앉아 있는 사람은 없었다. 컴퓨터과학자, 엔지니어, 개발자 중에는 그런 사람이 있었다. 거의 끊임없이 접속 상태에 있는 (장차 우리 모두가 취하게 될) 방식의 삶을 이끄는 집단이었다.

그런데 실시간에 가까운 답장이 왔다. 나에게 보이저 컴퓨터를 빌려준 컨설팅 프로젝트의 동료 칼에게 일 관련 메시지를 보냈는데, 칼같이 답장이 온 것이다. "새벽 3시인데 뭐하세요?" 그가 물었다.

새벽 3시에 뭘 했냐고? 화면이 흐릿해지는 것 같았다. 디스크 드라이브의 윙윙거리는 소리에 이를 악물었다. 소싯적 나는 외롭고 슬픈 소년 유진보다 잘나가는 몸이라고 생각했다. 그런데 더 이상 아니라는 생각이 불쑥 들었다. 어찌 된 일인지, 세월이 흐르면서 나는 유진과 같은 사람으로 자라 있었다. 뭘 하고 있었긴? 어두운 방에 앉아서 호출을 하고 싶다고 생각하고 있었다. "나는 혼자다; 잠도 안 자고 있다; 응답하라, CQ." 칼도 마찬가지이지 싶었다. 그의 워크스테이션에도 내 것과 똑같은 얼굴 모양 시계가 있었다. 내가 뭘 하고 있었냐고? "당신이랑 똑같은 거요." 답장을 보냈다.

　다음 날 아침, 우리는 팀 회의 시간에 서로를 마주 보고 앉았다. 한밤중 이메일로 대화를 나누기 전까지는 그를 주의 깊게 본 적이 없었다. 그는 남자만 5명 있는 팀에 속한 엔지니어 1명에 불과했다. 회사에서 존경받는 연구자이자, 내가 실수를 저지를 경우 무능하고 멍청한 여자 컨설턴트라고 비난할 수 있는, 내 입장에서 조심해야 하는 사람 중 하나였다. 도대체 저 외주자는 왜 뽑은 거야? 팀원들은 투덜거렸다. 이제는 칼이 잘생겨 보였다. 검고 무성한 머리칼, 매부리코, 다부진 턱, 영화배우처럼 잘생겼지만 인간미 있게 작은 눈이 몰려 있어 따분해 보이지 않았다.

　회의가 시작되고, 여느 때와 같이 기술을 주제로 한 말싸움과 신경전이 벌어졌다. 누가 마음을 다치든 말든 상관하지 않고 쌍절곤을 휘두르듯 피 튀기는 시간이었다. 그 와중에 나는 칼의 목소리에 집중했다. 그의 깊이 있는 중저음은 듬직하고 이성적이었다. 그는 어떤 사람일까? 내면도 외면처럼 군살 없이 단단할까? 아니면 목소리처럼 다정하고 차분할까? 그도 나처럼 눈이 반쯤 감겨 있는지 궁금해 맞은편으로 눈을 돌렸지만 잘 보이지 않았다. 어젯밤의 짧았던 대화에 대해 무슨 이야기를 나누게 될까 궁금했다. 우연히 마주쳐서 재미있었다고 말하고 싶었다. 말을 걸고 싶었다. 안녕하세요? 좀 쉬셨어요? 서로 팔만 뻗으면 닿는 거리에 앉아 있건만, 그에 대해 알아가도 좋다는 허락을 어떻게 받아야 할지 알 수 없었다.

인터넷 열풍. 웹이 일으킨 광란. 간편한 마우스 클릭으로 항해하는 항해사들. 사진과 음향. 롤링스톤스 라이브 방송. 웹이 도래하면서 인터넷은 텔레비전의 역할을 하게 되었다. 겉똑똑이들을 위한 텔레비전 말이다. 어디 가서 밤새도록 잠도 안 자고 모조 보석을 파는 홈쇼핑 채널들을 구경했다고 말하기는 멋쩍지만, 몇 시간씩 인터넷을 했다고 말하는 건 왠지 괜찮은 것 같고, 좀 있어 보이는 느낌마저 든다.

인터넷은 예쁜 얼굴을 하고 있다. 하지만 칼과 나는 그 얼굴 뒤에 숨은 것을 보았다. 서로 뒤엉킨 기계와 네트워크와 소프트웨어, 보내는 사람에게서 받는 사람에게로 국경을 넘나들며 전달되는 이메일들. 이메일 헤더에는 온갖 정보가 담겨 있다.

```
From jim@janeway.Eng.Neo.COM Thu Apr 27 11:22:45 1995

Return-Path: jim@janeway.Eng.Neo.COM

Received: from Neo.COM by netcom11.netcom.com (8.6.12/Netcom)

id KAA15536; Thu, 27 Apr 1995 10:55:59 -0700

Received: from Eng.Neo.COM (engmail2.Eng.Neo.COM) by Neo.COM

(komara.Neo.COM)

id AA15711; Thu, 27 Apr 95 10:43:37 PDT

Received: from janeway.Eng.Neo.COM (janeway-20.Eng.Neo.COM) by

Eng.Neo.COM (5.x-5.3)

id AA29170; Thu, 27 Apr 1995 10:42:06 -0700

Received: from hubris.Eng.Neo.COM by hubris.Eng.Neo.COM (5.0
```

-SVR4)

id AA13690; Thu, 27 Apr 1995 10:42:05 +0800

Received: by hubris.Eng.Neo.COM (5.0-SVR4)

id AA10391; Thu, 27 Apr 1995 10:42:04 +0800

From: jim@janeway.Eng.Neo.COM (Jim Marlin)

Message-Id: 9504271742.AA10391@hubris.Eng.Neo.COM

Subject: Design notes due

To: dev-team@hubris.Eng.Neo.COM

Date: Thu, 27 Apr 1995 10:42:04 -0800 (PDT)

X-Mailer: ELM [version 2.4 PL21]

Content-Type: text

Status: R

껍질을 벗겨내면 인터넷은 여전히, 국방부가 개발하고 캘리포니아 대학교 버클리 캠퍼스가 발전시킨 케케묵은 네트워크들의 네트워크였다. 인터넷을 탄생시킨 본래의 목적도 그대로였다. 세계 여러 나라에 있는 유진 같은 이들이 로켓 설계나 캐싱* 알고리듬 같은 정보를 교환하는 장을 만드는 것이다. 이제 인터넷에서는 성질 급하고 변덕스러운 유닉스 운영체제 속 일상적인 엔지니어링 업무가 이루어진다. 이 운영체제는 항상 짧은 명령어를 좋아한다. 'list'는 'ls'로, 'change directo-

---

* 컴퓨터를 사용할 때 이전에 검색하거나 계산했던 데이터를 효율적으로 재사용할 수 있도록 저장해두는 고속 데이터 스토리지 계층.

ry'는 'cd'로, 'electronic mail'은 'elm'로 줄여 부르는 식이다. 그러다가 'pine'이라는 이름의 이메일 소프트웨어가 개발되기에 이르렀다. 이 이름은 다른 단어들의 약자가 아니라 그냥 영어로 소나무를 뜻했다.

그 후로 두 달 동안 칼을 직접 본 건, 두렵지만 피할 수 없는 4번의 그룹 회의에서가 전부였다. 회의를 할 때마다 그에 대한 호기심이 커져만 갔다. 그러나 그의 실제 모습에 대한 내 생각은 상상에만 머물러 있었다. 그의 행동은 변화가 없었다. 갑자기 안 하던 행동을 해서 알쏭달쏭한 속내를 은근슬쩍 드러내는 일은 없었다. 그의 몸에서는 어떤 단서도 끌어낼 수 없었다. 그는 피곤해 보이지도, 눈이 부어 있지도, 꼿꼿한 자세를 구부러뜨리지도 않았다. 나를 똑바로 바라보는 일도 없었다. 그는 잠 못 드는 밤에 있었던 우리의 짧은 조우를 절대 언급하지 않았다. 나는 그 회피 뒤에 일말의 감정이 숨어 있다고 믿고 싶었다. 나를 향한 금지된 관심 같은 것. 하지만 내가 원래 그랬듯, 그도 나에게 별 관심이 없을 가능성이 컸다.

그 짧았던 대화 외에 내가 그에 대해 아는 건, 다른 팀원들을 아는 것과 마찬가지로 이메일을 통한 모습이었다. 우리는 저마다 온라인상의 자아를 만들어야 했고, 그 자아는 가변적이어야 했다. 이메일을 주고받는 상대에 따라 자아를 조정했다. 내 경우 팀 안에서는 굳센 인물을 자처했고, 나를 뽑은 팀장 앞에서는 책임감 있는 외주자가, 관련 프로젝트들을 수행하는 조직과 팀 사이에서는 총명한 교섭자가 되어야 했다. 적어도 그런 역할을 하려고 노력했다. 상황에 맞는 온라인상의 자아를 능수능란하게 만들고 편안하게 이용하는 건 컴퓨터 직종

// 코드와 살아가기

에서 일하기 위한 필수 조건이다. 디자인이나 기술에 대해 토론을 벌이는 활동, 업계인들 사이에서 인지도를 높여가는 모든 직업 활동이 온라인에서 펼쳐진다.

하지만 그 프로젝트를 진행하는 동안 나의 인터넷 생활은 순탄치 못했다. 그 회사의 이메일 시스템은 구식이었다. 선 워크스테이션에서 봐도 예쁜 구석이 없었다. 이메일은 텍스트 기반이고, 편집 기능은 너무 번거로워서 쓰는 사람이 거의 없었다. 타자를 친 다음 오자와 탈자를 고치지도 않고 보내기 버튼을 눌러버리는 것이 유행하다가, 급기야는 규범이 됐다.

그 회사의 시스템에는 내가 써본 적 없는 그룹 이메일 기능도 있었다. 특정 발신자나 수신자 그룹을 하나의 이메일 이름으로 묶어주는 기능인데, 별칭을 명료하게 짓기만 하면 간단하고 효과적일 수 있었다. 그러나 이 프로젝트에 참여하는 사람들은 메일링 그룹 기능을 마구잡이로 쓰는 것 같았다. 그래서 늘 내가 누구와 이야기를 하고 있는지 확실히 알 수 없었다. 우리 메일링 그룹에 포함된 수신자는 개발자와 프로젝트 책임자부터 선임 관리자, 다른 부서 수석까지 나날이 불어났다. 캘리포니아에 있는 개발자와 관리자, 뉴저지에 있는 관리자가 묶여 있는 메일링 그룹도 있었다. 어떤 그룹 이메일은 유럽, 일본, 인도 등 머나먼 시간대의 수신자들에게로 사라졌다. 한번은 내가 프로젝트 매니저의 아이디어에 대한 의견을 적은 이메일을 보내는데, 실수로 프로덕트 매니저 본인을 수신자 명단에 추가했다. 나머지 팀원들은 (헤더를 제대로 보지 않은 채 이메일 내용만 보고 '우리끼리'겠거니 하며) 거침없는 인신공격에 돌입했다. 이 대화에서 그나마 가장 상냥한 말은 이랬다. "뭘 할 줄 모르는 사람들이 프로덕트 매니저가 되는 거죠."

우리 메일링 그룹은 그다지 우호적인 대화의 장이 아니었다. 그 그룹에 속해 있는 것은 공산주의 비판 내지는 자기비판의 표적이 되는 것과 비슷했다. 그들은 타인의 작업을 맹렬히 물어뜯음으로써 기술 전문가로서의 영향력을 행사하는 동시에 자신의 작업을 철벽 방어하는 법을 터득했다. 상대방에게 사과할 필요 없이 총을 쏘아대는 사격장처럼 의도적으로 설계한 장소였다. 기술을 쌓아 만든 경기장에서, 기술을 두고 싸움이 벌어진다. 각종 기기 이름을 대며 서로를 옥죄어 간다. 매클루언* 식으로 말하자면, 사이버 공간은 스스로의 메시지를 엔지니어에게 되먹이고 있다. 우리는 정신과 기계의 영향을 받는 정신과 기계다. 인터넷에 올라오는 글은 흔히 이런 식이다. "당신은 동어 반복을 하고 있다. 당신의 모든 사고방식이 동어 반복이다. 아니면 당신이 바보거나."

이 온라인 전쟁에서는 희생자의 방어 태세가 드러나지 않고, 공포와 좌절 역시 표출되지 않는다. 랜선은 공격받는 인간의 체취를 전하지 않는다. 공격받은 사람은 견디거나 관두는 수밖에 없다. 화면에 가상의 피를 뿌리는 것은 회색곰으로부터 도망치려다가 곰을 더 자극하고 마는 격이었다. 한 프로젝트 책임자는 이렇게 말했다. "우리는 오만

* 마셜 매클루언Marshall Mcluhan은 오늘날 널리 쓰이는 미디어의 개념을 정립한 캐나다의 미디어 전문가다. '미디어는 메시지다'라는 유명한 명제를 남겼다. 이는 안에 담긴 내용물이 무엇이든, 미디어라는 그릇 자체가 고유의 메시지를 전달한다는 뜻이다.

한 태도를 장려합니다."

이럴 땐 농담으로 얼버무리는 수밖에 없다. 이를테면 자기 자신을 '이번 주의 동네북'으로 지정한다. "앞으로 7일 동안, 아니면 다른 사람이 저의 실수에 상응하거나 더 한심한 짓을 저지르기 전까지 제가 동네북 역할을 맡겠습니다." 그러나 동정을 바라는 일은 있을 수 없다. 동정을 구하려거든 한 명 한 명에게 따로 개인 이메일을 보내야만 한다. 한밤중에 동지를 찾아 나서는 것이다. 해가 밝으면 부정당할 우정이지만.

이 조직의 사무실은 여느 IT 회사들과 비슷했다. 고속도로 출구를 나오자마자 세련된 구내가 펼쳐진다. 푸르른 잔디밭을 끼고 건물들이 서 있으며, 드넓은 주차장 가장자리에는 꽃덤불이 무성하다. 물줄기가 솟구치는 분수, 인공 폭포, 진짜 오리들이 사는 가짜 연못이 직원들에게 위안을 준다. 깔끔하고, 정갈하고, 체계적인 사무실은 교외 생활의 전형이다. 물리적으로나 심리적으로나, 공장에서 찍어낸 것 같은 조립식 주택 단지에 온 기분이다. 그런 주택 단지에 건조기 겸용 세탁기와 가전제품이 있는 것처럼, 이런 캠퍼스에는 직원들의 편의를 위한 컴퓨터 장비가 완비되어 있다. 워크스테이션, 네트워크 연결, 화상 회의 카메라가 이들을 위한 **가전**인 셈이다.

낙원일 것만 같은 그곳에서, 엔지니어들은 유치한 정신세계를 지닌 회사에 발목 잡혀 있다. 이들은 인공 스마트 기기를 창조하고, 지능을 복제해냈다. 그런 그들이 종일 대화하는 상대는 디스크 드라이브에서

비트를 읽어내는 기계 장치뿐이었다. 코드를 짜면서 쉼표 하나라도 틀린 자리에 입력했다간, 으깬 감자에 완두콩 한 알 박혀 있는 꼴을 못 보는 아이처럼 떼를 쓰는 것이 그 기계들의 특징이다. 개발자는 지칠지 몰라도, 기계는 지독한 아이처럼 절대 지치지 않는다. 칼과 나머지 팀원들은 현대 사회가 정의하는 일반적인 소프트웨어 엔지니어의 조건에 부합했다. 온종일 혼자 앉아서 괴팍하고 무지몽매한 물체와 씨름하며, 그 물체를 어떻게든 성장시켜야 하는 남자 말이다. 여성으로서 기이하면서도 만족스러운 복수를 해낸 기분이었다.

이렇게 고립된 남성들이 위안을 바라며 동지를 찾아 인터넷에 접속한다는 건 놀랍지 않다. 사이버 공간은 전화로 수다 떠는 일의 새로운 형태였다. 인터넷은 남성 엔지니어를 위한 신경 안정제다.

내가 아는 여성 엔지니어들은 대부분 온라인에서 기술을 주제로 벌어지는 설전을 꺼렸다. 하지만 나는 그 이유를 금세 알아차리지 못했다. 우리는 복도를 지나 다른 사람의 사무실에 들어가서, 문을 닫고, 대화를 나누는 게 훨씬 쉽다는 사실을 알고 있었다. 우리는 필요에 따라 '코드 변환'을 한다. 소통 방식을 바꾼다는 뜻이다. 다른 사람을 초대해서 점심을 함께 먹고, 회의를 열고, 잠깐 만나 수다를 떤다. 여성이라고 아무나 코드 변환을 할 수 있는 건 아니다. 내가 아는 여성 중에는 절대 사무실 밖으로 나서지 않고, 그 어떠한 물질적 대상에도 관심을 두지 않는다고 으스대며, 그 증거로 자기 집에는 장식품을 단 하나도 들이지 않는다고 말한 사람도 있었다. 그러나 여성인 동시에 엔지니어인 우리는 보통 여러 경로를 통해 소통할 수 있다. 우리는

　　　　　　　　// 코드와 살아가기

인터넷을 전화기와 같은 도구로 활용해 소식을 전하고 약속을 정한다. 우리에게 온라인 대화는 여러 가지 소통 창구, 여러 가지 관계 중 하나이다.

여성이 엔지니어 일에 따르는 남성적 고립을 감내하지 못한다는 뜻은 아니다. 나도 개발자가 되기 전까지는 그런 고립의 유용성을 제대로 이해하지 못했다. 고요 속에서 사색과 형체만으로 삶을 간소화하는, 이를테면 인간관계가 힘겨워질 때 어두운 방으로 숨어들어 프로그램 개발에 매달리는 행위가 고립이다. 이런 고립은 나도 얼마든지 소화할 수 있다. 이 사실을 처음 깨달은 건 유독 성가신 손님을 맞이했을 때였다. '지금 버그들이 나를 기다리는데, 어서 가서 그 버그를 잡아야 하는데'라는 걱정만 머릿속을 맴돌았다.

흔히 여자는 말하는 걸 더 좋아한다고들 한다. 여자는 기계보다 사람과 어울리기를 더 좋아해서 엔지니어가 되기 힘들다는 말도 꽤 들어봤지만 그건 굉장한 오해다. 내가 사람들과 말을 할 수 있다는 사실은 정교한 기계를 다루고 싶어하는 나의 욕구(그렇다, 욕구)를 절대 잠재우지 못한다. 나는 큰 엔진이 달린 자동차를 운전해 도로를 질주한다. 손에는 낡은 라이카 카메라를, 매끄러운 금속 몸체에 우아한 렌즈가 달린 그 기적 같은 물체를 내 몸의 일부처럼 잡고 있다. 비행기 조종도 해봤는데, 순전히 조종간을 잡아보고 싶어서였다. 내 손으로 키를 잡고 선회하는 순간, 강력한 기계에 장악된 동시에 그 기계를 장악하는 쾌감은 이루 설명할 수 없었다. 내가 엔지니어가 된 것도 다른 사람들과 마찬가지로, 정교한 사물의 생명력을 사랑하고 현실에 대한 기능주의적 정의를 믿었기 때문이다. 나는 어떤 사물을 조작하는 법에 대한 정의가 (그리고 그 작동 방식이) 그 사물의 가장 선명한 자기표현이라고 믿는다.

희한하게도, 물리적 속성, 조작 방식을 유창하게 이야기하기 좋아하는 엔지니어일수록 육신에서 멀어져 있는 경우가 많다. 프로그램이라고 하는 작동물을 구축하려면 스스로가 정물이 된 것처럼 앉아만 있는 '노동'을 수행하고, 언어에 완전히 빠져들어야만 한다. 언어로 표현되지 않는 기능의 가치를 믿는 사람들은 타인과 손을 흔들며 인사를 나누는 행위로는 아무것도 이뤄낼 수 없다. 이 세계에서는 이상한 프로그래밍 언어와 이메일을 쓰고, 쓰고, 또 써야만 한다. 소프트웨어 엔지니어링이라는 말은 모순적인 표현이다. 소프트웨어 엔지니어는 '엔지니어'이면서도 형체가 있는 무언가를 만들지 않기 때문이다. 우리는 생각한다. 키보드를 두드린다. 중요한 건 우리가 입력하는 구문이다.

우리는 실제로 기능하는 사물을 만들지 않고 '프로그램'이라는 대용품을 구축한다. 우리는 프로그램을, 표준화된 부품들을 조립해서 만드는 기계처럼 다룬다. 우리는 프로그램을 '개발'한다고 말한다. 코드 조각들을 조합하는 행위는 코드를 '짠다'고 표현한다. 그리고 육신에서 벗어나서 대용품 같은 몸체, 온라인상의 자아를 구축한다. 그리고 그 자아를 우리의 진짜 모습, 진짜 인생처럼 대한다. 시간이 흐르자 온라인에서의 삶은 정말로 우리의 삶이 되었다.

그 프로젝트에 참여한 지 두 달이 넘게 지났지만, 내게 칼은 여전히 알쏭달쏭한 인물이었다. 그가 이메일을 통해 내보이는 모습은 실제 모습만큼이나 노련하고 철두철미했다. 그는 외모만 멀끔했지 재미없는 사람이 분명했다. 나는 그에 대한 생각을 말끔히 접었다. 대신 근무시간을 기록해서 청구서를 제출하고, 입금 내역을 확인했다.

어느 늦은 밤, 다시 컴퓨터 앞에 앉아 이메일을 살펴고 있었다. 그런데 갑자기 메일링 그룹에 새 글이 떴다. 또다시 나를 모욕하는 글이었다. 그 타래는 몇 주 동안 이어져왔다. 팀원 중 3명이 누가 누가 제일 심술궂고 잔인하게 빈정거릴 수 있나 대결을 펼치고 있었다. 그들이 헐뜯는 대상은 내 작업이었다. '내 작업'이라고 했지만 그들은 '나'와 '내 작업'을 명쾌하게 구분 짓지 않았다. 한 명이 말한다. "틀렸고, 틀렸고, 틀렸고, 틀렸어요! 말귀를 못 알아들으세요?" 다른 한 명이 거들었다. "뭐 하자는 거죠? 쓰레기나 만들면서 계약 위반만 피하면 된다 이건가요?" 오늘 밤에 새로 뜬 글은 이랬다. "다음 단체 회의 때 각오 단단히 하세요. 대충 넘어가지 않을 겁니다."

나는 이런 사람들과 수년간 일해왔다. 서로가 서로를 이렇게 취급한다는 사실을 아무리 되뇌어봐도 이번에는 도가 지나쳤다.

그런데 곧 다른 글이 떴다. 다름 아닌 칼이었다.

그는 자신이 어처구니없는 복사하기-붙여넣기 실수를 저질러서 '공식 동네북'이 되어본 경험을 이야기했다. 그렇게 웃음거리가 된 기분이 어땠는지 설명하면서, 자신이 방금 또 멍청한 실수를 저질렀다는 이야기로 글을 마무리했다. 나는 스크롤을 내리면서 놀라움을 금치 못했다. 지금껏 일하면서 동료에게 그런 말을 하는 엔지니어는 한 번도 본

적 없었다. 그런 내게 칼이 등장했다. 한때 한밤의 동지였던 칼.

나는 그의 포스트에 답장을 보냈다.

칼 님, 대신 나서주셔서 고마워요. 글 보니까 힘이 나네요.

명료한 문장에 마침표를 찍고 '엔터'를 쳐서 프로젝트 그룹 전원에게 메일을 보내면서도 나는 은근한 과시욕에 빠져 있었다. 뒤이어 도착한 그의 답장은 짜릿함을 고조시키기만 했다.

이렇게 뵈니 반갑네요. 또 봐요.

그런 다음 우리는 메일링 그룹을 떠났다.

그 후로 몇 달 동안 우리 사이에는 끊임없이 이메일이 오갔고, 회신 속도는 점점 빨라졌다. 하루에 한 번 보내던 이메일이 두 번씩으로 늘더니 시시각각 이메일을 주고받기에 이르렀다. 서로의 생활, 관심사, 좋아하는 작가, 예전에 참여했던 작업 이야기, 끝에는 옛 연인들에 대한 이야기까지 나왔다. 연인 이야기가 나오면서 이메일이나 주고받는 단계는 끝났다. 이제는 밖으로 나가서 직접 만나야만 했다. 하지만 우리는 그 시기를 미뤘다. 아직은 단어와 컴퓨터와 상상력으로 이루어진 지금 상태에 머무르고 싶었기 때문이다.

우리의 이메일 대화를 랜선 시대의 『젊은 베르테르의 슬픔』 같은 서한체 연애 소설이라고 생각하고 싶은 마음이 크다. 그러나 이메일을 '편지'라고 부르는 건 말장난일 뿐이다. 레이저의 세기를 나타내는 촉광이라는 단어를 풀이하면 '촛불이 내는 빛'이라는 뜻이지만, 레이저 불빛은 바람에 흔들리지도, 촛농을 떨어뜨리지도 않는다. 마찬가지로 이메일은 '편지'의 감성을 품고 있지 않다. 내 책상 서랍에는, 칼이 책을 추천하면서 제목과 저자를 적어준 종이쪽지가 들어 있었다. 그 쪽지에는 칼의 손글씨가 담겨 있다. 인쇄체처럼 정갈하고, 똑바르고, 그의 몸처럼 군더더기 없는 글씨였다. 이 쪽지를 보고 있으면 이메일의 한계가 보였다. 이메일은 결코 그가 살점으로 이루어진 인간이라는 증거, 그의 손때 묻은 무언가가 될 수 없었다.

우리 사이는 지지부진한 듯 보였지만, 서로에 대해 상상하는 시간이 길어지면서 이메일을 주고받는 손놀림은 바빠져만 갔다. 그 시절의 까만 명령 프롬프트 화면에서 커서가 깜빡였다. 그 커서는 내가 '답장 reply'을 보내는 명령어 'r'를 누르기만 기다리고 있었다. 모든 운영체제가 설계되는 이유, 나를 압박하는 이유, 심장이 두근거리듯 외치는 그 이름은 '응답'이었다. 답장해, 당장. 나는 뜸을 좀 들이고 싶었지만, 진짜 '편지'처럼 손에 쥐고 몇 번씩 되읽으며 깊이 생각하고 싶었지만, 소프트웨어의 끊임없는 속삭임을 저버릴 수 없었다. 컴퓨터는 내게 말했다. 얼른 답장해. 네 마음을 네가 알잖아. 당장 답장해.

이메일에는 지리적 개념이 빠져 있다. 내가 보낸 편지가 산을 넘고 바다를 건너 도착하길 기다리며, 즐거운 상상에 빠질 시간이 주어지지 않았다. 소중한 사람에게 종이 편지를 보내고 나면, 상대방이 봉투를 받고, 발신 주소를 확인하고, 봉투를 열고 편지를 꺼내 읽으면서 내가 쓴 단어들을 곱씹는 모습을 상상한다. 하지만 이메일은 보내기만 하면 바로 도착한다. 그리고 'r'를 눌러야 한다는 압박에 시달리는 건, 내 랜선 연인도 마찬가지였다. 눈 깜짝할 사이에 답장이 왔다. 제목은 이랬다. "Re: (이전에 이야기했던 주제)". 이제 우리와 상관없는 주제인 데다 관련된 이야기를 꺼내지 않은 지도 몇 주가 지났지만, 우리가 주고받는 이메일의 제목으로 여전히 남아서 이 대화의 출발점을 알려주었다.

그렇긴 해도 칼과 나는 정보 교환을 위해 설계된 이 환경에서 관계를 이어갔다. 그가 호르헤 보르헤스의 책에 나오는 구절을 정성스레 타이핑해서 보내면, 우리는 절대 뜻을 분석하려 들지 않고 그 문장에 감탄했다. 우리는 문장 부호를 중시한다는 공통점이 있었다. 그는 자신의 꿈이 무엇인지 적어 보내왔다. 나는 당시 쓰고 있던 글 일부를 발췌해서 보냈다. 연인 사이를 암시하는 '우리'라는 단어가 등장하기 시작했다. 한번은 그가 메일에서 "우리 생각은 그렇잖아요"라고 했다가, 나중에 "당신이랑 저랑은 그렇다고요"라고 정정했다. 우리는 갑자기 '서명'을 수정했다. 그는 메일 끝에 '―K'를 달았고, 나는 답장 맨 끝에 '―E'를 남겼다. 우리는 마치 배우자에게 들켜 이혼당할까 불안해하는 불륜 사이 같았다.

하지만 머지않아 우리 사이에 처음으로 소통 문제가 닥쳤다. 다름 아닌 삽입 기능이 문제였다. 이 허술한 이메일 소프트웨어는 사용자가 퉁명스러운 프로그래밍 명령어를 입력할 때마다, 답장에 원본 메시지 내용을 복사해 넣었다. 답장을 쓰는 사람이 빈 줄 시작점에 '~m'을 입력하면, 기계는 '메시지 번호 nnn 삽입'이라고 응답했다.

예를 들면 내가 원래 보낸 메시지는 이랬다.

> 우리 팀이랑 일을 하다 보면 참 아쉬운 점이 있어요. 아이디어 자체가 아니라 말하는 사람을 평가해서 그런 것 같아요. 누가 제안을 하면 제안 내용부터 생각하는 게 아니라, 그 사람한테 자기 작업을 두고 왈가왈부할 자격이 있는지부터 판단한다는 거죠. 이렇게 살벌한 개발 팀은 처음 봐요.

삽입구와 함께 돌아온 칼의 답장은 이랬다.

> 제 말이 그 말이에요.
> 다들 점점 더 심한 말을 못해서 야단이에요. 막 나갈수록 인정받는 줄 아는 것 같아요. [내가 씀]
> 놀랍네요. 저는 오랫동안 소외감을 느껴왔지만, 우리가 왜 이렇게 삐걱거리는지 정확하게 알려면 외부인의 눈이 필요한지도 모르죠. [그가 답장함]
> 이렇게 살벌한 개발 팀은 처음 봐요. [내가 씀]
> 이런 부분 때문에 제가 무슨 일을 하고 있는 건가 싶기도 해요. [그가 답장함]

처음에는 그가 내 메일에 한 줄 한 줄 답장을 했다는 점이 세심하게 느껴졌다. 그러나 머지않아 메아리와 대화를 하는 기분이 들었다. 답장이 급하게 와서 그런 것도 있지만, 내가 쓴 메일을 내가 도로 받고 있지 않은가! 그보다는 그가 내 메일에서 무슨 내용을 기억하는지 궁금했다. 그의 의식이 어떻게 흘러가는지, 한 문단에서 다음 문단으로 어떻게 넘어가는지 알고 싶었다. 하지만 그는 내가 썼던 이메일에 새 메시지를 끼워 넣어서 답장을 보내왔다. 답장이 아니라 평가를 받은 기분이었다. 짜증이 났다. 어떤 관계에서나 그렇듯, 말을 해야 했다. 하지만 그냥 넘어가기로 했다. 대신 타래를 끊음으로써('r'을 입력하지 않고, 'Re:' 줄에서 그가 썼던 제목을 지운다) 심기가 불편하다는 신호를 보냈다. 우리는 미묘한 삽입구 사용 요령을 말없이, 천천히 터득해갔다.

나는 그에게 책을 추천해줘서 고맙다는 메일을 썼고, 그는 자신의 답장을 이렇게 삽입했다.

책 추천해줘서 정말 고마워요. 두고두고 읽네요.

저도 기분 좋네요.

침대 머리맡에 두고 있어요.

저도 기분 좋네요.

—E

—K

한편 일상에서 우리는 여전히 데면데면했다. 메일링 그룹에서 나누는

'대화'에서는 우리 사이를 절대 티 내지 않았다. 나는 다른 사람에게 말할 때와 전혀 다를 것 없이 칼의 코드에 있는 버그를 보고하기도 했다. 그에게 일 관련 메일을 쓸 땐 항상 선임 엔지니어를 참조로 넣었다. 그 '참조'는 '조심하세요, 아무것도 모르는 척하세요'라는 신호였다.

　　업무상 이유로 육체적인 세계에서 그와 만난 적도 딱 한 번 있었다. 내가 칼에게서 기술 관련 정보를 받아야 했는데, 메일은 너무 느려서 전화를 하기로 했다. 내가 이름을 말하는 순간, 둘 다 목소리가 상냥하고 나지막하게 변했다. 나는 프로그램에 대해 이야기하면서도("그래서 파일에서 읽기/쓰기/실행 권한을 받기 위해서 이게 '루트'가 되고 'SetUID'를 호출하는 거죠") 속삭이듯 입술을 움직였다. 내 입에서 나오는 '루트', '호출', '권한'이라는 단어가 달달하게만 느껴졌다. 그는 천천히 답했다. "네, 맞아요." 잠시 멈췄다가, 나지막하게 속삭였다. "모든 권한이요, 그래요."

지난달 주고받은 이메일의 제목은 '저녁 하실래요?'였다. 실제로 저녁 식사를 함께하지도 않으면서 그 제목으로 하염없이 메일만 주고받을 수는 없다는 사실을 두 사람 모두 알고 있었다. 그건 아마도 소프트웨어 기술로 점철된 우리의 생활에서 단어가 지배력을 가지는 방식이었을 것이다. 메일 제목에 저녁 데이트라는 말이 적혀 있는 이상, 우리는 그 단어에 복종할 수밖에 없다. 하지만 그 제목을 외면해야 하는 실질적이고 타당한 이유가 있었으니, 우리는 같이 일하는 사이였다. 둘 다 오래 만난 연인과 막 헤어진 참이었다. 그래도 '우리 사이'가 천

명됨으로써, 서로가 서로에게 돌진하기 위한 임계 질량에 다다르는 순간이 찾아왔다. 이제 때가 됐다. 우리는 저녁을 함께할 것이다.

우리는 둘 다 샌프란시스코에 살았다. 그래서 내가 사는 동네에서 가까운 헤이트애슈베리 지구에 있는 한 레스토랑에서 만나기로 했다. 나는 제시간에 도착했고, 그는 늦었다. 30분쯤 지나자 한쪽 발, 다른 쪽 발, 새끼손가락이 차례차례 저려오기 시작했다. 그가 실제로 자리할 시간이 가까워져왔다. 아니면 아예 안 올지도 모른다고 생각했다. 그게 나을지도 모른다. 공포가 몰려왔다. 우리는 말을 해야 한다. 입을 여닫을 타이밍을 알아야 한다. 이런 건 연습해본 적 없었다. 우리가 아는 것이라곤 답장을 할 땐 반드시 'r'를 입력하고, 답장은 바로 해야 한다는 사실뿐이었다. 컴퓨터가 주는 압박 없이 어떻게 대화의 청각적, 물리적 리듬을 찾아낼 수 있단 말인가?

그가 도착했다. "차가 밀려서요. 미안해요." 그게 다였다.

애초에 걱정할 필요도 없었다. 우리는 거의 말을 하지 않았다. 메뉴판이 왔다. 주문을 했다. 음식이 나왔다. 이제 우리의 대화는 지나치게 익숙한 분위기로 흘러갔다. 한 사람이 말을 하고, 멈춘다. 다른 사람이 대답을 하고, 멈춘다. 1시간 뒤에도 우리는 같은 리듬을 유지했다. 한 사람이 멈춘다. 다른 사람이 멈춘다. 충격적이게도, 마침내 성사된 회사 밖에서의 저녁 식사는…… 이메일 대화나 다름없었다. 메일 제목은 물론 삽입구까지 오고 가는 게 눈에 보였다. "얘기하신 …… 말이에요. ……"

내가 지난 몇 달간 컴퓨터 화면을 바라보면서 상상한 건 그의 얼굴

// 코드와 살아가기

뿐이었다. 그의 진지하고 다정한 배려, 진중한 목소리, 성실한 태도에 가끔씩 보이는 미소와 장난 같은 것들. 하지만 '대화' 흐름에는 그의 얼굴이 전혀 영향을 미치지 못하는 것 같았다. 테이블에서 서로의 손이 가까이 놓여 있는 모습이, 마치 타자를 치고 있는 듯했다.

우리는 그 레스토랑이 마감할 때까지 남아 있었다. 직원들이 우리 테이블 주위에서 진공청소기를 돌렸다. 그날은 화요일이고 시간은 새 벽 1시가 다 되어갔지만, 칼은 전혀 집에 가고 싶은 눈치가 아니었다. "네, 해변이요." 내가 마리나, 엠바카데로에 새로 생긴 부두, 사우스오 브마켓 클럽 등 갈 만한 곳을 이야기해보기도 전에 그는 말했다. 네, 해변이요.

태평양에 폭풍이 몰아치고 있었다. 금방이라도 비가 쏟아질 것처럼 공기가 축축했다. 바람이 바다를 휘젓고, 저 멀리에서부터 흰 파도가 번쩍였다. 세상이 우리를 둘러싸고 음모를 꾸미는 중이었다. 물질적 실체를 가진 모든 것이 우리에게 관심을 달라고 아우성이었다. 바다는 잠잠해질 줄을 몰랐다. 모래사장은 흥건하게 젖어 있고, 물가를 따라 걷던 우리는 들이치는 물살을 피해 종종걸음쳐야 했다. 새들은 모래를 파헤치며 저녁거리를 찾아 부리를 쪼아댔다. 바다의 짠 내, 일본에서부터 태평양을 타고 먼 길을 건너온 공기의 내음이었다. 대륙의 가장자리, 샌프란시스코 서쪽 끝 모래사장이 우리를 둘러싸고 있었다.

그 와중에도 칼은 이야기를 멈추지 않았다. 내 차례가 왔다. 이상. 그의 차례다. 그는 나와 발걸음을 맞출 생각도 없이 힘차게 걸었다. 결국 내가 그 속도를 따라잡지 못해 멈춰서고 말았다. 양손을 주머니에 찔러 넣고 바다를 향해 서서, 어둠 속에서 몸집을 불려가는 파도를 바라보았다. 내 몸 전체가 이렇게 말하고 있었다. '스킨십 좀 해봐요. 팔로 나를 감싸봐요. 어깨도 좀 쓰다듬고. 내 옆에 그냥 서기라도 해봐요. 손은 각자 주머니에 넣어도 좋으니까 웃옷 소매끼리 스치기라도 좀 해봐요.'

그는 여전히 해변을 따라 씩씩하게 걸었다. 이대로 헤어지기 싫어하는 건 확실했다. 계속 나와 함께 있으면서 말을 하고, 하고, 또 하고, 절대 나에게 발걸음을 맞추지 않으면서 쉴 새 없이 걸을 생각이었다. 이 육체적 교감 없는 대화, 폭풍이 몰아치는 황량한 해변에서 나와 시간을 보내려는 그의 모습 중 나는 무엇을 믿어야 했던 걸까?

맞은편에 더 이상 돌지 않는 풍차가 있었다. 이 풍차가 궁금했던 칼은 가까이 가서 주변을 걷고 구석구석 살펴보고 싶어했다. 나는 이 풍차가 옛날에는 실제로 작동했던 것 같다고, 공원 땅에 대수층이 있어서 풍차를 돌려 물을 끌어올렸을 것 같다고 이야기했다. 우리는 위쪽을 올려다보며 생각에 잠겼다. 기술에 관한 대화, 옛날에는 쓸모 있었을 것 같은 이 인공물, 공학 기술이 융성했던 진보 시대의 산물이 마음을 위안했다.

풍차 주변에는 하얀 튤립과 벤치가 있었다. 나는 벤치에 조용히 앉은 채 눈을 어둠에 적응시켜서, 튤립들이 흰 파도 거품처럼 빛나는 광경을 보고 싶었다. 우리가 벤치에 나란히 앉아, 더 이상 돌아가지 않는 풍차 아래에서 바람을 피하며 조용히 함께 있는 모습을 상상했다.

하지만 나도 모르게 풍차 꼭대기를 올려다보며 외치고 말았다. "접시다!"

풍차 꼭대기에는 자그마한 위성 접시 같은 물체가 달려 있었다.

그도 올려다보며 말했다. "신호 중계기예요."

"접시가 아니에요?"

"네, 신호 중계기예요."

그의 말이 맞았을 것이다. 위성 접시라고 하기에는 좀 작은 듯했다. "어떤 신호를 중계하고 있을지 궁금하네요." 나는 말했다.

마침내 정적의 순간이 찾아왔다. 우리는 풍차 꼭대기를 바라보면서 어딘가에서 대양을 건너 다른 어딘가로 중계되고 있을 신호에 대해 생각했다.

"항행 보조장치일까요?" 내가 말을 던져봤다. "아니면 해상 기상 정보?"

"봐야 알죠." 그가 말했다. "신호 강도랑 수신국 위치 같은 거요."

하드웨어의 망령. 유진의 세계. 추운 밤의 깨끗한 방송 신호. 공기와 전선을 타고 전해지는 비트와 프로토콜. 어둠 속에 잠자는 기계. 눈 내리는 하늘을 통해 전해진, CQ를 외치던 목소리. "네, 신호 강도를 봐야겠죠." 나는 그날 밤에 대한 기대를 접으며 대답했다.

———

다음 날 아침, 나는 몇 시간 동안 실망에 젖어 있었다. 하지만 정오가 되기도 전에 칼에게서 다시 이메일이 왔다.

제목은 "고마워요!"였다. 그는 '사랑스럽고 근사한' 저녁을 함께 해 줘서 고맙다고 했다. "어젯밤 자기 전에 엘런 씨가 주신 수필집을 읽었어요." 그는 아침에 나에게 전화를 하고 싶었지만 새벽 4시까지 깨어 있는 바람에 늦잠을 자고, 연달아 회의에 참석하느라 정신이 없었다고 했다.

나도 역시 고마웠다는 내용의 답장을 썼다. 해변을 걸으면서 태평양에서 폭풍이 다가오고 있는 것 같은 냄새를 맡았다고 적었다. 밤에 비가 세차게 쏟아져서 잠이 깼지만 개의치 않고, 비가 올 줄 알았다고 생각하며 다시 잠자리에 들었다는 이야기도 썼다.

우리는 그 즉시 컴퓨터 안에 존재하는 몸뚱이를 통해 원래 사이로 돌아왔다. 이 대화 속에는 해변에서의 추억, 그때의 기분과 냄새가 존재했고, 침대와 잠이라는 단어가 언급됐다. '침대'는 우리가 실제로 만나면 절대 내뱉을 일이 없는 단어로, 컴퓨터로 소통할 때에만 가능한 스킨십 같은 단어였다. 칼은 컴퓨터 화면 속 단어들을 통해 존재하는 남자라는 생각이 들었다. 그 이상을 기대하는 건 무의미했다. 우리 모습의 '실상'은 (우리가 메일링 그룹에서 만나기 전까지 살아온 기간과 마찬가지로) 우리가 황량한 해변을 걷거나 저녁 식사를 하면서 절대 서로를 만지지 않는 사이라는 것이다. 우리의 공적 자아는 계속해서 프로그램과 사용자와 파일 권한에 대해 이야기해야 할 것이다. 그와 이메일을 주고받게 된 건 행운이었다. 이메일은 우리가 서로에게 다가가게 해 주었고, (이상하기는 해도 어쨌든) 친밀한 사이가 되는 창구가 되어주었으니 말이다.

그는 마지막 줄에 "조만간 또 만나요"라는 말을 남겼고, "좋죠"라고 나는 답했다. 이제 우리가 주고받는 이메일에서 '좋죠'는 형식적인 인사, 코드 속에 구축된 습관 같은 말이 되어 있었다. 그 밑으로는 서명을 끼워 넣었다.

　　―K

　　　―E

――――

그로부터 두 달 뒤에 나의 계약 기간이 끝났다. 칼과 나는 한동안 연락을 주고받다가 확실한 끝맺음 없이 관계를 정리했다.

시간이 흐르고 더 이상 칼에 대해 생각하지 않게 된 어느 날 우연히, 오래된 『뉴욕 타임스』 기사를 발견했다. 해안경비대가 모스 부호 장비의 전원을 끈다는 소식이었다. 1995년 3월 31일 금요일 저녁 7시 19분에 노퍽, 보스턴, 마이애미, 뉴올리언스, 샌프란시스코, 호놀룰루, 알래스카주 코디액에 있는 기지들이 마지막 방송을 하고 동시에 종료했다고 한다.

그 후로 '무선 기사'는 '통신 기사'라고 불리게 되었다. 단점(•)과 장점(―)으로 이루어진 S-O-S는 더 이상 재난 상황을 알리는 만국공통어가 아닐 것이다. 이제 항해 중 폭풍이 온다는 소식을 들은 배는 '배의 위치를 알려주는 위성 중계 신호'를 보유한 국제 해상 조난·안전제도를 통해 조난 신호를 중계할 것이다. 그날 밤 해변에서 칼이 이야기했던 것 같은 신호 중계기를 이용해서 말이다. 나는 그에게 이메일로 이 이야기를 보내볼까 생각했지만, 칼과 그날 밤 해변을 거닐던 기억은 잊어버려야 한다고 스스로를 다그쳤다.

베테랑 무선 기사들이 모스 부호의 작고를 애도하기 위해 한자리에 모였다. "단점과 장점은 대기 중에서 신호를 감지하기에 가장 쉬운 요소일 것입니다." 한 사람이 말했다. 어린 시절, 폭풍우가 몰아쳐서 옆집 유진의 안테나가 구름에 맥을 못 추던 밤이 있었다. 그럴 때면 유진은 대신 모스 부호를 사용해야 했다. 그는 송신하면서 부호를 큰소리로 읽기 좋아했다. "디-디-다, 디-다-다."

10년 차 무선 기사인 해군 하사관 토니 터너는 신호를 발신하는 기분을 더 이상 맛볼 수 없는 아쉬움을 이야기했다. "공기를 통해, 다른 사람의 귀로" 신호가 전달된다고 그는 말했다. 모스 부호, 즉 코드에는 개성이 있었다. 코드의 결에 서명이 새겨져 있고, 타전 동작에는 리듬이 살아 있었다. 터너는 서명이 어떻게 생겨나는지 자신 있게 이야기했다. "그건 사람의 손끝에서 나오는 거죠."

너무 간단한 프로그래밍

프로그램을 개발한다는 것, 안다는 것, '쉽다'는 것에 대하여

1998년

1.

지난달 나는 기술 세계에서 반란에 준하는 사고를 쳤다. 원래 쓰던 것과 다른 운영체제를 사버린 것이다. 얼핏 보면 별 문제가 아닌 것 같을 수도 있다. 운영체제는 꼭 필요하니까. 컴퓨터를 사면 으레 마이크로소프트사의 소프트웨어가 깔려 있다. 컴퓨터를 맨 처음 켤 때부터 이미 존재하고 있고, 업그레이드할 수는 있어도 아예 지워버릴 수는 없다. 그리고 세상은 운영체제로 가득 차 있다. 게다가 나는 운영체제가 세상과 교류하는 데 있어 중요한 표현 방식이라고 생각한다. 우리가 세상을 어떻게 이해하고 싶은지, 알고 있는 것들과 어떤 식으로 교감하고 싶은지, 세상의 모든 지적인 것을 어떻게 드러내고 싶은지 나타내는 것이다. 문득, 이 꼭 필요한 존재에 굴복하기 싫어졌다.

원래 사려던 건 윈도 NT의 최신 상용 버전이었다. 그건 현명한 결정이었다. 소프트웨어 컨설턴트로 일하다 보면 고객사 프로그램의 개발 과정을 파악할 수 있는 가정용 컴퓨터가 필요했다. 나의 고객사는 NT를 사용했으므로 나도 같은 운영체제를 사는 게 맞았다. 마이크로소프트의 운영체제가 도처에 깔려 있는 세상에서 전문가가 갖춰야 할 플랫폼은 윈도였다.

하지만 어째서인지, 가게를 나서는 내 손에 들려있는 건 리눅스 상자였다. 충동구매다. 현실적으로 리눅스를 설치할 이유가 하나도 없는데도 망설여지지 않았다. 리눅스는 컴퓨터 프로그래밍에 혁명을 일으키고, 나아가 사회가 컴퓨터 기술을 사용하는 방식을 바꿔놓은 운영체제였기 때문이다.

리눅스 같은 운영체제가 없던 시절에 프로그래머들은 시스템 내부를 파고들 수 없었다. 프로그래머에게는 사용 및 실행이 가능한 형태로 코드가 주어졌다. 운영체제의 심장부와 상호작용하는 코드를 작성할 수는 있어도, 내부를 들여다볼 수는 없었다. 프로그램의 원본인 '소스 코드source code'*는 밀봉된 블랙박스 안에 꼭꼭 숨겨놓은 회사의 기밀 자산이었다.

반면 리눅스는 자신들의 비밀을 거저 내주었다. 리눅스 코드는 프로그래머들이 운영체제 속에 있는 실제 프로그램을 자유롭게 읽을 수 있는 '오픈 소스open source'였다. 누구든 궁금하면 경험 있는 소프

---

* 소프트웨어 안에 들어가는 모든 코드의 총체.

트웨어 엔지니어의 도움을 받아 역설계를 하고, 운영체제의 구조를 살펴보면서 새로운 방식을 제안하고, 버그를 찾아내고, 오류 수정 방법을 제시할 수 있었다.

내가 장만한 리눅스는 슬랙웨어Slackware라는 회사 제품이었다. 레드햇Red Hat과 GNU('G'를 강조해서 '그누'라고 발음한다)라는 회사에서도 오픈 소스 운영체제가 나와 있었다. 이 게으름뱅이, 모자, 영양*은 내가 집으로 들이려고 하는 반체제적 세계를 설명하는 이름들이었다.

하지만 충동 구매였든 아니든, 리눅스를 산 건 실수가 아니었다. 리눅스를 설치하는 행위만으로도(기계를 분해해 부품들을 꺼내고, 하나씩 조립해 다시 기능하게 한다) 나는 프로그래밍 직군에 무슨 일이 벌어졌는지, 기술 전문가라는 개념이 어떻게 달라졌는지 생각하게 되었다. 컴퓨터라는 기계는 복잡한 요소를 최대한 많이, 서서히 빨아들인 다음, 말끔한 외관을 입는다. 그 외관은 우리에게, 이 기계가 모든 일을 '쉽게' 만들어줄 것이고 또 반드시 그래야 한다고 암시한다. 나는 이런 기계에 수많은 시간을 쏟는 데 드는 개인적, 사회적 비용의 가치가 궁금해졌다.

내가 프로그래밍을 배우던 때는 유닉스UNIX라는 운영체제를 쓰던 시절이었다. 유닉스는 1970년대에 벨 연구소에서 개발한 플랫폼 시리즈의 후속작으로, 데니스 리치Dennis Ritchie가 고안한 C 언어로 작성된 운

---

* '게으름뱅이slack'는 슬랙웨어Slackware를, '모자hat'는 레드햇Red Hat을, 소과의 동물 '영양gnu'은 GNU를 일컫는다.

영체제였다. 1978년에 브라이언 커니핸Brian Kerighan과 리치는『C 프로그래밍 언어The C Programming Language』라는 책을 출간했다(커니핸이 주저자였다). 나는 이 책을 보면서 C 언어와 유닉스의 기본 원리를 배웠다.

유닉스는 오픈 소스에 가까운 운영체제의 초기 예시였다. 벨 연구소는 캘리포니아 대학교 버클리 캠퍼스에 학생용으로 소스 코드 라이선스를 제공했고, 나는 1986년에 버클리로부터 라이선스를 받은 회사와 일을 했다. 그래서 운영체제가 어떻게 구성되어 있는지, 내부를 들여다볼 기회를 얻었다.

오픈 소스 운영체제의 창시자가 누구인지에 대해서는 언제나 의견이 분분하다. 1983년에 MIT 대학원생이던 리처드 스톨먼Richard Stallman은, 벨 연구소의 라이선스를 받지 않아도 되는 유닉스 호환 오픈 소스 운영체제를 개발하자고 제안했다. 1991년에 컴퓨터과학을 전공하던 핀란드계 미국인 학생 리누스 토르발스Linus Torvalds도 같은 생각을 해냈다. 스톨먼이 개발한 GNU 운영체제의 시스템 내부는 완전히 독창적인 코드라고 알려진 반면, 토르발스가 운영체제를 개발하면서 유닉스 코드를 베끼지 않았나 하는 의문이 남아 있다. 하지만 이름 짓기에서만큼은 토르발스가 이긴 것 같다. 그의 이름인 '리누스Linus'와 '유닉스'를 합쳐서 만든 이름이 바로 리눅스이기 때문이다.

하지만 나는 다행히도 그런 논쟁적 역사를 모르는 상태에서 슬랙웨어를 선택했다. 내가 아는 건 리눅스가 유닉스의 자손이라는 사실이 전부였다. 유닉스는 내가 프로그래밍을 배울 때 쓰던 운영체제였던 터라, 리눅스를 설치하자니 고향으로 돌아가는 기분이었다.

가장 먼저 한 일은 마이크로소프트 운영체제를 삭제하는 것이었다. 간단한 작업이어야 했건만 그렇지 않았다.

나는 윈도 NT 체험판을 쓰면서 마이크로소프트 개발자 네트워크를 구독한 덕분에 업데이트가 있을 때마다 CD를 잔뜩 받았다. 하지만 그런 CD를 받을 때마다 바로 설치하지 못하고 업데이트 중 일부, 프로그램 중 일부만 설치하는 바람에 내 컴퓨터는 모듈끼리 호환되지 않는 만신창이가 되어 있었다. 이런 체험판은 개발자들이 실패를 겪은 독특한 방식들을 엿볼 수 있다는 점에서 흥미로웠다(개발자 입장에서 그렇다는 말이다). 소프트웨어 디자이너의 갈대 같은 마음, 운영체제를 완성하기 위해 거쳐온 굽이치는 여정을 들여다볼 수 있는 것이다.

내가 받은 체험판 CD에 저장되어 있는 것은 이진법 코드로, 이미 컴퓨터에서 실행 가능한 형식으로 컴파일된 프로그램이었다. 윈도는 스톨먼이나 토르발스 같은 사람들이 공개하기로 한 소스 코드를 제공하지 않았다. 소스가 없으면 마이크로소프트에 휘둘릴 수밖에 없었다. 배송받은 새 버전을 설치하고, 그 버전과 상호작용하는 코드를 짜고, 그렇게 완성된 프로그램을 실행하는 게 내가 할 수 있는 전부였다. 운영체제의 시험판에 존재하는 게 분명한 버그를 내 손으로 수정할 수는 없었다. 그러다 보니 버그가 내 프로그램에서 나왔는지, 윈도 NT에서 나왔는지 알아낼 길이 없었다. 시험판을 사용해보면 최종판이 어떻게 나올지 미리 확인할 수 있다. 마이크로소프트는 윈도 NT를 출시해서 유닉스를 제압하려고 했지만, 나는 윈도가 마음에 들지 않았다. 마치 마이크로소프트가 내 어릴 적 살던 집을 박살 내려고 하는 것만 같았다. 개발자 네트워크를 구독하면서 받은 CD는 기분 내킬 때만 설치했다. 끊임없이 쏟아지는 업그레이드 명령에 복종하지 않는 것이 복수라고 생각하며 말이다. 나는 개발자 네트워크의 불량 회원이었다.

유닉스를 사용하면서는 하나의 명령어만으로도 내 손안에 있던 운영체제를 순식간에 박살 낼 수 있다는 권력의 즐거움을 배웠다. 유닉스를 배울 때 제일 먼저 듣는 이야기가 이 권력을 행사하지 말라는 것이다. 그러나 마치 악마의 속삭임처럼, 이런 경고를 들은 다음에는 그 권력을 행사하는 방법을 배우게 된다. 시스템에 대한 모든 권한이 있는 사용자 계정으로 유닉스에 접속한 다음, 루트 디렉토리에 들어가서 이렇게 입력한다.

```
rm -rf*
```

이제 엔터 키를 누르면 모든 파일과 디렉토리가 사라지고 컴퓨터가 초기 상태로 돌아간다. 파일이 모두 삭제된 다음 디렉토리가 삭제되고, 위의 명령어를 입력한 루트 디렉토리까지 모두 사라진다. 뱀이 자신의 꼬리를 삼켜버리는 것처럼. 이렇게 엄청난 파괴력이 내 손 안에 있다는 사실을 알고만 있어도 기분이 짜릿해진다. 컴퓨터 사용자로서는 자살이나 다름없는 이 행위를 유닉스는 어쨌거나 허락해준다. 사용자가 뜻이 있어서 그러겠거니 하는 것이다. 우리는 결국 인간이고, 유닉

// 코드와 살아가기

스는 운영체제일 뿐이니까. 사용자가 자신의 운영체제를 죽여버리고 싶을 수도 있지 않겠는가?

일반적인 가정용 윈도에도 마찬가지의 자살 방법이 있다. A 드라이브에 설치 디스크를 넣은 다음 이렇게 입력하면 된다.

```
format C :
```

하지만 도스 운영체제는 사용자의 저의를 의심하고, 이렇게 대답하며 재차 확인한다.

경고: 분리성 디스크 드라이브 C:에 저장된 모든 데이터가 사라질 수 있습니다!
포맷을 진행하시겠습니까? (예/아니오)

예, 예, 저도 알거든요.

———

윈도 NT를 삭제하는 작업은 두어 단계의 간단한 작업이어야 했고, 나는 지시를 착실하게 따랐다. 이제 의자 등받이에 기대앉아 윈도가 완전히 제거되기를 기다리면 됐다.

그런데 이런.

오류: 실행 구간을 새로 포맷할 수 없습니다.

설정을 좀 바꾸고, 다시 시도한다.

실행 구간을 새로 포맷할 수 없습니다.

다른 설정을 바꿔본다.

실행 구간을 새로 포맷할 수 없습니다.

이 과정을 몇 번이고 되풀이하며 엔터 키를 내리친다.

실행 구간을 새로 포맷할 수 없습니다.
실행 구간을 새로 포맷할 수 없습니다.
실행 구간을 새로 포맷할 수 없습니다.

엔터 키가 무사할지 걱정되어 설명서를 찾아봐도 뾰족한 수가 없었다. 마이크로소프트가 끊임없이 보내온 CD 더미 중 어딘가에 있을 도움말 디스크를 찾기 시작했다. 2시간 동안 수북이 쌓여 있는 CD들 사이를 헤집었다. 창밖 도로에서 교통체증을 알리는 경적이 울렸다. 하늘이 어둑해져 갔다. 방바닥에는 CD들이 굴러다녔다.

어느덧 밤이 깊었다. 나는 CD와 디스켓 들을 집어 들었다가 쓰레기를 버리듯 바닥에 내동댕이쳤다. 플라스틱 몸체가 방바닥에 떨어지며 깊은 밤의 정적을 깼다. 나는 악마 같은 집념으로 몇 시간째 사투를 벌였다. 이 세상에 나를 이길 수 있는 하드웨어나 소프트웨어는 없다. 실패 따윈 없으니 각오 단단히 해! 스스로 되뇌었다.

자정이 좀 지나서야 드디어 진짜 설치 디스크를 찾았다. 지시에 따라 포맷에 도전했고, 결과는 성공이었다.

이제 모든 층위의 윈도 운영체제가 말끔히 사라졌다. 검은 바탕에 흰색 글자가 뜨는 디스크 운영체제disc operating system, 즉 도스DOS가 사라졌다. 기존 도스의 텍스트 명령어 위에 알록달록한 그래픽 인터페이스를 덧씌운 윈도 95도 사라졌다. 이 층위의 맨 위에 존재하면서 도스에 덧씌운 윈도 95의 코드를 사용하던 윈도 NT까지도 사라졌다. 칩과 회로판 깊숙이 박혀 있는 마이크로코드까지 사라지고 기계가 발가벗겨졌다.

그렇게, 어여쁜 모든 것에 작별을 고했다. 영상과 음향, 바탕화면, 글꼴, 색상, 서식 모두 안녕이다. 창, 아이콘, 메뉴, 버튼, 대화상자도 떠나보냈다. 그림처럼 예쁘던 스킨들은 비트 단위의 폐기물로 전락했다. 그 순간은 영화 「2001 스페이스 오디세이2001: A Space Odyssey」에서 케어둘리가 인공지능 컴퓨터 '할'의 메모리 코어를 작동시키는 키들을 제거해버리는 장면과는 딴판이었다. 영화에서는 키를 하나씩 제거할 때마다 '더 수준 높은' 기능이 사라지고 할의 목소리는 점점 어린아이가 칭얼거리는 소리로 변해갔다. 영화에서 컴퓨터를 더 멍청하게 만들던 것과 반대로, 나는 이 컴퓨터를 더 똑똑하게 만드는 중이었다. 이제 시스템의 모든 요소를 내가 직접 구성해서 더 깔끔하고, 명료하고, 알기 쉽게 만들 것이었다. 그게 바로 내가 생각하는 '지능적' 컴퓨터의 모습이었다.

자 됐다. 이제 이 기계는 백지상태다. 어떤 일이 벌어지는지 확인하기 위해 전원을 켜봤다. 평소처럼 전원이 들어오고, 긴 삐 소리가 2번 울리더니, 화면에 커다란 글자로 메시지가 떴다.

롬 베이직이 없습니다. 시스템이 정지되었습니다.

뭐? 내가 롬을 죽였단 말인가? 내 읽기 전용 기억장치를? 아무리 비장하게 각오했더라도, 일을 말도 안 되게 그르친 것 같은 상황에는 공포가 엄습하기 마련이다. 나는 그 메시지를 한동안 뚫어지게 쳐다보다가 마음을 가라앉혔다. 이 기계에는 운영체제가 깔려 있지 않다. 그러니까 이상한 메시지가 나오지, 내가 뭘 기대했단 말인가?

그쯤에서 멈출 수도 있었다. 이미 새벽 2시였고, 몸은 지칠 대로 지쳐 있었다. 하지만 지금까지 그 모든 난관을 헤쳐온 마당에, 이제 와 포기할 순 없었다. 희한하네! 이거 요상한데! 정확하게 뭐가 요상한 거지? 디스크는 텅 비어 있다. 텅 빈 디스크를 가지고 이 기계가 뭘 어쩔 수 있단 말인가?

인터넷을 뒤져서 리눅스 설치법과 윈도 삭제법에 대한 FAQ를 수백 건 찾아냈다. 애매한 잡학과 미심쩍은 설명, 좋은 조언과 나쁜 조언이 난무했다. 링크들을 줄줄이 따라가다 보니 당장은 쓸모없지만 흥미로운 정보들이 나왔다. 그렇게 인터넷의 바다를 헤매다가 막다른 골목에 이르렀다.

그렇게 새벽 3시가 되었을 무렵, 내가 찾던 답이 나타났다.

'롬 베이직이 없습니다. 시스템이 정지되었습니다'가 왜 나오는 거죠?

답은 이랬다.

"이 문장은 '호환 기종 PC에서 최고로 헷갈리는 메시지' 상을 받아야 합니다."

답변에 따르면, 초창기 IBM 호환 PC에는 베이직BASIC 언어로 프로그램을 짜거나 실행할 수 있는 기능이 내장되어 있었다고 한다. 이 코딩 기능은 읽기 전용 기억장치, 즉 ROM에 저장되어 있었다.

"요즘 나오는 호환 (PC)에는 베이직 롬이라는 게 있을 리가 없죠."

운영체제가 없다. 베이직을 찾아라! 이 최후의 명령은, 다른 모든 것이 사라졌을 때 기계가 할 수 있는 최소한의 처신이었다. 기계는 어떤 지시도 받지 못했고, 무엇을 '부팅'해야 할지, 뭘 해야 할지, 뭘 읽어야 할지, 사용자에게 뭘 입력하라고 해야 할지 몰랐다. 그래도 할 수 있는 일을 찾아내기는 했다. 작고 간결하며, 배우기 쉬운, 프로그래밍 세계의 입문 언어라 할 수 있는 베이직을 실행하는 것이었다.

베이직 언어가 내장되어 있는 PC는 16년 동안 한 번도 본 적 없었지만, 지금 내 눈앞에 옛날의 흔적이 나타났다. 아기 쥐가 막 태어나

눈도 못 뜨고 꼬물거리는 와중에도 어미 쥐의 젖꼭지를 찾을 수 있게 도와주는 신비한 지식을 머릿속에 장착하고 있는 것 같은 격의 저수준 컴퓨터 배선, 원시 시대로부터의 생존 반응을 찾아낸 느낌이기도 했다. 베이직의 흔적을 마주한 것은, 폐허의 돌무더기에서 고대의 그릇 조각을 우연히 발견한 듯 짜릿한 경험이었다.

나는 인터넷의 FAQ 페이지들로 돌아와서, 시답잖은 정보들을 둘러보며 또다시 1시간가량 방황했다. 그러다가 내 바이오스BIOS*가 더 이상 지원되지 않는다는 사실을 알게 되었다. 1999년 12월 31일 자정이 지나면 내 컴퓨터 시계는…… 1980년으로 재설정될 것이다. 0년도 아니고 웬 1980년? 그러다가 기억을 떠올렸다. 1980년은 IBM 프로그래머들이 최초의 PC 개발을 마친 해였다. 즉 1980년은 PC의 탄생 연도다.

별안간, 컴퓨터가 양피지에 겹겹이 글자를 덧쓴 고문서와 같다는 사실이 드러났다. 모든 것이 새로워졌다고 외치던 기계가 사실은 그다지 새롭지도 않은, 혼란을 겪으면서 서서히 진화하는, 연산 기계에 대한 개념을 바탕으로 켜켜이 쌓인 피막들이었음을 스스로 밝혀버린 것이다. 윈도 밑에는 도스가 있고, 도스 밑에는 베이직이 있고, 그 밑에는 탄생의 기억처럼 생산 날짜가 기록되어 있었다. 예쁜 화면에 아이콘이 잔뜩 채워져 있는 권위적이고 전지전능한 운영체제의 정반대 지점에 온 것이었다. 나는 리눅스를 향한 소소한 열망을 따라서 데스크톱 고

---

* 바이오스는 'Basic Input Output System'의 약자로, 저층에서 소프트웨어와 하드웨어 간의 설정 및 정보 전달의 매개 역할을 하는 컴퓨터의 펌웨어다.

고학자로 빙의했다. 모든 피막을 걷어낸 밑바닥에는 비밀이 적혀 있었다. 우리가 컴퓨터를 개발하는 방식은, 오랜 세월에 걸쳐 폐허 위에 계획 없이 도시를 건설하는 것과 같다는 것이 그 비밀이었다.

2.

'내 컴퓨터'. 마이크로소프트가 우리에게 선사하는 기계의 얼굴이다. '내 컴퓨터'. '내 문서'. 어린아이가 붙여 놓은 듯한 이름들이다. 내 세상이야, 내 거야, 다 내 거, 내 거라니까. '네트워크 이웃'* 집의 로저스 아저씨를 만나러 갈 테야.

나는 슬랙웨어 배포판 리눅스가 설치된 컴퓨터를 둘러보았다. 검은 바탕에 꾸밈새 없는 흰 글자로 로그인 프롬프트**가 떠 있었다. 이제는 사라진 윈도 NT, 차분한 녹색 바탕화면에 올라와 있던 그 알록달록 앙증맞던 아이콘들, 화면에서 사라진 프로그램 개발 도구들이 생각났다. 마이크로소프트 비주얼 C++, 사이베이스 파워빌더, 마이크로소프트 액세스, 마이크로소프트 비주얼 베이직 등등이었다. 그제야 비로소, 사용자 친화적인 윈도 NT가 무엇으로부터 나를 지켜주고

---

* 한국어판 윈도에서는 '네트워크 환경'으로 번역되었다. '네트워크 이웃network neighbor-hood'이라는 이름이 「로저스 씨의 이웃Mr. Rogers's neighborhood」이라는 미국의 옛날 인기 어린이 프로그램 제목이랑 비슷하다는 점을 짚고 있다.
** 사용자가 명령어를 입력해도 좋다는 뜻으로 컴퓨터 운영체제가 화면에 띄우는 신호를 말한다.

있었는지 알게 되었다. 주변에 나뒹구는 컴퓨터 관련 카탈로그와 소프트웨어 상자들에 정답이 쓰여 있었다.

HTML 코드를 번거롭게 기억하지 않아도 시각적 레이아웃이 잘 구성되어 있어서, 개발자는 편안한 환경을 누릴 수 있습니다.—마이크로소프트 J++ 리뷰어 가이드

서식, 마법사wizard*, 자바빈 라이브러리JavaBeans Library 덕분에 개발이 빨라집니다.—자바Java용 시만텍 비주얼 카페Symantec Visual Café** 박스***

방대한 마법사와 함께, 애플리케이션과 애플릿applet을 간편하게 개발하세요.—프로그래머스 파라다이스Programmer's Paradise 카탈로그에 실린 볼런드 제이빌더Borland JBuilder 광고

인텔리센스IntelliSense(코드 자동 완성)를 활용해 테이블 마법사가 직접 업무용, 개인용 데이터베이스 구조를 설계합니다.—마이크로소프트 액세스Microsoft Access**** 박스

---

* 복잡한 응용 프로그램의 사용이나 설치를 초보자도 쉽게 할 수 있도록 도와주는 프로그램. 사용자와 대화하는 형식으로 구성되어 있다.
** 프로그래밍 언어 자바를 위한 통합 개발 환경.
*** 파일 공유 서비스를 제공하는 웹사이트.
**** 마이크로소프트 오피스에 포함된 데이터베이스 프로그램이다. 1992년 11월 13일 액세스 1.0 버전으로 처음 개발되었다.

// 코드와 살아가기

개발자가 손수 코드를 짜지 않아도, 심지어 기술 언어를 배우지 않고도 DHTML 구성요소들을 만들 수 있습니다.—『PC 위크』에 실린 J++ 6.0 리뷰

모든 주요 인터넷 프로토콜(윈도 소켓, FTP, 텔넷, 파이어월, 삭스 5.0, SMPT, POP, MIME, NNTP, R 커맨드, HTTP 등)에 대해 사용자 지정 제어 기능을 제공합니다. 그런데 그거 아세요? 이런 기능을 전혀 이해하지 못해도 자신이 쓰는 프로그램에 제어 기능을 삽입할 수 있습니다.—컴포넌트 파라다이스Components Paradise 카탈로그에 실린 비주얼 인터넷 툴킷 광고

내 프로그램 개발 도구들은 마법사 기능으로 무장되어 있었다. 작은 대화 상자에서 '다음', '다음', '완료'를 누르면 그만이었다. 마우스를 클릭하고 드래그하면, 짜잔. 코드 수천 줄이 완성되었다. 프로그래밍 언어를 '번거롭게' 기억하지 않아도 되었다. 그런 언어를 배울 필요조차 없었다. 프로그래밍을 이해하지 못해도 이렇게 굉장하고 복잡한 작업을 처리하는 프로그램을 만들 수 있다니, 광고 문구들은 달콤하고 유혹적이었다.

마이크로소프트 C++ 앱 마법사는 프로그래머가 마우스 클릭 6번만으로도 애플리케이션의 전체적인 뼈대를 잡을 수 있게 해준다. 마지막 클릭이 끝나면 마법사가 즉시 코드를 처리해서 프레임워크 framework*를 구축한다. 주요 창과 보조 창이 뜨는데, 두 창에 모두 기

본 메뉴와 아이콘, 인쇄하기, 찾기, 자르기, 붙여넣기, 저장하기 등을 수행할 수 있는 대화창이 장착되어 있었다. 이 과정은 3분이면 끝났다.

물론 나는 앱 마법사가 만든 코드를 열어볼 수 있었다. 마법사가 가진 모든 기능이 내 프로그램으로 스르륵 들어왔고, 어느 하나 하찮지 않은 기능이었다.

그러나 주변의 모든 환경이 코드를 들춰보는 수고를 하지 말라고 말하는 듯했다. 생성된 코드에서 (쪽지에 적어 냉장고 문에 붙여 놓는 '할 일(to do)' 목록과 비슷한) 'TODO' 코멘트를 찾아보고, C++ 언어를 약간씩 덧붙이면 그만이었다.

프로그램 개발 세계의 중심에 자리해 있던 코드 짜기는, 마이크로소프트 시스템 전체 구조의 변방으로 물러나야 했다. 여기에서 나는 대필하는 사람, 서식을 채워 넣는 사람, 특성을 설정하는 사람이었다. 코드가 잘 돌아가고, 마감은 촉박하고, 앱 마법사가 날 위해서 이렇게나 편리하게 구축해둔 마이크로소프트 운영체제에서 제대로 작동하지 않는 프로그램에는 시장이 관심도 주지 않는 마당에 뭐하러 기술의 속살까지 이해하려 한단 말인가?

'몰라도 되는' 것은 매혹적이었다. 나는 이제껏 생각해온 프로그램 개발의 본질에서 멀어지고 있었다. 그 본질이란 글을 통해 시스템이나 다른 소프트웨어에 말을 거는 것이었고, 그 언어는 시스템을 최대한

---

* 소프트웨어 어플리케이션이나 솔루션의 개발을 수월하게 하기 위해 소프트웨어의 구체적 기능들에 해당하는 부분의 설계와 구현을 재사용 가능하도록 모듈 형태로 제공하는 소프트웨어 개발 환경.

깊이 알아야만 구사할 수 있는 것이었다. 하지만 기꺼이 무릎 꿇고 싶은 달콤한 유혹이 내 앞에 놓여 있었다. 마법사여, 나를 가져요.

내 프로그램 개발 도구들은 '내 컴퓨터' 같은 존재가 되었다. 복잡한 기능을 간결한 시각 요소 뒤에 숨기겠다는, 윈도 사용자 인터페이스에 담긴 그 열망이 이제 내가 프로그램을 짜는 방식에도 스며들었다. 순진한 사용자들을 위한 소비자 중심 운영체제의 짜증 나고 신물나는 인터페이스가 C++에까지 얼굴을 내민 것이다. 무언가를 지나치게 단순화한다는 건 낙수효과와 같았다. 일반 사용자들을 어린애 취급하는 것으로 만족하지 못했던 마우스 클릭형 운영체제 제조업자들이, 개발자들까지 어린애 취급하기로 마음을 먹은 모양이었다.

나는 유닉스용으로 처음 개발된 소프트웨어 제품을 윈도 NT용으로 다시 개발하는 프로젝트에 참여한 적이 있다. 팀원들은 대부분 윈도와 마이크로소프트 비주얼 C++ 실력이 출중한 개발자들이었다. 척봐도 그들은 네트워크와 데이터 송신부, 수천만 줄의 코드가 촘촘히 연결된 창, 도구 막대, 대화창으로 이루어진 화면을 수없이 만들어온 것 같았지만, 디버그debug라는 피할 수 없는 난관 앞에서는 어찌할 바를 모르는 듯했다. 이들은 업계에서 으레 나오는, 설명하기 힘든 기이한 결과물에 들떠 있었다. 오류 수정은 유닉스를 배운 개발자들의 몫으로 남았다. 유닉스 개발자들은 무언가를 모르는 상태에 익숙했다. 이들은 프로그램 개발을 '글자 형태의 언어'로 보기에 인내심을 가지고 코드를 찬찬히 살펴볼 수 있었다. 결국 운영체제 전반에서 '생산성'

이라는 존재는, 프로그램 개발을 쉬워 보이게 해주는 그럴싸한 소프트웨어가 아니라 '어려운' 것을 두려워하지 않는 엔지니어들의 수고로 이루어져 있었다.

모든 난관을 해결할 수 있는 마법사는 없었다. 프로그램 개발은 여전히, 누덕누덕 땜질을 해가며 만드는 작품이었다. 기술 환경은 아주 복잡하게 변모해왔다. 우리는 한 환경에서 실행되는 프로그램의 여러 부분이 다른 환경에서 실행되는 프로그램들과 연동되기를 기대한다. 게다가 한 사람이 모든 기술 환경을 샅샅이 꿰뚫고 이해하기는 불가능하다. 그래서 항상 어느 정도의 전문 분야가 필요했다. 어느 정도 복잡성을 숨기는 것은 유용한 동시에 피할 수 없는 일이었다.

그러나 운영체제가 복잡성을 감추고 개발자인 우리의 뒤치다꺼리를 해주는 것에 동의하려면, 적어도 우리가 포기하는 게 무엇인지는 알고 있어야 한다. 개발자는 뚜껑이 열리지 않거나 열어봤자 알 수 있는 게 없는 블랙박스와 기계 부품을 다루는 위험을 감수해야 한다. 부품을 갈거나 기계 장치를 쓸 줄은 알아도, 그 기계의 중요한 작동 기제를 이해하거나 직접 무언가를 고치지는 못하는 사람이 되는 위험을 개발자는 감수해야 한다. 모든 것이 예상대로 작동하는 동안에는 몰라도 문제없다. 하지만 어딘가가 고장 났거나, 잘못되었거나, 무언가를 근본적으로 뜯어고쳐야 할 때 우리는 제 손으로 만든 작품을 속수무책으로 쳐다보고 있는 것 말고 뭘 할 수 있을까?

3.

거대한 컴퓨터 시스템을 지나칠 때면, 그 시스템이 인류가 보유한 지식의 결정체를 대변한다는 생각이 들곤 했다. 모든 프로그램이 세계에 대한 인간의 지식을 복잡하고 정교하게 기록한 도서관과 같다는 확신이 들었다. 나는 이 속 편한 믿음을 붙들고 있었다. 오랜 시간 이 업계에 있으면서, 개발자란 제 손으로 짠 코드에 대한 유지·보수 작업에 진땀을 빼야 함은 물론이고 셀 수 없이 많은 다른 개발자가 다년간 작성하고 수정해온 프로그램들을 이해해야 하는 사람이라는 사실을 진작부터 배웠으면서도 말이다. 개발자는 이 회사 저 회사를 돌아다닌다. 처음에 문제를 이해했던 핵심 집단은 코드를 짜놓고 회사를 떠난다. 다음엔 새 개발자들이 와서 그 코드에 자신들의 흔적을 약간 남기고 또 떠난다. 한 프로그램에 어떤 문제가 숨어 있는지, 무슨 해결책을 어떤 이유로 선택하거나 포기했는지 총체적으로 이해하고 있는 개인이나 조직은 없다.

시간이 흐르면, 코드만이 그 코드가 탄생하던 시점의 지식을 대변하게 된다. 코드는 실행되지만 정확하게 이해할 수는 없는 상태다. 그대로 따를 수는 있지만 다시 한번 깊이 고민해볼 수는 없는 프로세스가 된 것이다. 지식은 코드 안에 병합되면서, 물이 얼음으로 변하듯 자신의 상태를 바꾼다. 새로운 속성을 지닌 새로운 존재가 되는 것이다. 우리는 그 코드를 사용하지만, 인간의 감각으로는 더 이상 그 정체를 이해하지 못한다.

2000년 문제Y2K, year 2000 problem*는 방대한 지식이 코드 속으로 사라지는 현상의 예다. 그리고 '머지않아 먹통이 될' 전국 항공 교통 관제 시스템은 코드로 이루어진 전문 지식이 소실될 수 있음을 적나라하게 보여주는 예다. 1998년 3월 『뉴욕 타임스』 보도에 따르면 IBM은 21세기가 되면 기존 시스템 작동의 신뢰도가 떨어질 수도 있다고 미국 연방항공국에 알렸다. IBM은 "주 컴퓨터host computer의 내부 작동 기제를 이해하는 사람이 남아 있지 않"으므로 시스템을 통째로 교체해야 한다고 조언했다.

이해하는 사람이 남아 있지 않다. 항공 교통 관제 시스템, 부기, 제도, 회로 설계, 철자법, 조립 라인, 발주 시스템, 네트워크 통신, 로켓 발사, 원자 폭탄 지하 저장고, 발전기, 운영체제, 연료 주입기, CAT 스캔 등 점점 많은 대상, 사물, 절차가 앞다투어 코드로 변신하고 있는데, 결국은 그 코드를 이해하지 못하는 사람들만 남아서 코드를 실행할 것이다. 코드를 짜고, 잊어버린다. 또 코드를 짜고 또 잊어버린다. 프로그램 개발은 점점 넓어지는 망각의 늪에서 단체 운동을 하는 것과 같다.

리눅스는 내 CD롬 드라이브를 인식하지 못했다. 내가 가진 드라이브들은 리눅스에서 제대로 작동해야 했지만 그러지 않았다. 온갖 명령

---

* 밀레니엄 버그. 2000년 이전 컴퓨터가 현재 인식하는 연도 표기는 연도 뒤의 두 자리뿐이었다. 2000년을 00년으로 인식하게 되면 컴퓨터를 사용하는 모든 일이 마비될 수 있어 커다란 재난으로 이어지리라 예상되었다.

어를 입력해봐도 소용없었다. 결국 나는 인터넷 질문 페이지로 돌아갔다. 처음부터 그래야 했다. 몇 분 만에 문제에 대한 세세하고 알찬 설명을 찾아냈다.

CD롬 연결 방식이 문제라는 말에 드라이버를 집어 본체 뚜껑을 여는 순간, 내가 바라던 것이 바로 여기 있었음을 깨달았다. 본체 뚜껑을 여는 것이었다. 이제 이 기계가 금속 덩어리임을 알 수 있었다. 나는 마이크로소프트의 컴퓨터 소비 확대 정책으로 탄생한, 대화창 뒤에 숨은 깜찍하고, 지나치게 단순하고, 변경이 허용되지 않는 컴퓨터와 싸워왔다. 리눅스는 나를 유닉스의 세계로 돌려놓았다. 기업에 종속되기 전, 유닉스는 설치하기는 쉽고 제거하기는 어려웠으며, 사람이 읽을 수 없는 이진법 형태였다.

갑작스레 리눅스로 옮겨간 것은, 전문 엔지니어라면 우리 일의 가장 기본적인 작업을 수행할 줄 알아야 한다는 개념을 되새기고 싶었기 때문이다. 코드, 실제 프로그램, 운영체제의 꾸밈없는 민낯을 들여다보는 것이 그 기본 작업이다. 한낱 기계를 가지고 일하는 인간으로서 존엄성을 다시 높이고 싶어서 그런 선택을 했다고 해도 큰 과장이 아니다. 그야말로, 근원으로의 회귀다.

4.

리눅스가 제대로 작동하기 시작하자, 나도 성실한 리눅스 사용자로서 실리콘밸리 리눅스 사용자 그룹Linux Users Group 회의에 참석할 자격이 생긴 기분이었다. 리누스 토르발스가 연사로 나설 예정이었다. 장소는 새너제이에 드넓게 자리한 시스코 시스템스Cisco Systems 구내에 있는 건물이었다. 나는 일찍 도착해서 거의 비어 있는 강당에 자리를 잡고 앉았다. 의자가 딱 200개 놓여 있었는데, 30분 지각한 토르발스가 도착한 무렵에는 그 2배쯤 되는 인파가 강당을 메우고 있었다.

토르발스는 재치있고 호감 가는 연사였지만, 청중은 기발한 농담을 들으러 온 것이 아니었다. 그는 청중을 응원하거나, 그들에게 물건을 팔거나, 자기 의견을 설득시키는 대신 엔지니어링 디자인을 비평하는 시간을 가졌다. 곧장 본론으로 넘어간 그는 당시 연구 중이던, 여러 프로세싱 칩('리눅스용 대칭적 다중 처리 커널')에서 작동하는 운영체제를 개발하는 방법에 관해 이야기하겠다고 밝혔다.

자신을 열렬히 지지하는 청중을 앞에 두고 토르발스는 한 시간 반에 걸쳐 자신이 발견한 프로그램의 이율배반성을 간단하게 설명했다. 한 프로그램이 다른 프로그램의 처리 공간을 침해하지 않게 하려면, 그 프로그램을 다른 프로그램들로부터 분리해 시스템 자원을 잠가야 한다고 한다. 잠금이 너무 적으면 한 프로그램이 다른 프로그램의 메모리를 침범할 수 있고, 너무 많으면 시스템에서 프로그램들의 대기 시간이 지나치게 길어지는 상황일 때 잠금은 몇 개나 거는 게 좋을까? 속도가 빠른 프로세서를 쓰면 잠금 경합lock contention*으로 인

---

* 한 처리 작업이 가지고 있던 잠금을 다른 처리 작업이 가져가려고 하면서, 두 처리 작업이 서로 겨루는 상태를 말한다.

한 속도 저하 여부를 파악하기 힘들다는 점을 참작할 때 어느 정도 속도의 프로세서에서 시스템을 시험해봐야 할까? 그는 중요도가 비등비등하지만 서로 충돌하는 운영체제의 여러 문제를 짚었다. 모두 현존하는 사안이지만, 한 방에 해결할 묘안은 없다.

강당은 쥐 죽은 듯 고요했다. 정답과 오답을 가르는 것이 아니라 더 낫거나 못한 것을 구분하고, 다른 문제를 무시하거나 악화시키더라도 일부 문제를 해결해줄 방안을 찾는 것이 소프트웨어 엔지니어의 일이라는 점을 청중은 되새겼다. 세상이 보고 싶어하는, 막강한 능력과 지력을 갖춘 기계는 사실 인간을 능가할 만큼 똑똑하지 않다. 기계도 인간과 마찬가지로 수많은 오류를 범하고 대비책을 세우며, 총명함을 발휘하다가 한발 물러서 타협하기도 하는 존재다.

그다음 달 열린 실리콘밸리 리눅스 사용자 그룹 회의의 연사는 넷스케이프Netscape의 공동 설립자 마크 안드레센Marc Andreessen이었다. 회의가 있기 전날 넷스케이프가 인터넷에 자사 브라우저의 소스 코드를 올렸고(모든 코드가 만천하에 공개됐다) 그 기념으로 안드레센이 자리한 것이었다. 그는 유식한 이야기 대신 소스 공개가 '개인적 수준에서 우리의 뿌리로 돌아가는 일'이라는 포괄적인 말을 했다.

다음 연사는, 이후 넷스케이프 소스를 기반으로 웹 브라우저를 개발할 모질라Mozilla 재단의 관리자 톰 패퀸Tom Paquin이었다. 패퀸은 무료 및 오픈 소스와 뜻을 함께할 개발자 군단이 있으면 마이크로소프트와 오라클이라는 공룡들과 겨룰 수 있다는 믿음을 당당하게 드러냈다. "이 업계는 기술자들이 이끕니다." 그는 당차게 말했다. 내 기억으로는 그가 어둠 속에서 휘파람도 불었던 것 같다. "마케팅만이 답이라는 통념도 있지만, 그렇지 않습니다."

밖에는 참석자들을 샌프란시스코로 데려갈 버스가 기다리고 있었다. 사우스오브마켓에 있는 사운드팩토리라는 클럽에서 성대한 파티가 열릴 예정이었기 때문이다. 입장 줄은 베이브리지 도로까지 이어질 정도로 길었다. 안드레센이 입장하자, 조명과 카메라가 그를 록스타처럼 따라갔다. 플래시가 터지고, 밴드가 강렬하게 기타를 연주하고, 대부분 남자인 엔지니어들이 맥주병을 들고 주변에 서 있었다.

우리 머리 위로는 아무도 시선을 주지 않는 프로젝터 화면이 넷스케이프 브라우저 소스 코드를 보여주고 있었다. 나는 그 화면을 물끄러미 바라보았다. 프로젝터 초점이 맞지 않아 흐릿하고, 스크롤이 정신없이 내려가고 있어 글자를 읽을 수 없었다. 그 흐릿하고 분주한 화면을 보고 있자니 어떤 예감이 들었다. 억지스러운 분위기가 느껴졌다. 밴드 연주와 조명과 안드레센의 의기양양한 입장에도 불구하고, 나는 마케팅이 전부가 아니라는, 컴퓨터 업계를 주도하는 진정한 주인공은 기술자라는 확신이 들지 않았다. 코드를 이해하는 사람들의 손에 소스 코드를 쥐어주기만 하면 인간의 영혼을 구원할 수 있다는 확신이 들지 않았다.

우리 집은 사운드팩토리 근처였기 때문에 걸어서 귀가했다. 인터넷에 접속해, 리눅스 오픈 소스에서 루틴*들을 훑어본 다음, 전 세계 개발자들이 코드 수정 건의를 올리는 유즈넷Usenet 포럼에 가입했다. 이

포럼은 메일링 그룹이 아니다. 전 세계 사람들이 코드 설계에 대해 비평하는 토론의 장이었다. 전문가와 풋내기, 자신만만하게 소리 높이는 젊은이, 과거의 실수를 기억하는 백전노장, 겁쟁이와 싸움꾼, 떠버리와 고마움을 느끼게 하는 점잖은 사람이 한데 모여 있었다. 이런 풍경 역시 내가 리눅스를 선택한 이유라는 생각이 들었다. 기계뿐만 아니라 사람도 존재하는, 개발자들이 이야기를 나누는 사회 말이다.

---

* 작업을 실행하기 위한 명령들. 프로그램의 전부 혹은 일부를 말한다.

<

Y2K에 질겁한 우리는 무엇이 두려웠을까

1999~2000년

>

오늘은 1999년 2월 12일. 열 달하고 열아흐레가 지나면 '2000년 버그', 즉 Y2K로 인해 전 세계 컴퓨터들이 고장 날지도 모른다.

이 문제를 간단히 정리하면 이렇다. 컴퓨터는 날짜를 처리할 때 연도를 두 자릿수로 나타내왔다. 1998년은 98, 1999년은 99 등으로 표시해왔다는 뜻이다. 그래서 2000년이 되면 컴퓨터는 연도를 00으로 인식한다. 현대 컴퓨터 시대가 열린 이래 오늘날까지, 디지털 시스템의 '오늘 날짜'에서 연도가 40~99 범위를 벗어난 적은 없었다. 그러다가 연도가 00이 되면 무슨 일이 벌어질까? 그 정답을 아는 사람은 아무도 없었다.

비행기가 하늘에서 떨어지고, 전 세계 은행 업무가 마비되고, 전 세계가 태고의 암흑으로 돌아갈 것이라는 끔찍한 예언이 나돌았다. 이 00이라는 숫자 때문에, 연도를 셀 수 없게 되어서 종말이 찾아온다는 예언이었다.

최근까지도 기술 업계 사람들은 이 문제를 담담하게 받아들이고 있는 것 같다. 2000년과 관련해 실제로 문제가 있다는 건 안다. 지난 수십 년간 개발된 수많은 프로그램이, 연도는 두 자릿수로 저장하는 정보라고 가정하고 있다. 어찌 됐건 열 달하고 열아흐레는 긴 시간이다. 개발자들이 검색 도구를 만들고, 이 도구를 활용해 가장 치명적인 영향을 받을 코드를 찾아내서, 그 코드를 수정하면 된다. 시험자들이 검사를 한다. 배치deployment 팀은 임시 버전을 설치한다. 그런 다음 여느 때처럼 이 과정을 반복해(개발자들이 문제를 고치고, 시험자가 다시 검사하고, 배치 팀에서 재배치해) 프로그램이 원활하게 작동하게 한다. 혼이 쏙 빠지는 작업일 테고, 결과물은 완벽하진 않아도 쓸 만할 것이다. 시스템은 늘 고장 나므로 기술자들이 출근해서 그런 시스템을 일으켜 세우는 것이 기술 업계의 일상이다.

그래도, 그렇다고는 해도…… Y2K에 대해 깊이 고민해본 사람들에게는 변화가 생긴다. 깊은 공포가 그들을 덮친다. 마치 바람에 실려 온 천적의 냄새를 맡는 것 같은 일종의 동물적 불안감이다. 내가 얘기를 나눠본 개발자, 분석가, 컨설턴트, 2000년 프로젝트year-2000 project 관리자 대부분이 이 공포를 느끼고 있었고, 나도 마찬가지였다.

그 공포에 대해 처음 들은 건 2달 전이었다. 자정이 다 되어가는 시각, 전화벨이 울렸다. 나는 6시간 내리 컴퓨터 화면을 쳐다보면서 체험판 코드를 이해해보려 애쓰고 있었다. 다른 개발자의 마음속으로 들어가고 싶지만 실패할 때 느껴지는 특유의 실망감이 엄습해왔다. 가끔은 코드에서 상대방의 모습이 언뜻 비치곤 한다. 코드 설계가 세련되었거나, 유쾌하거나, 기발하거나. 코드의 명료함에서 너그러운 마음씨가 느껴지거나. 하지만 그날 밤은 아무것도 느낄 수 없었다. 전화벨이 울리자마자 수화기를 집어 든 건 그 때문이었지 싶다.

"Y2K에 대한 글을 써보시죠." 한 남자가 말했다.

그는 자신을 개발자라고 소개했고 그 외의 신상은 밝히지 않으려고 했다. 전화번호부에 내 번호가 등록되어 있어 나를 찾을 수 있었다며 기뻐하더니, 장부에서 번호를 삭제하라고 조언했다. "안전하지 않은 거 아시잖아요." 그는 말했다.

나지막하고 단호하면서도 묘하게 흥분한 듯한 어조로, 그는 국제 통신 체계 붕괴, 북미 전력망 완전고장, 철도 마비, 항공기 결항, 트럭 고립, 식량 부족, 폭동, 약탈을 일삼는 범죄 조직, 대혼란, 죽음에 관해 이야기했다. "물이 끊길 겁니다, 아시겠어요? 물이요!"

생존주의가 독감처럼 번져 나갔다. 사람들은 총, 손전등, 휴대용 난로, 비축용 프로판가스를 사들였다. 총, 특히 총, 무기, 대량의 탄약을 쟁였다. 자연으로 돌아갈 준비를 하는 것이다. 내 눈에는 수화기 건너편의 남자도 그런 사람으로 보였다.

그 전화 통화 당시 나는 오히려 Y2K를 둘러싼 소란을 즐기고 있었다. 언론은 디지털 시스템의 실제 속살, 물리적 실체, 금속, 전선, 하드웨어와 소프트웨어, 언젠가 죽을 수밖에 없는 인류의 작품이라는 관점으로 컴퓨터의 겉만 핥았다. 나는 사회적 고충에 깊이 공감하면서도, 컴퓨터에 대한 비밀이 밝혀졌다는 사실이 통쾌했다. 컴퓨터는 우리의 기대를 저버리며, 때로는 어마어마한 실망을 안긴다는 사실이었다. Y2K가 케빈 켈리Kevin Kelly, 존 페리 발로John Perry Barlow 같은 기술 신봉자들의 발등을 찍었다는 점이 특히 고소했다. 모두 내가 존중하면서도 마음 깊은 곳에서는 동의하지 않는 인물이었다. 이들은 기술을 종교처럼 따르고 설파했다. 그들은 인간은 디지털 생명체가 될 것이고, 컴퓨터는 우리를 썩어가는 육신의 족쇄에서 벗어나게 해줄 것이고, 네트워크가 빈틈없이 연결된 사이버 공간의 대기 중을 우리 영혼이 두둥실 떠다닐 것이라고 주장하며 부활을 논했다.

나는 그 상황이 우스웠다. 사람들은 Y2K 전이나 후나 컴퓨터가 우리를 구원하리라 기대했다. Y2K 전, 사람들은 삶의 물질성을 초월해 디지털 형태로 영생하리라 믿었다. Y2K 후, 사람들은 마지막 날에 영혼을 천국으로 올려 보내 영생을 얻을 수도 있을 거라고 믿었다. 지금 와서 보면 그 어떤 미래보다 우리의 죽음이 먼저일 것 같다.

Y2K의 또 다른 별명이었던 '밀레니엄 버그'는 두 가지 이유에서 잘못된 이름이었다. 우선 Y2K는 밀레니엄, 즉 새천년과 함께 시작되지 않는다. 새천년은 2000년이 아니라 2001년부터 시작된다고 센다. 계산은 간단하다. 첫 밀레니엄은 1년부터 1+1000=1001년의 마지막 날까지다. 현재 진행형인 두 번째 밀레니엄은 1001+1000=2001년까지다. 하지만 그게 무슨 상관인가? 인간의 상상력은 딱 떨어지는 숫자를 신

비로워한다. 그리고 새천년에 대한 전율은 우리의 세속적이고 막강한 권력, 디지털 기계에게 응징받을지 모른다는 두려움에서 비롯되었다고 볼 수 있다.

둘째, '밀레니엄 버그'는 버그가 아니다.

버그란 프로그램이 의도대로 작동하지 않게 하는 코드 조각을 말한다. 연도를 두 자리 숫자로 처리하겠다는 결정은 의도적이고 지극히 합리적이었다.

연도를 두 자리 숫자로 설계한 것은 부족한 자원을 최대한 효율적으로 활용하기 위해서였다. 테이프와 디스크에 데이터를 장기 저장하려면 제약이 아주 많았다. 프로그램이 실행될 때 사용되는 기억장치인 '핵심 기억장치core memory'의 용량이 극히 제한적이었다. 디지털 시대가 도래한 이래로 지금까지 개발된 모든 프로그램은 '19'로 시작하는 연도에 실행되도록 설계되었다. 귀중한 공간을 '19'라는 숫자에 쓸데없이 낭비하는 건 옳지 않았다.

이렇게 부족하던 자원이 언제부터, 어떻게 풍족해졌을까? 두 자리 숫자로 된 연도는 계속 유지되었을까? 테이프가 버려지고 디스크 용량이 기가바이트급으로 늘어나고(이제 테라바이트를 향해 가고), 컴퓨터의 작업 기억장치가 메가바이트 급으로 발전한 건(이제 기가바이트와 그 이상을 향해 간다) 언제였을까? 왜 프로그램을 새로 개발해서 놀라운 기술 발전을 따라잡지 않았던 걸까? 컴퓨터 시스템이 발명, 발전된 방식의 핵심에 그 답이 있다.

// 코드와 살아가기

3월 초, 나는 한 증권사를 방문했다. 여기에서는 로런스 벨이라는 품질 보증 관리자가 회사 내부에서 'Y2K 교정 활동'이라고 부르는 서비스를 시험 중이었다. 로런스 벨은 그의 실제 이름이 아니다. 나는 아직까지 Y2K에 대해 공개적으로 발언할 권한이 있는 컴퓨터 전문가를 찾지 못했다.

이 회사의 시스템은 과거의 기술 발전상을 거슬러 올라가는 여정이었다. 인터넷에서 새 프로그램이 실행되면, 1990년대 인터페이스의 데스크톱이 1980년대의 견고한 데이터베이스에 연결되었다. 운영체제에서 가동되고 있는 유닉스 서버는 1970년대에 개발된 것이다. 1960년대 말로 거슬러 올라가는 구식 중앙처리장치까지 있었는데, 이 장치는 공식적으로 시험해본 적이 없는, "아무도 신경 쓰지 않"지만, "실행되지 않으면 큰일 나는" 프로그램들을 실행하고 있다고 벨은 말했다.

이 기회에 회사에서 중앙처리장치 코드를 다시 짜서 1980년대 데이터베이스를 교체하는 것이 당연한 수순이었다. 그러나 그렇게 하면 컴퓨터를 통해 맺어져 있는 이들의 필요를 충족시킬 수 없었다. 이 회사는 증권 중개인과 분석가들의 요구를 충족하지 못하면 사업을 지속할 수 없었다. 이들이 방대한 데이터를 샅샅이 훑어보고, 광활한 네트워크에 접속하게 해주어야 한다. 그러려면 투자자들은 24시간 인터넷에 접속해 시장과 거래 정보를 확인할 수 있어야 한다. 회사는 복잡한 투자 분석 도구를 제공하는 다른 증권사들과 경쟁해야 한다. 이런 상황에서 신기술에 투입해야 할 자원을, 40년 묵은 코드를 새로 짜는 작업에 유용流用할 수는 없었다.

코드를 새로 짜기로 했다고 하더라도, 지난 세월의 더께를 어떻게 벗겨낸단 말인가? 기존의 피부 위에 새 피부가 자라나고, 조직이 결합해 하나의 유기체로 거듭나듯 코드가 겹겹이 쌓여 있었다.

구시대의 코드를 다룰 의사가 있는 개발자를 찾는 것도 어려운 일이었다. 젊은 개발자들은 선두에 서서 자신이 새로운 세계를 창조하는 기분을 좋아한다. 물론 그건 착각이다. 모든 세대는 이전 세대가 닦아놓은 토대 위에서 자라나기 때문이다. 그러나 이런 착각도 필요하다. 앞으로 인류는 수백만 줄의 코드를 짜게 될 테고, 세상에는 깨어 있는 시간 내내 코드를 짜는 열정을 품은 개발자 군단이 존재한다. 중앙처리장치는 인터넷이라는 것이 없었던, 이제는 기억 속에 어렴풋이 남아있는 시절의 그림자였다.

그리고 구시대의 코드는 일종의 불사신처럼 여전히 작동한다. 그러니 내버려두자. 생각을 말자.

2000년이 다가오는 게 아니었다면, 그 어둠 속 프로그램들이 제 기능을 하는 한 컴퓨터 시대에서 영원히 살아 숨 쉬었을 것이다. 하지만 새로 태어난 개발자들은, 2000년을 앞두고 50~60대가 된 선대 시스템 개발자들을 찾아내야만 한다. 젊은이들은 어떻게 해서든 선배들의 지혜를 배워야 한다는 사실을 인정해야만 한다. 선배들이 비밀을 전수하지 않고 떠나버리기 전에 서둘러 배워야 할 지혜였다.

2주 뒤, 나는 짐 풀러(가명)와 전화 통화를 나눴다. 개발 경력 30년 대부분을 미국 연방준비제도Federal Reserve 시스템 개발자로 보낸 그는 현재 Y2K 프로젝트에 참여하고 있었다. 그는 내게, 아무래도 자신이 직접 짰던 것 같은 코드를 수정하고 있다고 말하며 웃었다. "젠장, 30년도 더 지난 지금까지 코드가 작동할 줄 누가 알았겠어요?"

우리는 베테랑 개발자들이 자신들의 유물 같은 코드가 아직까지 어딘가에서 작동하는 광경에 놀라움을 금치 못한다는 이야기를 나눴다. 그들은 누군가 그 코드를 대체하리라고 믿어 의심치 않았다. 새로 나오는 컴퓨터들, 호사스럽게 확장된 메모리와 저장 공간, 경이로운 개발 도구들, 코드의 중급 형태를 띠는 번역기 '어셈블러'(인간이 읽을 수 있는 기계어)를 활용해 고수준의 소스 코드로, 프로그램을 처음 개발할 때 사용한 언어 '코볼COBOL'*로 변신시키리라 생각했다. "이 코드를 다시 보는 사람이 있을 줄은 상상도 못 했어요." 풀러는 말했다. 나는 코드가 불사조가 되는 추세에 대해 다시 한번 생각했다.

프로젝트가 어떻게 진행되고 있는지 묻자, 그는 답했다. "잡지에서 떠드는 것보다는 순조롭습니다."

차분한 목소리였다. 그가 설명하는 Y2K 교정 과정은 정밀하고 체계적이었다. 그들은 먼저 재고 조사를 해서, 은행이 이용하는 모든 소프트웨어 업체에 연락했다. 그 업체들이 쓰는 운영체제를 정리한 다음, 소프트웨어에서 핵심 구문을 찾는 프로그램을 짜고, 프로그램에서 날짜 관련 항목을 찾아내는 작업을 자동화한 코드 판독 루틴을 만들었다. 코드를 수정하고, 연도 처리를 두 자리에서 네 자릿수로 바

* 사무용으로 설계된, 영어 기반 컴퓨터 프로그래밍 언어.

꾸기 전에, 찾고 있는 소스 코드가 이진법 코드가 맞는지, 기계가 읽을 수 있는 0과 1로 이루어져 있는 게 맞는지부터 확인해야 했다. "시간이 걸리지만 어렵지는 않습니다." 풀러는 말했다. 재난 중의 재난(소스 코드를 아예 찾을 수 없어서 프로그램을 판독해 날짜 처리 핵심어를 찾아낼 수 없는 상황)까지도 소화했다. 풀러는 그 작업을 '슈퍼 재핑super zapping'이라고 불렀다. 사람이 읽고 조작할 수 있는 어셈블러의 중급언어로 이진법 코드를 변환하는 방법이었다. "꼼꼼히 신경 쓰면 효과를 볼 수 있습니다."

코드를 수정하고 시험하는 작업에 대한 그의 설명을 듣고 있자니(시간을 앞뒤로 조정한 컴퓨터들, 가상의 시간 환경을 만드는 프로그램들) 마음이 한결 평온해졌다. 1월 1일이 된다고 내 재산이 몽땅 사라지진 않을 것이다. 미국 은행 시스템이 무너지지 않을 것이다. 재난 보도는 코드가 작성되는 사무실 책상을 들여다본 적도 없는 비기술인이 쓴 이야기일 뿐이다. 짐 풀러처럼 훌륭하고, 듬직하고, 열정적인 개발자들이 내 기대를 꺾지 않고, 솟아날 구멍을 찾아낼 것이다.

도구를 만든다. 시험한다. 고친다. 시험한다. "꼼꼼히 신경 써서" 작동하게 한다.

풀러는 말을 이었다. "우리가 하는 일이 실패로 돌아가면 연방준비제도가 모든 걸 박살 낼 것이라는 기사를 읽었습니다. 살면서 처음으로 연방준비제도가 해온 모든 일이 이해되더군요." 그는 어색하게 웃었다. "우리가 중요하긴 하다는 걸 알게 됐죠."

연방준비제도에서 30년을 몸담아온 그가 자신이 속한 조직의 진짜 역할을 처음으로 이해한 것 같았다. 이 친절하고 유능한 개발자는 자기 일이 소스 코드와 어셈블러를 다루는 것이라고만 생각하다가, 마침내 눈높이를 높여 자기 일을 들여다보게 되었다. 그의 목소리에서 두려움이 묻어났다. Y2K 덕분에 그로 자신의 코드가 이 세상에서 어떤 역할을 하는지 배웠다.

"동료들은 이 일에 완전히 발목 잡혀 있습니다. 모여서 회의를 하면 다들 '난 틀렸어'라고 하죠."

그는 잠시 말을 멈췄다.

"수정 작업이요. 제시간에 수정할 수 없을 거라고 생각해요."

이번에는 더 오래 말을 멈췄다.

"다들 엽총을 구하러 다니고 있어요."

엽총이라고? 조금 전까지만 해도 체계적인 작업으로 "효과"를 보고 있고 "어렵지는 않다"며, 슈퍼 재핑이 있어 문제없다더니, 그들도 자연으로 돌아가겠다는 건가?

"저희의 자체 시스템은 통제가 됩니다." 풀러는 말했다. "나머지 전부가 걱정이죠. 우리처럼 대비하고 있는 회사가 얼마나 있을지 걱정입니다. 은행도 걱정입니다. 그들이 어떻게 하고 있는지 제가 전혀 모르니까요. 제 귀에도 소식이 들어왔다면, 아마도 잘하고 있는 거겠죠. 하지만 이런 이야기를 꺼내는 사람이 아무도 없어요."

아무도 이런 이야기를 하지 않는다. 한 기업이 Y2K에 어떻게 대처하고 있는지 다른 기업에 공개할 리는 없다. 기업들의 전산망은 서로 연결되어 있는데, 그 맞은편에는 누가 있을까? 기업들은 전산망이 연계된 모든 조직에 Y2K 설문을 보내 다른 기업들의 준비 상태를 파악하려 했다. 의회는 Y2K 관련 고장에 대한 법적 책임을 제한하는 법을 통과시켰다. 이 법은 법적 책임 문제를 끌어올림으로써 모두를 불안에 떨게 하는 부작용을 일으켰다. 설문에 대한 답변은 돌아오지 않았다.

바깥세상이 어둠에 휩싸였다는 생각이 들었다. 밖에는 누가 있을까? 그들은 뭘 하고 있을까? 그들을 믿고 도움을 구해도 될까? 텐트, 손전등, 통조림, 총과 탄약을 챙기자.

"연방준비제도는 무사할까요?" 내 질문에 그는 답했다.

"저야 모르죠."

조짐이 안 좋았다. 불길한 예감을 떨칠 수 없었다. 코드를 째려보며 또 한 번 기나긴 하루를 보냈다. 내가 모르는 사이에 해는 길모퉁이 건물 뒤로 넘어가 자취를 감췄고, 방은 어둑해져 있었다. 밖에 있는 사람들은 땅거미가 졌다고 생각하고, 안에 있는 사람들은 밤이라고 부르는 그런 시간대였다. 짐 풀러와 대화한 뒤로 3주가 흘렀지만, 아직도 그의 목소리가 머리에 맴돌았다.

그 낡은 코드. 수백만(어쩌면 수백억) 대에 이르는 컴퓨터. 그 안에서 작동하는 수백억(수백조? 수천조?) 개의 프로그램. 그 프로그램 안에 들어 있는, 이번 연도를 지난 연도와 비교하는 상상도 할 수 없이 많은 코드 문장. 그 모든 중앙처리장치. 지난 삼십 년 동안 아무도 들여다보지 않은 그 모든 코볼 코드.

현재 연도와 같거나 그보다 작은 새 연도가 나오면

내용 오류 메시지를 통해 '비정상 종료'를 호출한다.

END-IF.

이 기계는 내부에서 연도를 두 자리 숫자로 인식한다.

올해가 1999년이면, 소프트웨어 내부에서는 99를 떠올린다.

새해가 2000년이면 소프트웨어 내부에서는 00을 떠올린다.

1월 1일 자정으로부터 기계 주기* 하나를 추가하면, 엉성한 영어로 된 이런 코드가 나온다.

00이 99와 같거나 더 작으면(현 상황에서),

비정상적인 종료로 프로그램을 중지시키는 루틴인

오류 메시지 '비정상 종료'를 보낸다.

비정상 종료. 컴퓨터가 작동을 멈춘다는 말이다.

이 지점은 빠져나갈 구멍이 없는 디지털 세계의 막다른 골목이었다. 위 형태의 코드 문장은 언제나 우리를 좌절시킨다. 지금부터 세상이 끝날 때까지(2000년, 2099년, 3000년, 3099년, … 10099년) 연도의 마지막 두 자리 숫자는 언제까지나 99와 같거나 그보다 작을 것이다.

이건 하나의 프로그램에 있는 하나의 서브루틴subroutine** 속 문장

* 중앙처리장치에서 하나의 명령이 처리되는 시간 간격.
** 한 프로그램 내에서 필요한 때마다 되풀이해서 사용할 수 있는 부분적 프로그램.

하나일 뿐이다. 하지만 이 프로그램의 신호를 받기 위해 대기 중인 다른 프로그램이 있다. 그 프로그램을 기다리는 또다른 프로그램들이 줄줄이 이어져 있으며 위에서 아래로, 안에서 밖으로 고장이 퍼져나간다. 컴퓨터의 세포에서 정맥, 모세 혈관으로 번져나가는 것이다. 전염병이 돌듯, 조직끼리 맞물린 거대한 유기체가 염증에 시달리다 무너지고 만다.

내 안의 두려움이 고개를 내밀었다. 나는 컴퓨터 시스템이 위험한 만큼 얼마나 아름다운 존재인지도 알고 있었다. 내 마음 깊은 곳에서는 기계의 능력에 대한 애정, 섬세한 인간의 손끝에서 기계가 보여주는 경이로움을 사랑했다. 프로그램 개발 기술을 깊이 이해하고, 무언가를 만들어내고 성과를 내는 정밀한 사고력을 지닌 사람이 그 경이를 빚어낸다.

그런데 이제 굉장한 먹통 현상이 올 가능성이 생겼다. 파멸의 전조들을 믿기는 싫었다. 그래도, 그렇다고는 해도 Y2K는 유대감과 결속을 끊고 있었다. 아름다움은 희미해졌고 위험 가능성이 열렸다.

"어른의 관리 감독 없이 일하는 개발자는 없어야 한다!" 독일 모건 그렌펠Deutsche Morgan Grenfell의 최고 경제 전문가이자 저명한 주식 투자 분석가인 에드워드 야데니Edward Yardeni는 열변을 토했다.

우리는 샌프란시스코 노브힐에 있는 호텔의 북적이는 연회장에 있었다. 2000년도 학술대회 개회 날이었다. 시사 프로그램 「60분60 Minutes」의 카메라가 돌아가는 가운데, 야데니는 청중에게 모든 Y2K

코드를 제시간에 고치기는 불가능하다고 말했다. 밀레니엄 버그는 경제 체제를 타고 번져나가 1973~1974년에 있었던 경기 침체와 비슷한 세계적인 불황을 가져올 것이었다. 당시 불황이 끝나고 10년간은 성장이 둔화된 상황이었다. 그는 이 모든 일이 재현될 것이라고 했다. 전 세계 컴퓨터 시스템이 '지난 30~40년간 어떤 어른들의 관리 감독 없이 연결되었다'는 것이 그 이유였다.

사람들은 박수갈채를 보냈다. 바로 이들이 듣고 싶은 말이었기 때문이다. 이들은 연인에게 차인 것과 같은 상태였다. 업계가 높은 연봉을 주면서 애지중지하는 남자아이들은 티셔츠 차림에 감각적인 안경을 끼고 다녔고, 업계는 그들의 명석함에 집착했다. 그래서 컴퓨터 본체와 모니터와 키보드를 가지고 놀도록 내버려뒀더니, 그들은 업계를 배신했다.

질문 시간은 없었다. 그런 시간이 있었더라도 나는 참여하지 않았을 것이다. 나는 화가 단단히 나 있었다. 근사한 기조 연설 자리에서 분노한 질문자, 그것도 분노한 여성을 반길 사람은 없었기에 나는 자리에 앉아 씩씩거렸다. 어느 운영체제를 새로 구축하고 어느 것을 버려야 할지 결정하는 건 개발자의 몫이 아니다. 회사의 자원을 프로젝트마다 배분하는 역할도 개발자의 몫이 아니다. 개발자 자체가 자원이었다. 그 자원에 대한 결정을 내리는 사람은 관리자였다. 회사 간부들이 그런 결정을 내렸다. 벤처 투자자들은 어느 기술에 투자할지 결정했다. 정확히 말하면 야데니가 화를 내야 할 대상은 이미 존재하는 어른들의 관리 감독이었다.

오전 순서가 진행되면서 인기 있는 주제가 떠올랐다. 바로 기술계가 '근시안적'이라는 것이었다. 네 자릿수 연도의 도래에 대해 이야기하면서 한 발표자가 외쳤다. "그 사람들은 이렇게 될 줄 어떻게 모를 수가 있었죠?" "그 사람들"이 누구인지는 정확하게 명시되지 않았다. 어디에선가 사무실 파티션에 몸을 숨기고 있을 대략적인 '사람들'을 일컫는 것이었다. 열성적인 청중이 다시 한번 지지를 보냈다.

이제 나는 온몸이 분노로 끓어올랐다. 자리에서 일어나 소리치고 싶었다. 가장 성공적이고 획기적인 기술 중에도 '이렇게 될 줄' 몰랐던 것들이 있다고. IBM PC를 설계한 사람들은 PC를 사용할 사람이 단 한 명뿐이고, 프로그램을 하나 이상 실행할 일은 절대 없을 것이며 그 프로그램 용량이 640킬로바이트를 넘을 일도 절대 없으리라 예상했다. 처음 나온 인터넷 프로토콜은 당시 기준으로 굉장히 많은 서버를 제공했지만, 이후에는 폭발적인 웹의 증가에 대처해야 했다. 인터넷은 원래 같은 무리에 속한 동료들끼리 서로를 신뢰하며 대화하기 위해 설계된 공간으로, 도둑들의 침입에 대비하는 디지털 기술을 갖추지 않은 점잖은 커뮤니티였다.

이 시스템들이 '이런 일'을 예상하지 못한 것은 미래가 단계적으로 찾아왔기 때문이었다. 어느 날 우리는 종이와 펜 없이도 장부를 작성할 수 있다는 사실에 놀랐고, 그다음에는 모든 재무 데이터를 언제라도 열람할 수 있기를 원했다. 그다음에는 방대한 데이터를 조회하고 싶어했다. 출발은 한 사람이 컴퓨터를 가지고 실험을 해보는 즐거운 활동이었다. 이내 우리는 컴퓨터들을 하나씩, 하나씩 연결하기 시작해 언제 어디에서나 연결되어 있는 상태에 이르렀다. 인간이 기술 자체에 어떻게 반응하는지, 즉 우리가 기술을 어떻게 사용하고, 어떤 활용 방식을 상상하는지에 따라 미래의 모습이 결정된다. 기술은 변화를 주도하지 않는다. 기술을 주도하는 것은 인간의 열망이다.

개발자들은 근시안이 아니다. 사실 개발자는 계속해서 미래를 마주한다. 오늘날의 도구를 어떻게든 구워삶아 다음 열망을 실현해야 한다. 열망을 정의하고 끊임없이 재정의하는 사람은 관리자, 기업 간부, 벤처 투자자다. 디스크 공간, 기억장치, 칩 속도, 네트워크 속도 등 오늘날 우리가 누리는 기술만 가지고는 절대 다음 단계로 쉽게 넘어갈 수 없다. 전산 분야는 만성적인 컴퓨터 자원 부족에 시달린다. 신기술을 계속 발명하면서 기존 기술의 역량을 사정없이 쥐어짠다. 그래서 연도를 두 자리 숫자로 저장하고, 이메일 메시지를 패킷 단위로 쪼개서 사용 가능한 경로로 전송한 뒤 수신자 측에서 재조립하고, 디지털 가입자 회선이라는 기술을 개발해 아날로그식 목소리 진동에 맞게 설계된 일반 구리 전화선으로 정교한 비트를 전송한다.

우리 시대에는 늘 대역폭이 부족하다. 어떻게 하면 백만 비트를 송신하도록 설계한 파이프를 통해 백억 비트를 송신하고, 백억 비트를 송신하도록 개조한 파이프를 통해 백조 비트를 송신할 수 있을지 고민하는 것이다. 인터넷으로 전송할 수 있는 데이터에 대한 갈증이 커지면서 이런 양상이 반복된다. 그 갈증을 채워주는 것은 개발자의 몫이다. 개발자들이 쫓기듯 연구에 연구를 거듭하다 보면 결국 코드가 엉키고, 그들이 추구하던 품위는 사라지고 만다. 언젠가 우리는 비트를 전송하는 새로운 방식을 고안해내고 지난날의 코드를 돌아보면서, 그 엉킨 코드를 풀어낼 바에야 Y2K를 고치는 것이 쉽겠다고 생각할 것이다.

2000년도 학술대회 오후 시간에는 참석자들에게 Y2K가 무엇이고 어떤 영향을 미치는지 알려주기 위한 여러 워크숍이 있었다. Y2K 사태로 전에 없던 기술 전문가들이 등장했다. 내 생각에는 Y2K 구제 컨설턴트, 코드 개조 전문가, 개별 지도사, 워크숍 진행자, 자문가 등이 겁먹은 기업들을 이용하고 있었다. 1월 1일이 지나가기만 하면 이 새로운 전문가들도 새로운 일거리를 찾아 떠나리라는 희망이 내 마음을 달래주었다.

나는 '타임머신' 개발 워크숍에 참석했다. 짐 풀러가 이야기했던 것처럼 '고친' Y2K 프로그램들을 시험해보는 가상의 시간 환경이었다. 엣지인포메이션그룹Edge Information Group의 칼 게르는, 시험 환경을 설계하면서 연도의 '상한선을 명시해야 한다'고 침착하게 설명했다. 모두 그의 말을 받아 적는 가운데, 나는 무시무시한 생각을 떠올렸다.

"하지만 상한선을 언제로 설정해야 하죠?" 나는 큰소리로 외쳤다. "9000년인가요? 10001년인가요?"

칼 게르는 말을 멈췄다. 참석자들이 수첩에 파묻혀 있던 고개를 들었고, 행사장은 조용해졌다. 시스템을 고치려고 혈안이 된 참석자들은 잠시 멈춰서 머나먼 미래에 대해 고민해본 일이 처음인 듯했다.

마침내 행사장 뒤편에서 목소리가 들려왔다. "좋은 질문입니다."

발표자는 Y2K 피해를 받은 코드를 임시로 '고치는' 것에 대해 이야기하기 위해 기다리고 있던 자신의 동료 메릴린 프랭켈을 힐끗 쳐다봤다. "그 문제는 메릴린이 나중에 다룰 것입니다." 칼은 말했다.

메릴린은 그 문제를 다루지 않았다.

Y2K에 대해 가장 내 마음에 드는 접근 방식을 보여준 사람은 철도 회사에서 일하는 두 참석자였다. 그들은 자사의 시스템을, 하드웨어에 코드가 장착된 감지기와 제어장치 네트워크라고 설명했다. 이 시스템은 '실시간'이었다. 바로 이 순간 무슨 일이 벌어지고 있는지, 어느 시각에, 어느 열차, 어느 자동차, 어느 컨테이너가 움직이는지 파악해야 했다. 하지만 코드를 새로 짤 수는 없었고, 감지기와 제어장치를 전부 교체하거나 시험할 시간도 없었다.

그들은 기발한 임시방편을 내놓았다. 컴퓨터에게 오늘 날짜를 속이는 것이다.

그 회사는 네트워크의 내부 시계를 1972년으로 돌려놓기로 했다. 1972년을 선택한 이유는, 1972년의 날짜와 요일이 2000년과 같기 때문이었다. 1972년 1월 1일은 토요일이었고, 2000년 1월 1일도 토요일이다. 이렇게 날짜를 조정하면 연도를 두 자리 숫자로만 표기해도 문제가 없다는 것이었다.

나는 그들의 시스템을 깊이 알지 못하므로, 어떻게 날짜 조정으로 Y2K 문제가 해결되는지 알지 못했다. 하지만 그들의 시도는 성공이었다. 그야말로 시간을 번 것이다.

전율이 느껴졌다. 그들의 묘수는 깊이 파묻혀 있던 진실을 드러냈다. 컴퓨터는 인간이 직접 말해주지 않는 이상, 바깥세상에서 무슨 일이 벌어지고 있는지 전혀 모른다는 것이다. 그들의 기계 장치는 가짜 미래, 이미 낡아빠진 가짜 '새해'를 향해 대차게 전진할 것이다.

나는 석유회사 텍사코Texaco의 초대를 받아, 그들의 시스템에 Y2K 시험을 하러 뉴올리언스에 왔다. 초대한 이는 텍사코의 2000년도 프로젝트 관리자인 제이 앱셔였다. 로버트 마틴과 프레드 쿡이 그와 함께 일했다. 모두 실명이다. 앱셔는 내가 정식으로 취재할 수 있었던 유일한 Y2K 전문가였다. 그는 공개적으로 발언할지 여부를 고심한 끝에 말했다. "과대 선전을 없애고 싶습니다." 그는 나를 초대하면서 말했다. "Y2K는 장난질이 아니라는 걸 보여주고 싶습니다."

텍사코 시스템은 철도 회사 시스템과 마찬가지로 '실시간'이었다. 코드가 삽입된 장비들의 네트워크로 이루어져 있었고, 장비 각각이 시추, 관로 운반 등 현재 무슨 작업이 진행 중인지 보고했다. 앱셔, 마틴, 쿡은 노련한 기술자였다. 앱셔와 마틴은 18년째, 쿡은 19년째 텍사코에서 근무 중이었다. 연방준비제도에서 일하는 짐 풀러와 마찬가지로, 그들은 코드를 잘 알았다. 마틴은 웃으면서 말했다. "아 네, 이해하죠. 대부분 저희가 직접 쓴 코드인걸요."

(앱셔의 책상에 30센티미터 정도 높이의 황금빛 십자가가 놓여 있어, 여기가 샌프란시스코가 아니라는 것이 실감 났다.)

세 사람은 내게 실시간 보고 장비 중 하나인 원격 단말 장치 시험을 보여주었다. 전에도 해봤던 시험이었지만, 그들이 직면한 문제를 내가 이해할 수 있도록 다시 보여주는 것이었다.

원격 단말 장치는 근사한 기계가 아니라, 벽에 고정되어 있는 문고판 책 한 권 크기의 금속 상자였다. 상자를 열면 집적회로판이 몇 개 있었고, 프레드 쿡에 따르면 회로판마다 논리 칩, 즉 본인들이 직접 작성한 코드가 내장된 하드웨어가 들어 있다고 한다. 원격 단말 장치는 꽤나 원시적이라서 한 번에 한 작업만 수행했다. 관로를 통과하는 액체나 가스의 흐름, 순간 유속, 지금 이 순간의 흐름을 측정했다. 흐름에 날짜와 시간을 기록해 내장 메모리에 임시 저장했다가, 중앙 컴퓨터인 SCADASupervisory Control and Data Acquisition(감시 제어 데이터 수집)로 데이터를 전송했다. 나는 SCADA의 심장이 어느 거대한 중앙처리장치에서 뛰고 있는 모습을 상상했다. 알고 보니 그 심장은 같은 방 반대편에 있는 작은 PC에 달려 있었다.

프레드 쿡은 원격 단말 장치에 노트북을 연결하고 시험을 실시했다. 그는 장치의 날짜와 시간을 새로 설정했다.

12/31/99 23:59:50

우리는 원격 단말 장치 화면에서 자정을 향해 초가 흘러가는 것을 바라보았다.

50, 51, 52, 53, 54, 55, 56, 57, 58, 59

드디어 날짜가 바뀌었다.

01/01/:0

"쌍점에 0이 나왔죠." 쿡은 말했다. **"저건** 뭡니까? 하는 거죠."
그러더니 날짜와 시간을 이렇게 새로 설정했다.

01/01/00 23:59:45

우리는 다시 자정을 향해 시간이 흐르는 모습을 지켜보았다. 이윽고 화면에 이런 숫자가 떴다.

01/01/:0

"단순한 화면 문제가 아닌가 보네요." 내가 말했다.
쿡은 나를 방 건너편 SCADA 제어반으로 데려가더니, 기계의 날짜와 시간 개념을 복구할 명령어를 입력했다. 제어반 화면이 대답했다.

01/01/101

이제 그는 원격 단말 장치를 사용해 SCADA에 전송한 복구 명령어를 입력했다. 이제 SCADA가 답했다.

미터 데이터 이용 불가 - 계약 시간 현재 아님

'현재 아님'. **현재**. 세계에 있는 모든 코볼 코드가 나를 되받아쳤다.

현재 연도와 같거나 그보다 작은 새 연도가 나오면
내용 오류 메시지를 통해 '비정상 종료'를 호출한다.

먹통.

나는 이게 장비 하나의 문제에 불과하다고 생각했다. 이거 하나 고장 난다고 얼마나 큰 피해가 생기겠는가? 하지만 쿡, 마틴, 앱셔는 원격 단말 장치가 더 넓은 지능형 기기 세계의 작은 데이터 수집 지점이라고 차분하게 설명했다. 극초단파, 전선, 무선을 통해, 코드가 삽입된 장비 수천 대가 끊임없이 SCADA에 데이터를 보낸다. 데이터 접점이 3만 개에 이르렀다.

원격 단말 장치가 고장 나면 텍사코는 자사의 관로에서 흐르는 원유가 얼마나 되는지 알 수 없다. 그들의 시스템은 계속 작동하겠지만, 정신없이 날뛸 것이다. 텍사코는 생산 현황을 분석할 수도, 고객사에 비용을 청구할 수도, 관로를 따라 무엇이 흐르고 있거나 무엇이 멈춰 있는지 파악할 수 없다. 한마디로 회사가 제대로 기능할 수 없다. 텍사코는 현장 장비와의 교신이 끊기고 4시간 안에 통신을 복구하지 못하면 법적으로 유전을 폐쇄해야 한다. 텍사코의 고객사는 원유를 공급받지 못하면 회사로서 제 기능을 하지 못한다. 그러면 그 고객사에 의존하는 기업들도 제 기능을 못 하고, 결국 최종 소비자까지 그 영향이 이어진다. 그건 내가 두려워한, 네트워크 전체로 퍼지는 전염병이었다.

방대하게 연결된, 기술이라는 유기체를 통해 치료제도 없이 퍼져나가는 병 말이다.

그래도 원격 단말 장치 시험을 보여준 세 사람은 낙관적인 태도를 보였다. 그들은 자체 네트워크에서 다른 장비들을 여럿 시험해봤다. 문제를 찾고는 있지만 치명적인 버그는 없었다고 앱셔는 말했다. 그는 내게, Y2K가 장난질이 아니라는 사실을 대중에게 알리고 싶다는 뜻을 상기시켰다(나는 이미 설득되어 있었다). 그에 따르면 문제가 있는 것이 사실이고, 지역적으로 치명적인 문제가 생길 수도 있었다. 그리고 투철한 노력, 분별력 함양, 기업 간 협력을 통해 영향과 피해를 최소화할 수 있었다. 앱셔, 쿡, 마틴은 마음을 안심시켜주는 존재였다. 그들에게는 시스템 백전노장으로서의 진솔한 자신감이 있었다. 앱셔는 말했다. "엔지니어들은 이 모든 시스템이 다운되지 않으리라는 걸 압니다. 엔지니어들은 바보가 아니죠."

시험이 끝난 뒤 우리는 텍사코 '스토막' 센터의 제어실로 갔다. 스토막에서는 멕시코만에 있는 텍사코의 32개 해양구조물을 감시했다. 이 센터의 이름은 '텍사코 원격 운영 감시 및 제어 시스템'을 뜻하는 STORMAC(Systems for Texaco's Operational Remote Monitor and Control)이었지만, 날씨 관찰이 이 시스템의 주요 기능이었기 때문에 축약하기 전의 단어들은 'STORMAC'이라는 이름을 쓰기 위한 핑계일 뿐이라고 의심하는 사람도 있었다.

스토막 통제실은 뭐라고 집어 말할 수 없는 분위기였다. 작은 강의실만 한 방이었고, 조명은 어두웠다. 녹음실이라도 들어온 것처럼, 귀

울리는 소리가 들릴 정도로 고요했다. 거대한 제어반 5대가 해양구조물에서 전송된 데이터 측정값을 보여주었다. 천장에 매달린 텔레비전은 음소거 상태로 늘 날씨 채널에 고정되어 있었다. 밖은 무덥고 흐리지만, 스토막 내부는 멕시코만에서 생성된 열대성 저기압권에 놓여있는 느낌이었다. 해양구조물에서 철수하는 모든 직원을 감독하는 로버트 마틴은 계속 텔레비전 화면으로 눈을 돌렸다. "이름이 붙는지 보려고 기다리는 중입니다." 그는 말했다. 저기압이 열대 폭풍으로 바뀌어 이름이 지어지는지 보려 한다는 뜻이었다.

폭풍이 올 것 같아서였는지 마음이 불안했는지, 앱셔는 갑자기 초조해했다. 그는 자신이 도움을 받고 있는 질소 공급업체에 관해 이야기하기 시작했다. 그 밖에도 중요한 공급업체가 400군데는 된다고 했다. 남미와 인도네시아에는 자회사가 있었다. 큰 고객사도 있었다. 항공사, 다른 정유회사, 공공설비, 외부 관로 운용기사, 자동차 산업("조립 라인을 빠져나온 모든 자동차에는 기름이 들어 있어요"). 이들이 Y2K에 쓰러져서 작동, 공급, 구매를 멈추면 어쩌나? 앱셔는 오류가 발생할 수 있는 모든 지점을 떠올리면서 평정심을 잃어갔다. "상호의존적이잖아요." 그는 말했다. "연쇄 효과요. 관로 하나가 막히면 어떤 누적 효과가 생길까요?" 그는 자기 회사의 시스템은 살릴 수 있을지 몰라도, "다른 모두가 걱정"이라고 말했다. 옛날에는 신뢰로 맺어진 관계였다. 자본주의 세계에 서로를 돕던 공급업체와 고객사 들이 갑자기 남남이 되었다.

그는 자신의 내면에 있는 현명한 자아는 "공공시설을 높이 신뢰한다"고 말했다. 그래도 한편으로는 새해가 밝기 전에 텍사코의 데이터 센터를 공공설비로부터 분리해 자체 발전기를 연결할 계획을 세웠다. 발전기에 대해서는 너무 많은 결정을 내리지 않으려고 했다. "그냥 혹시나 하고 이런 것도 하는 거죠." 그는 말했다.

그날 하루가 끝나기 전 나는 앱셔에게 Y2K 사태가 불러온 종교적 광기, 새천년 세계 종말론에 관해 물었다. "저도 종교가 있어요." 앱셔는 답했다. "저희 팀원 중에도 종교가 있는 사람이 많고요. '이렇게 지구가 끝나는 것인지' 묻는 이메일도 두어 번 받았어요. 기독교에서처럼 종말이 있다고 믿으신다면, 종말이 언제일지 아무도 모른다는 말도 함께 적혀 있다는 사실을 기억합시다. 그래서 저는 Y2K가 세상의 끝일 수 없다고 봅니다. 너무 명백하죠."

몇 달이 흘렀다. 유명 경제학자 에드워드 야데니는 여전히 파멸을 예언하고 다녔다. 그는 학회 연사로 인기를 누렸고, 모든 간행물의 디지털 관련 기사에 자료 제공자로 등장했다. 10월 12일에는 『포춘』 기사를 통해 이렇게 말했다. "현재 우리가 Y2K 사태를 해결하려는 방식은 사실상 실패가 보장되어 있습니다." 그는 예언을 거두지 않았다. 우리는 1970년대 중반의 처절했던 경제난을 또 한 번 맞이할 팔자였다. 1979년 당시에 지미 카터 대통령이 나라의 총체적 '불안'이라고 설명했던 것처럼 성장이 없고 주식시장이 침체될 것이었다.

그래도 나는 1970년대를 더 낙관적으로 바라보고자 했다. Y2K에 대처하는 자신들만의 묘수를 들려주었던 철도 회사의 분석가들, 경제적·사회적 난관을 통과해 경쾌하게 달려온 그들의 기계를 떠올렸다. 한편 로런스 벨은 내게 자신의 시스템에서 핵심적인 부분이 고장 나지는 않을 것 같다고 말했다. 종말을 예언하는 자들끼리 불협화음을 내는 상황에 누구 말을 믿어야 할까? 연말이 다가올수록 언론의 보도는 광적으로 변해갔다. 사상자가 수십만 명에서, 백만 명으로 늘어나더니, 더 치명적인 새로운 바이러스로 인한 흑사병으로 발전해갔다.

지금은 태평양 표준시로 1999년 12월 31일 오후 7시 30분이다. 나는 송년회를 열었다. 친구들이 여럿 모이면 그중에는 추수감사절과 크리스마스 파티를 맡는 사람이 있기 마련이고, 나는 송년회 주최 담당이었다. 1930년대로 돌아간 것 같은 치렁치렁한 드레스, 화장, 장신구로 치장하는 것이 우리 송년회의 전통이었다. 마티니와 샴페인을 따르고 훈제 연어, 파테, 캐비아를 내갔다. 나는 마음이 초조했다. 정말로 세상이 종말할 것 같아서가 아니라(그런 생각으로 어느 정도 긴장감이 맴돌긴 했지만) 음식과 음료를 모두 준비하고 사람들이 도착하기 전까지는 늘 마음이 초조했기 때문이다.

올해는 배치를 좀 바꿔봤다. 유리잔, 접시, 꽃 외에도 24시간 지속되는 땅딸막한 초 8개를 놓았다. 초가 있으니 유리잔에 화장실 거울처럼 서리가 껴서 식탁의 분위기가 썩 근사하지 않았다. 그럼에도 내가 초를 준비한 것은 뉴올리언스에서 프레드 쿡에게 들은 조언 때문이었다. "보급품을 챙겨두세요." 그는 말했다. "차에 기름을 채워두고, 사시는 지역에 닥칠 재난에 대비하세요."

사는 지역에 닥칠 재난이라. 내가 사는 샌프란시스코는 거대한 지진 단층 위에 있었고, 지진이 언제 날지 미리 알려주는 달력은 지구상에 존재하지 않았다. 나는 진작에 지진 대비 물품부터 장만해놨어야 했다. 손전등과 건전지, 비상용 라디오, 물, 통조림, 잔돈, 약, 구급상자, 보험 증서, 은행 명세서, 탈출해야 하는 상황에 대비한 망치와 쇠 지렛대 등등. 사흘은 혼자 버틸 수 있어야 한다고들 말한다. 빛도, 온기도 없고 구조하러 오는 사람도 없다. 인간은 이런 주제에 대한 고민을 외면하기 마련이다. Y2K는 그런 고민을 하기에 좋은 기회였다.

이제 8시가 다 되어가고, 사람들이 하나둘 모였다. 웬일로 몇 분 만에 사람들이 북적이고, 음악이 흐르고, 송년회가 시작됐다.

건물 옥상에 있는 테라스에 다 같이 올라가 엠바카데로에서 펼쳐지는 새해 불꽃놀이를 감상하는 것도 연말 전통이었다. 자정까지는 15분 남았다. 엘리베이터에는 이 건물에 살지 않는 사람들이 잔뜩 타 있었다. 근처 놀이시설에서 온 아이들, 아찔한 하이힐을 신고 향수 냄새를 풍기는 아가씨들이었다. 우리는 샴페인을 가지고 인원을 나눠 올라가야 했다. 전부 옥상에 도착하니 자정까지 7분이 남아 있었다.

테라스에는 빈 곳이 거의 없었다. 모두가 소리치며 한 잔씩 걸치는 중이었고, 이미 고주망태가 된 사람도 많았다. 문명의 종말을 앞두고 열린 발푸르기스 전야제* 같았다고나 할까? 카운트다운이 시작됐다. 10, 9, 8… 4, 3, 2, 1! 불꽃이 터졌다. 우리는 환호성을 지르며 잔을 채웠다. 그리고…… 불꽃놀이는 계속되었다. 가로등은 여전히 빛을 뿜었다. 환호성을 지르는 소녀들도 있고, 함성을 지르는 소년들도 있었다.

// 코드와 살아가기

환호성과 함성과 건배가 끊이지 않았다. 우리는 옥상에서 내려왔다.

혹시 몰라 계단을 이용하면서도 흥을 이어가려 했지만 분위기는 한풀 꺾여 가라앉았다. 이 모든 게 한심하기 그지없다는 건 우리도 잘 아는 바였다. 우리는 파티 내내 텔레비전을 음소거 상태로 켜놓고, 세계 여기저기에서 자정이 시작되는 장면을 봤다. 크리스마스 섬이라고도 부르는 키리티마티가 첫 타자였다. 뉴질랜드, 남극, 피지, 러시아, 오스트레일리아에 이어 한국, 일본, 중국이 뒤를 이었다. 몇 시간 뒤에는 유럽과 미국 동부 차례였다. 파리에서 술을 마시고 흥분한 군중이 방송을 탔다. 타임스스퀘어 공 행사**를 보러 온 뉴요커들도 왁자지껄하게 새해를 축하했다. 여러 시간대에서 인간이 컴퓨터에 설명한 연도와 날짜가 줄줄이 도래했지만 별다른 일은 일어나지 않았다. 시카고와 덴버를 지나, 샌프란시스코에도 마침내 새해가 찾아왔다. 멀쩡했다. 이렇다 할 사건은 없었다.

우리는 아무래도 실망스러운 기분이었다. 파티는 평소보다 일찍 끝났다. 24시간 유지되는 비상 초에는 불을 붙이지 않았다. 남은 음식도 많았다. 나는 남은 훈제 연어를 버리고 손을 씻으러 갔다. 여러 달 전 자정에 내게 전화를 걸어서 종말에 대해 경고했던 남자가 생각났다. 물이 끊길 겁니다. 물이요!

나는 훌륭한 개발자와 시험자 들을 생각했다. 짐 풀러, 로런스 벨,

---

* 5월 초하루 전날 밤에 북유럽 등지에서 열리는 전통 행사로, 5월 1일에 성인으로 추대된 성녀 발푸르가Walpurga의 이름에서 유래한 명칭이다.
** 뉴욕 타임스스퀘어 빌딩 꼭대기에서 매년 1월 1일의 시작과 동시에 대형 크리스털 공을 천천히 내리는 행사.

철도 회사 사람들, 제이 앱셔, 로버트 마틴, 프레드 쿡, 나의 동료와 친구들, 곧 닥칠 것만 같았던 종말 때문에 비난받았던 모든 기술 분야 사람들.

나는 2000년이 됐다는 사실에 기뻐서, 오늘 밤 별다른 사건이 터지지 않은 것이 안타까울 지경이었다. 바깥세상은 우리가 어떤 위험에 처해 있었고, 그 위험을 막기 위해 나의 동료들이 무슨 일을 해냈는지 모를 수도 있다. 그래도 앞으로 몇 주, 몇 달간은 앱셔의 말마따나 '지역적으로 치명적인' 문제가 생길 것이다. 그때쯤이면 우리 사회가 그 두려움과 안도감을 기억하고, 다시 일말의 두려움을 느끼면서 그 위험이 진짜였다는 것을 알았으면 한다.

나는 싱크대로 가서 물을 틀었다. 물이 끊기는 것은 전혀 걱정되지 않았다. 전 세계 모든 시스템이 잘 굴러갔듯, 물도 잘만 나왔다.

2부

인터넷 날다, 그리고 처음으로 고꾸라지다

나만의 미술관
1998년

오래전, 우리가 아는 인터넷이 존재하지 않던 시절(1990년 크리스마스쯤이었던 것 같다) 나는 친구네 집에 있었다. 그 친구의 아홉 살배기 아들도 자신의 친구를 데려와서, 당시 나온 지 얼마 안되었던 「소닉 더 헤지혹Sonic the Hedgehog」이라는 비디오 게임을 하고 있었다. 둘은 텔레비전 앞을 방방 뛰어다니면서, 슈팅 게임을 하는 여느 남자아이들처럼 소란을 피웠다. 그렇게 한 시간 반 정도 게임을 한 다음에는 게임 내용을 돌이켜보는 시간을 가졌다. 대화는 대략 이랬다.

"나 그 사다리 나오는 부분에서 넘어졌어."

"사다리? 무슨 사다리?"

"방 다음에 나오는 거 있잖아."

"아, 그 계단?"

"아니야, 그거 사다리 맞을걸? 내가 거기서 두 번 죽어서 안단 말이야."

"나는 계단이나 사다리 근처에서 너 죽인 적 없는데? 이 벽에서 뛰어내리는 데서 죽였지."

"벽? 도시 관문 말하는 거야?"

"도시에 관문이 있었어? 그거 성 아니었어?"

둘이 같은 게임을 한 게 맞긴 할까? 게임에 나오는 건 관문일까, 성일까? 계단일까, 사다리일까? 한 친구가 무기를 발사해서 다른 친구를 죽인 지점이 어디였는지를 어떻게 설명하면 좋을까? 아이들은 그렇게 뒤죽박죽 떠들면서 혼란의 도가니로 빠져들다가 게임 이야기를 접고 마주 보며 어깨를 으쓱했다.

「소닉 더 헤지혹」 게임을 하던 두 아이가 다시 생각나는 일이 있었으니, 내가 고객사의 인터넷 도입을 도와주고 있을 때였다. 당시는 1995년으로, 우리가 지금 아는 인터넷이 태동하던 무렵이었다. 그 고객사의 여성 직원 2명은 인터넷에 접속하거나 웹서핑을 해본 경험이 없었지만, 인터넷 사용법을 금세 익히더니 1시간 가까이 무아지경이 되어 마우스를 눌러댔다. 정신을 차린 뒤 그들은 이런 대화를 나눴다.

"굉장하네요! 이걸 클릭했더니 여기로 갔어요. 이름이 뭐였는지 모르겠네요."

"네, 그게 링크예요. 여기를 클릭하면 저기로 가요."

"아, 링크가 아니었던 것 같아요. 제가 클릭한 건 도서관 사진이었거든요."

"도서관이요? 그거 시청 사진인 줄 알았는데."

"아니에요, 도서관이었어요. 확실해요."

"아니요, 시청이었어요. 돔 지붕이 있었거든요."

"돔이요? 사진에 돔이 있었어요?"

순간 「소닉 더 헤지혹」 게임을 하던 두 아이가 생각났다. 그 아이들처럼 나의 고객들도 자신이 방금 한 즐겁고 신나는 경험에 대해 말하고 싶어 들떠 있었다. 말은 인류가 기쁨을 배로 늘리는 기본 수단이었다. 하지만 각자 자기만의 인터넷 세계를 탐험하고 온 두 직원은 그 경험을 제대로 서술하지 못하고, 두 아이와 마찬가지로 언어의 미로에 갇히고 말았다. 그 미로는 말이 없는 그림문자로 가득하고, 오솔길이 사방으로 뻗어 있다. 두 직원은 변덕스레 마우스를 눌러대면서 찾아낸 가상의 장소를 하릴없이 들락거렸다. 이런 경험을 무슨 수로 조리 있게 설명하겠는가?

웹서핑이라는 경험은 서로 연결된 꿈 사이를 두둥실 떠다니면서, 목적의식 없이 자유롭게 생각하고, 설렘과 당황과 불안이라는 감정을 차례차례, 더러는 한꺼번에 마주하는 것과 같았다. 그리고 꿈을 꾸는 것과 마찬가지로, 인터넷은 경험 당사자의 내면적 의미로 채워져 있지만 다른 사람이 보기에는 혼란스럽거나 무의미할 때가 많다. 인터넷은 이렇게나 개인적인 경험이다.

당시 나는 인터넷에 대해 의구심을 가지긴 했어도 인터넷이 선사하는 개인적이고 몽환적인 상태에는 관심이 없었다. 웹서핑은 반사회적인 것이 아니라 비사회적이라고 생각했다. 비디오게임이나 핀볼처럼 재미있고 흥미로우며, 때로 시답잖게 시간 때우기도 좋은 모험인 것 같았다. 사회적 관점에서도 해롭지 않은 것 같았다. 인터넷은 당사자에게만 영향을 미쳤기 때문이다.

그런데 뭔가가 달라졌다. 내가 아니라 인터넷과 웹, 세상이 달라졌다. 나는 샌프란시스코의 하워드가와 뉴몽고메리가 모퉁이에 있는 옥외 광고판에 사람 키만큼 크게 적힌 문구를 보고 그 변화를 감지했다. 1998년 가을이었다. 어느 날 오후에 마켓가를 걷는데 해사한 하늘색 배경이 눈에 들어왔다. 그 배경에는 하얀 구름처럼 몽글몽글하게 글씨가 쓰여 있었다. '이제 세상은 당신을 중심으로 돌아간다.' 글씨들은 테두리가 완만한 소문자였고, 자간이 들쭉날쭉했다. 꼭 무더운 8월 해변의 하늘에 누군가 곡예비행을 하면서 쓴 공중 문자가 공기 중으로 흩어지기 시작한 듯한 모양새였다. 그 문구에는 어린아이들이 몰래 바라는 소망, 아기들의 무한한 자아도취 같은 메시지가 숨어 있었다. 우리가 어른이 되면서 포기해야 했던 꿈이었다.

세상은 당신을 중심으로 돌아간다.

뭘 광고하는 걸까? 향수? 구름 같은 흰색 글씨 말고 다른 내용이 없는 가운데, 아래쪽에 URL이 적혀 있었다. 그 주인공은 반도체 장비 제조사였다. 반도체는 인텔이나 AMD 같은 회사가 집적회로를 만드는 데 사용하는 부품이다. 아하, 칩이구나, 하고 나는 생각했다. 컴퓨터라, 그렇고 말고. 또 어떤 위인이 이런 과장법을 쓰겠는가? 컴퓨터 업계 사람 말고 누가 이렇게 뻔뻔하게 개인주의에 호소하겠는가?

그 광고는 몇 주 동안 자리를 지켰고, 그 메시지는 보면 볼수록 거슬렸다. 윈도 데스크톱에 있는 '내 컴퓨터' 아이콘, '나의 야후', 나의 스냅' 같은 어리광 섞인 말투와 비슷하게 내 신경을 긁었다. 내 것, 내 것, 다 내 것이라고 소리치는 아기 같은 언행. 유아적이고 남 위에 올라서려는 태도.

하지만 이 광고가 유독 거슬리는 이유는 따로 있었다. 나는 그 정체가 뭔지 알아내려 했다. 사실 메시지 자체는 여느 광고와 다를 바 없었다. 이 세상에 당신 같은 사람은 또 없고, 우리는 당신에게, 특별한 당신에게, 당신만을 위한 무언가를 준비했다고 귀에 대고 속삭이는 것이다. 내 결론은 이랬다. 예를 들어 토요타는 특별하고 개성 있는 구매자(아무나를 위해서가 아닌, 당신만을 위한 자동차)라는 이미지를 판다. 하지만 칩 제조사는 인터넷과 월드와이드웹이라는 매체를 통해, 개인화된 시장이 들어서는데 필요한 실질적인 기반시설을 구축하는 회사다.

내가 인터넷을 개인의 은밀한 꿈이라고 여기던 1995년부터 이 광고가 등장한 1998년 사이는 웹이 상업화되기 시작한 시기였다. 느리고 조용한 변화였지만, 그 변화를 멈출 수는 없을 것이었다. 이 상업화는 아주 특수하고 한결같은 방식으로 진행됐다. 경제 활동의 바다 한복판에서 개인을 소외시키려 하는 것이다. 제조사는 '탈중개화 disintermediation' 제도를 도입해서, 지금까지 우리의 상업 활동에 관여하던 전문 중개사, 대행사, 중재자들을 지워가고 있었다. 그 광고가 내 눈에 거슬렸던 건 단순히 과대광고여서가 아니라, 인터넷 세상에서 이미 진행되고 있는 변화 과정을 대변하고 있었기 때문이다. 그 광고는 개인으로 하여금, 현재 자신에게 다가오는 변화가 바람직한 것, 가장 순수한 형태를 지닌 자유의 동의어라고 믿게 만들려는 공정이었다. 세상은 정말로 당신을 중심으로 돌아가고 있다.

마이크로소프트사의 고향인 워싱턴 레드먼드의 실리콘밸리, 그리고 샌프란시스코와 뉴욕에 있는 더 작은 실리콘밸리에서, '중개 소멸'은 이야기를 꺼내면 사람들이 어깨를 으쓱할 정도로 흔한 단어였다. 아, 중개 소멸요, 옛날얘기 말이시죠. 이미 모두가 중개 소멸을 알았다. 탈중개화는 보편적인 지혜, 불가피하고 반박할 수 없으며 바람직하다고 여겨지는 공정이었다.

기술에 새겨진 관념은 비기술 세계 전반에 스며들고 퍼져나가기 마련인데, 기술은 의도를 가진 사람들의 손에서 탄생하기 때문에 중립적이지 않다고 나는 오랫동안 믿어왔다. 탈중개화라는, 목적의식을 지닌 노골적인 변화가 전 세계의 시장 구조를 덮치고 있다. 게다가 이렇게 시장이 지배하는 세상에서는 이 현상이 현실 자체의 구조에도 영향을 미치고, 인터넷은 더 이상 개인이 이른바 '현실'에서 벗어나는 은밀한 자유 지대에 머무르지 않을 것이라고 봐도 무방하다. 인터넷은 실제 삶 자체의 본성을 바꾸는 실질적인 시장으로 성장해왔다.

중개인을 없앤다. 금융 분야에서든 지식 분야에서든, 거래 중간에 자리한 이들을 치워버린다! 중개사, 대행사, 모든 중간 다리에 작별을 고한다! 여행사, 공인중개사, 보험중개사, 증권 중개인, 모기지 중개인, 유통사, 도매상이 전부 자본주의 시장의 바다를 어슬렁거리며 미끼를 던지고 다니는 싸움닭 같은 고리대금업자들인데, 누가 이들을 원하겠는가? 큰손들에게는 너무 사소할 자본주의 속 시시한 거래를 거점 삼아 중하류층으로 올라가려고 분투하는 이민자들이여, 이제 다른 데서 먹고 살길을 찾으시라. 영세한 소매점, 매장 점원, 외판원은 모두 믿음을 주면 안 되는 방해물이자 바보천치들이다. 지적인 재화를 전문적으로 취급하는 사람들, 정보, 책, 회화, 지식을 엄선하고 추려내는 사서, 서평가, 큐레이터, 디스크자키, 교사, 편집자, 분석가도 그렇다. 무엇이 흥미로운지, 소중한지, 진실되었는지, 관심을 가질 만한지 판단하기 위해서는 자기 자신만 있으면 되지, 다른 사람의 말을 믿을 필요는 없다. 당신의 욕망에 끼어들 수 있는 사람은 세상 어디에도 없다. 이 발상에 따르면 당신의 욕망은 오묘하고, 쉽게 전달되지 않고, 뭉뚱그려 설명할 수 없고, 무엇보다도 고유하다.

웹이 탈중개화의 직접적 요인은 아니지만, 웹은 소위 말하는 '실행 기술'이다. 실행 기술이란, 어려운 과업을 순식간에 손쉬운 일로 바꿔주는 기술적 돌파구를 말한다. 이런 기술을 통해 변화의 문이 열리고, 일단 문이 열리면 경솔하고 숨 막히는 질주가 시작된다.

우리는 놀라운 실험을 겪으며 살고 있다. 외판원 없이 자본주의를 구축하고, 점점 많은 사람에게 점점 많은 재화를 팔아야 한다는 요구를 바탕으로 제도를 만들고, 전문적인 유통 경로를 거치지 않는 장사를 시도한다. 인도, 가게, 식당, 가판대, 버스, 트램, 택시, 탈의실에서 서로 입어본 옷을 품평하면서 뭘 살지 결정하도록 도와주는 여성들, 팻말을 든 행인들, 크리스마스에 종소리를 울리는 산타 할아버지, 완벽한 화장에 우아한 옷을 입은 여성 점원들, 거리를 무심하게 걸어 다니며 최신 유행을 보여주는 패셔니스타들의 도움은 받지 않는다. 한 마디로 모든 것이 통제되는 안전하고 포근한 가정을 위해, 너절하고 활발한 도시의 필요성을 지우려는 시도였다. 도시, 시내, 광장, 윈도 진열대와 가게 통로는 광고나 인터넷에서 본 제품을 실물로 보여주는 곳이자, 웹사이트의 전단부이자, 집에서 인터넷이나 하며 틀어박혀 있었을 소비자들이 바람을 쐬러 가는 곳이 되었다.

새로운 구조로 개편된 자본주의에서의 첫 과업은 기존에 무수히 많은 중개상이 수행하던 서비스들이 쓸모없고 수준 낮으며, 수수료를 받는 중개상과 대행사는 자기 자신밖에 모르는 부정직한 무능력자라고 소비자를 설득하는 것이었다. 그다음으로는 셀프서비스 개념을 미화한다. 원래 기업은 자기네 직원들이 고객을 친절하게 잘 돌볼 것이라고 말해왔다. 하지만 이제는 고객으로 하여금, 내 삶을 제대로 돌볼 수 있는 사람은 나 자신뿐이라고 믿게 만들려고 한다. 중산층의 눈앞에 달랑거리던 개인 서비스의 유혹, 잠시나마 우리에게 부자가 된 기분을 선사해주던 그 유혹은 사라졌다. 인터넷 시대에는 세계화된 자본주의와 줄어든 이익률의 압박 아래, 굉장한 부자들만이 실제 인간이 제공하는 서비스를 받을 것이다. 나머지 사람들은 웹페이지에 만족해하며 살아가야 한다.

웹에 대한 착각 중 최고봉은, 인터넷이 우리를 지배권에서 완전히 벗어나게 만들어준다는 것이다. 하지만 웹은 우리가 디지털 생활을 마음대로 통제할 수 없게 만들기도 한다. 데스크톱이나 노트북을 생각해보자. 본체에 장착된 강력한 칩과 대용량 하드디스크도 좋지만, 무엇보다도 컴퓨터가 좋은 건 우리가 직접 소프트웨어를 설치할 수 있어서다. 그 프로그램의 주인은 우리 자신이다. 지금 쓰는 버전이 마음에 들면 업그레이드할 필요가 없다. 프로그램을 꾸준히 쓰다 보면 실력이 늘어서 '능력자', 엑셀 장인이 될 수 있다.

그렇다면 웹에서는 어떨까? 웹의 세계에서는 소프트웨어가 내 책상에 놓인 컴퓨터 본체에 저장되어 있지 않고, 저 멀리 어딘가에 있는 서버로 보금자리를 옮겼다. 웹상의 프로그램은 구매할 수도, 사용법을 배울 수도, 꾸준히 사용하면서 실력을 쌓을 수도 없다. 웹사이트에 로그인을 하고 나면 무슨 일이 생길지 예측할 수 없다. 버튼의 자리가 바뀌고, 아이콘이 사라지고, 서식이 달라지고, 작업 순서가 뒤죽박죽 섞인다. 하루아침에 기존 기능이 사라지고 낯선 새 기능이 등장한다. 어제는 능력자였던 사람도, 오늘은 어리숙한 초보자가 된다.

사실 상거래 세계는 나를 중심으로 돌아가지 않는다. 오히려 나를 빙글빙글 돌린다.

그리고 여기, 선택권이 무한하다는 환상이 존재한다. 웹에는 끝도 없이 방대한 재화와 서비스가 펼쳐져 있고, 우리는 그중에서 가장 마음에 드는 것을 선택해 행복을 누리면 된다는 발상이다.

모두들 비슷한 경험을 해봤지 싶다. 한번은 우리 집 아래층 화장실에 있는 수도꼭지에서 물이 새기 시작했다. 수리 기사가 와서 고쳐보려고 했지만 두 번이나 실패했기에, 수도꼭지를 새로 사는 수밖에 없었다. 예전 같았으면 배관 업체에 문의했을 것이다. 아니면 망가진 수도꼭지를 빼내 믿을 만한 철물점에 가지고 가서, 여섯 가지에서 여덟 가지 정도의 견본 중 하나를 사 와서 설치하고, 하루 만에 임무를 마칠 것이다.

하지만 이제 온라인 장터의 꾐에 넘어가버린 나는 철물점에 가는 대신 웹 브라우저를 열었다. 구글에서 '수도꼭지'를 쳐서 검색 결과를 둘러봤다. 점심을 먹고 검색을 시작해서 끝날 줄 모르는 닷컴 행렬을 따라갔다. 퍼싯디포, 퍼싯다이렉트, 퍼싯베이* 등. 정신을 차렸을 무렵에는 이미 밤이었다. 퍼싯아러스, 델타퍼싯, 시카고퍼싯, 피어리스퍼싯. 다음날. 브리조, 퍼싯라인, 퍼싯서플라이 등등. 괜히 기분이 고조되었다. 단공형 수도꼭지가 이렇게 아름답고 매력적인 물체인 줄은 미처 몰랐다. 못해도 수도꼭지 수백 개, 아마도 수천 개는 본 것 같다. 우주에 있는 모든 수도꼭지가 무한대로 확장한 것 같았다. 사흘째 되는 날엔 엘케이, 그로헤, 모엔, 홈디포, 모엔, 로우스, 베드배쓰앤비욘드, 퍼싯원, 퍼싯센트럴, 퍼싯초이스를 둘러봤다.

퍼싯초이스(수도꼭지 선택)! 웹사이트 수십 개를 즐겨찾기에 추가해놓고, 수도꼭지에 대한 설명을 잔뜩 인쇄해두고, 토수구 도달 범위와 덱의 너비, 밸브를 공부했지만 이거다 싶은 수도꼭지는 찾을 수 없었다. 계속 똑같은 제품들이 나오고 있다는 사실을 어렴풋이 느꼈다. 이 사이트에서 뭘 보고 오면, 다른 사이트에서 똑같은 제품이 또 나온다. 하지만 흥분 상태인 내게는 그 수도꼭지가 완전히 새로운, 지금까지와

---

* 수도꼭지를 파는 온라인 쇼핑몰들이다. '퍼싯faucet'은 수도꼭지를 뜻한다.

는 전혀 다른, 더없이 특별한 제품으로 다가온다.

며칠, 몇 주 뒤에도 수도꼭지를 사지 못했다.

선택권이 없는 사람은 불행하기 마련이다. 하지만 선택권이 너무 많은 사람 역시, 선택권이 아예 없는 사람만큼이나 불행할 수 있다.

인터넷에 내게 선사한 불행도 그런 종류였다. 나는 수도꼭지 세계의 실제 형상을 볼 수 있게 도와주던 배관공, 수리 기사, 철물점을 저버렸다. 그들이 보여주는 작은 세계는 내가 원하는 가격대의 모델 8~10종으로 이루어져 있었을 것이다. 하지만 나는 인터넷 세계에 뛰어들어서 공허하고 허무하고 고통스러운 바다를 홀로 떠다녔다.

나는 인터넷이 창조하고 있는 세상이 두려웠다. 웹이 도래하기 전, 터무니없는 신념을 고수하는 사람들은 사막으로 떠나거나 산속 수용소에 살거나 허름한 방을 은신처로 전전해야 했다. 숭배집단, 분리주의자 거주지, 지하조직, 종말론을 믿는 교회, 극단적인 성향의 정치 당을 형성하려고 해도 인간으로서의 평범한 삶을 포기해야 한다는 현실적인 난관과 불편이 자연스러운 걸림돌이 되었다.

하지만 이제는 집구석에 편하게 앉아서도, 무엇을 '진실'이라고 여길지 합의하지 않고 도피할 수 있다. 누구든 자기만의 말풍선 속에서 살고, 자신이 원하는 믿음을 굳게 다져주는 웹사이트들만 돌아다니며, 믿음에 대한 용기가 꺾일 때 서로를 지탱해줄 온라인 집단들만 골라서 어울리면 된다.

진화론이 가공의 탄생 설화 중 하나일 뿐이고(evolutionlie.faithweb.com), 유대인들이 비밀 조직을 결성해 사실상 세상을 지배하고 있고(jewwatch.com), 백인종이 다른 인종보다 우월하고(cofcc.org), 미국 시민 모두가 이슬람을 쳐부수기 위해 악랄한 십자군 전쟁을 벌이고 있고(alneda.com), 사담 후세인의 대량 살상 무기들이 여전히 발견되지 않은 채 이라크 모래사막에 파묻혀 있고(jihadwatch.org), 전국 반여성주의 단체의 회원 501명과 뜻을 모아서 여성은 부엌으로 돌아가야 한다고 믿는 것(groups.yahoo.com/group/Anti-feminism)이 가능하다. 자체 도메인 주소가 있는 세련된 사이트, 주소에 슬래시(/) 기호가 잔뜩 들어간 야후 소모임, 수천 명이 '눈팅'하는 사이트, 골수층 몇백 명만 들락거리는 사이트 중에서 누구나 자신에게 맞는 사이트를 찾을 수 있다.

민주주의, 정확히 말해 문화가 지속되려면 공통의 신화가 필요하다. 그러나 '진실'이 가변적 개념이 된 세상에서(무엇을 믿든 신봉자를 찾을 수 있는 세상에서) 우리는 어떻게 해야 합의에 이를 수 있을까? 사회가 원활하게 굴러가려면 타협이 필수적인데, 우리는 이 타협을 어떻게 끌어낼 수 있을까?

어느 날 저녁 텔레비전에서 본 광고는 균열되고 있는 우리 사회를 가장 노골적으로 표현하는 듯했다. 이런 메시지는 보통 상징적인 요소 속에 숨겨서 암시하는 식으로 표현하기 마련인지라, 나는 어안이 벙벙해져서 그 광고를 바라보았다. 하지만 이 광고는 그 하늘색 광고판과 다름없었다. 인터넷 세상을 뻔뻔하고 적나라하게 표현하고, 홀로, 집에 있는, 자아를 예찬하는 광고였다.

광고의 시작은 무인 항공기, 웅덩이에 찍힌 발자국, 진흙탕에서 빠진 자동차를 끌어내다가 녹초가 된 무리였다. 이들은 이마에 두건을 쓰고 금속 화로를 짊어진 외판원이었다. 이번에는 폐허가 된 도시를 탈출해 뗏목을 타고 떠다니는 생존자들이 나온다. 수평선 너머의 하늘은 사방이 불에 휩싸인 듯 불그스름하고 어두웠다. 이제 그들은 죽은 도시의 도서관 밖에 와 있다. 사자 석상이 황금빛에 휘감기더니 생명을 얻어, 체념한 듯 뒷다리로 서 있다. 도서관 안으로 들어가면 빨간 코트를 입은 우익 느낌의 경비원이 책 읽는 사람들을 둘러싸고 있다. 어린 소녀가 책장을 시끄럽게 넘기자, 경비원이 행군하는 발걸음에 맞춰 '쉿!'이라고 말한다. 이 소녀가 읽고 있는 책의 제목은 『실락원』이다. 은행도 폐허로 변해 있다. 을씨년스럽게 비가 오는 가운데, 긴 줄이 건물 밖까지 이어져 있다. 안에서는 귀신처럼 허여멀건 얼굴의 창구 남직원이 검은색 거미를 물끄러미 바라본다. 이 거미는 창문에서 천천히 기어 올라가는 중이다. 젊은 여성의 얼굴이 우리가 보는 앞에서 늙어가고, 은행 경비원은 그 모습을 보며 조롱하듯 웃는다. 이제 카메라가 이 종말 후 도시의 하늘을 비춘다. 검붉은 하늘에 번개가 친다. 전신주에서, 절연장치가 있어야 할 자리에는, 해골이 걸려 있다.

이제 화면이 만화로 바뀐다. 해사한 초록 잔디, 언덕, 흰색 울타리로 둘러싸인 빅토리아 양식의 집이 나온다. 이웃은 없다. 나비 한 마리가 그 위로 날아간다. 음울하고 위험한 폐허 도시를 보다가 이 집을 보니 마음이 편안해진다. 이 사랑스러운 집의 문이 열린다. 안으로 들어가니 알록달록한 주황색 벽이 보이고 컴퓨터 앞에 의자가 놓여 있다. 우리는 물론 그 의자에 앉는다. 시청자를 놀리기라도 하듯 줄줄이 이어지는 컴퓨터 화면은 바깥세상을 쾌적한 가상 공간으로 표현하고 있다. 활자, 은행 수표, 전신주, 우리의 인터넷 접속까지. 카메라가 뒤로 물러나면서 창문을 보여주고, 커튼이 바람에 날리면서 우리에게 끝까지 평온함을 선사한다. 컴퓨터 회사 이름이 화면을 채운다. 그리고 마지막 한 마디가 뜬다. "집에 있는 게 낫지 않겠어요?"

이 광고는 인간이라는 존재가 교외화된 궁극의 모습을 표현한 세계관을 60초만에 보여준다. 이른바 혼자만의 안락한 전원생활을 위해, 사회적 공간에서의 부대낌으로부터 벗어나는 것이다. 욕망은 사회적인 가치가 아니고 타인이 원하는 바에 따라 좌우되지 않는다는 개념, 욕망은 내면에서 우러나와서 타인, 조직, 체계, 정부와 무관하게 만족되는 것이라는 개념을 따르는 관점이다. 도시 공간은 죽었고, 쓸모없고, 위험하며, 당신의 집만이 쾌적하고 만족스러운 공간이라는 발상은 극도로 자유지상주의적인 시각이며, 인터넷을 신화적으로 해석하는 모든 메시지의 기저를 이룬다. 당신, 집, 가족이 있고, 그 외의 것은 세상이다. 지극히 사적인 공간과 세상 사이에는 인텔 프로세서와 검색 엔진이 있을 뿐이다.

이렇게 보면 인터넷의 이상은 민주주의의 정반대 지점을 향한다. 민주주의는 피할 수 없는 시민 협회들의 중재를 통해 비교적 평화로운 방식으로 차이를 해결하는 방법이니 말이다. 사람들이 각자 원하는 것을 타협 없이 손에 넣을 권리가 있는 세상에서는 차이를 해결한다는 개념이 없을 수도 있다. 그런 세상에서는 모든 필요와 욕망이 똑같이 타당하고 똑같이 중요하다. 나는 내 갈 길을 가고, 너는 네 갈 길을 간다. 타협이나 토론은 필요하지 않다. 나는 당신을 참아줄 필요가 없고, 당신도 나를 참아줄 필요가 없다. 내가 선택한 랜선 이웃, 이메일 친구들, 나와 같은 사이트를 즐겨 찾는 회원들, 나와 생각이 같은 사람들, 나와 욕망이 같은 사람들과 함께할 수 있으므로 옆집 사람들은 신경 쓰지 않아도 된다. 정부의 난잡한 토론과 갖은 절차, 낡고 성가신 체계도 다 필요 없다. 이런 건 다 필요 없다. 이제 우리에게는 온 세상을 연결하는 인터넷이 있으므로, 행복을 찾는 문제는 해결됐다! 우리는 마우스를 클릭해가며 각자의 기쁨을 찾고, 논쟁은 상품 배송이 늦어질 때나 벌이면 된다. 정말이지 집에 있는 게 낫지 않을까?

하지만 도대체 누가 집에 있을 수 있을까? 집에 앉아서 클릭질을 하고 있을 수 있는 건 일부 지식 노동자층뿐이다. 이렇게 어디에서나 일할 수 있는 자유(사실은 절대로 일에서 벗어나지 않을 자유)를 누리는 이상향의 반대편 현실에서는, 당신이 클릭해서 주문한 상품을 누군가가 만들어내야 한다. 상품을 상자에 넣고, 운송장을 붙여서, 당신에게 배달해야 한다. 현실 세상은 가진 자와 못 가진 자로만 나뉘지 않고, 집에 있을 수 있는 사람들과 나머지 사람들, 집에 있는 사람에게 상품을 배달하는 사람들로도 나뉜다.

인터넷의 이상향은 정치적 삶은 물론 문화로부터의 단절도 의미한다. 우리는 문화라고 하는 떠들썩한 대화의 장에서, 공통의 경험에 관해 타인과 이야기를 나누고자 한다. 문화공동체의 일원으로서 우리는 같은 영화를 보고, 같은 책을 읽고, 같은 현악 사중주를 듣는다. 우리가 보고, 읽고, 들은 것에 대해 동의를 끌어내기는 어마어마하게 힘들지만, 그 힘겨운 대화를 통해 진짜 문화가 형성된다. 서로 이해나 합의를 하든 말든, 심지어는 이해와 의미 전달이 아예 불가능하다고 여기는 사람이 있더라도, 어쨌든 우리는 같은 모닥불 주변에 모여 앉아 자리를 지킨다.

하지만 인터넷은 우리가 경험 공유를 원하지도 않는다는 발상을 전제로 발전해왔다. 샌프란시스코 현대 미술관 관장 데이비드 로스는 어떤 관람객에게, 이제는 예술 작품을 전시할 건물이 필요하지 않다고 말한 적 있다. 옷을 차려입고, 시내에 가서, 사람들 틈바구니에 끼어 여러 전시실을 걸어 다니지 않아도 된다. 디지털 이미지면 충분하다. 캔버스에 앉은 물감의 촉감, 조각상 주위를 돌 때 시시각각 변하는 빛과 그림자의 향연, 규모가 주는 압도감, 전시실 하나를 채우는 거대한 작품을 수십 명과 함께 바라보거나, 한 번에 한 명씩 작품을 코앞에서 감상하는 그런 친밀감을 잃는 건 별일 아니다.

다른 사람들은 짜증 나는 침입자다. 당신이 하려는 경험은 당신을 위해, 오로지 당신만을 위해 마련된 하나뿐인 특별한 경험인데 다른 사람들이 그사이에 끼어드는 것이다. 이제 우리에겐 인터넷이 있으니, 원하는 게 있으면 언제든, 무엇이든 찾아볼 수 있다고 로스는 주장했다. 이제 로스 같은 관장도, 큐레이터도 필요 없다. "남의 기준에 흥미로운 작품들을 따라다니며 보지 않아도 됩니다." 그는 빌이라는 질문자에게 말했다. "인터넷에서는 빌 미술관을 만들 수 있지요."

물론 조지 미술관, 메리 미술관, 헬렌 미술관도 있을 수 있다. 그렇다면, 이들은 미술에 관해 서로 무슨 대화를 나눠야 할까? 빌 미술관은 초기 네덜란드 화가들의 작품을 다루고, 메리 미술관은 영상 작품을 상영하고, 헬렌 미술관은 프랑스 태피스트리를 전시한다고 하자. 이렇게 사유화된 세상에서는 어떤 '문화적' 대화를 할 수 있을까? "나 오늘 나만의 미술관에 다녀왔는데, 마음에 들었어" 같은 말 말고, 우리의 경험에 대해 더 무슨 이야기를 할 수 있을까?

광섬유에 잠 못 이루는 밤

1999년 초의 세 달

술을 주문할 수도 없고, 앉을 자리도 없고, 서 있을 자리마저 마땅치 않다. 나는 사우스오브마켓의 인퓨전이라는 바에 와 있다. 오늘은 화요일 밤. 술 취한 개발자 세 명이 후단부 처리량에 대해 이야기하면서, 바 의자 뒤에 서 있는 나를 옴짝달싹 못 하게 막고 있다. 그 의자에는 나와 함께 온 온라인 잡지 '웡케트Wonkette' 운영자 애나 마리 콕스가 앉아 있었다. 우리도 얘기를 좀 하고 싶었지만, 그러려면 애나가 목각 인형처럼 머리를 돌려야 해서 포기했다. 아는 사람도 두어 명 보여서 인사하고 싶었지만 그들은 페이지 조회수와 클릭률에 관해 이야기하고 벤처 투자자에게 할 말을 고민하느라 내 소리를 듣지 못했다. 『와이어드』 기자와 편집자 들도 사무실에서 한 블록밖에 떨어져 있지 않은 이 바를 즐겨 찾는다. 『와이어드』의 차기 편집장 자리를 꿈꾸는 남자가 보인다. 베테랑 개발자들도 많다. 하지만 대부분은 스타트업을 차려서, 주식을 상장하고, 돈방석에 오르고 싶어 안달 난 젊디젊은 남자들이다.

이 바의 이름이 '인퓨전'인 이유는, 가향infuse 보드카가 담긴 거대한 사각 유리병들이 바텐더 뒤쪽에 3단으로 높이 쌓여 있어서였다. 백리향, 생강, 로즈메리 등등이 있었다. 하지만 보통은 맥주나 무향 보드카를 마신다. 마티니를 연거푸 마시는 사람도 있다. 애나는 이미 지금 마티니 잔을 비우고 새 마티니를 대기시켜놓았다. 그러다가 기적적으로 옆 의자가 비고, 거구의 남성이 자리를 노리며 돌진했지만 애나가 먼저 좌석에 손을 얹어 자리를 사수한다. 이제 그 의자는 내 차지다. 나는 마티니를 주문한다. 이제 좀 살 것 같다. 한 잔을 더 시킨다. 조금 있다가 한 잔을 더 시킨다. 이 정도로 술이 거나하게 취하면 터무니없는 낙천주의가 나를 지배한다. 나는 달콤한 꿈결에 빠져들고 만다. 세계를 연결하는 인터넷은 인간의 삶을 바꿀 것이다. 사실은 인간 자체를 바꿔버린다. 타로카드와 손금으로 미래를 알려주는 점집이 위층에 있는 것은 바람직한 우연이다.

새벽 1시 45분. 주문이 마감된다. 밝은 조명이 켜지고, 모든 콩깍지가 잔인하게 벗겨진다. 샌프란시스코는 술집들이 말도 안 되게 일찍 문을 닫는 촌 동네가 아니던가? 이 정도 시간이면 남아 있는 사람도 얼마 없다. 애나와 나는 함께 휘청거렸다. 우리는 다음번에 다시 밤을 불태워볼 계획이다. 애나는 베스파를 타고 집에 갔다. 무사히 도착할지 걱정이다.

술집들이 문을 닫고, 위층 점집이 문 테두리에 둘러놓은 크리스마스 전구를 끄고 나면 2번가에는 정적과 어둠이 찾아온다. 대지진 전에 지어져 아직까지 남아 있는 목조 아파트에서 빛이 조금씩 새어나온다. 베이브리지 고가도로 아래쪽의 어둑한 불빛에, 비틀어진 비둘기 사체들이 모습을 드러낸다. 비둘기를 쫓기 위해 쳐놓은 그물에 걸린 희생양들이었다. 나는 버려진 인쇄소 벽 안쪽을 개조해서 지은 클락타워라는 아파트에 사는데, 우리 아파트에서 불이 켜진 집은 네 집뿐이다. 샌프란시스코가 일찍 잠드는 촌스러운 동네라는 사실을 다시 한번 보여주는 대목이다. 이 불빛들을 빼면 2번가는 하워드에서 베이쪽으로 밀려나 버려진 동네 같았다. 베이 지역은 이제 흙더미와 공장 폐기물로 뒤덮여 있지만, 한때는 샌프란시스코에 우편물을 가져오는 배들이 정박하는 부두였다. 도시 산업의 중심이던 창고와 공장들이 이제 뼈대만 남아 있는 이곳이 바로 사우스오브마켓South of Market, 즉 소마SOMA라는 동네다. 예전에는 마켓가를 지나는 전차의 남쪽 선로가 놓인 곳으로 알려져 있던 지역은 사우스오브슬롯South of Slot이다.

그들이 또 왔다. 내 창문 바로 밑으로. 새벽 두 시 반에, 인부 한 명이 삼각대에 조명을 설치하자, 영화 속 밤 장면처럼 거리가 밝아졌다. 그들은 베이브리지를 지나는 차량이 줄어들고 술집들이 문을 닫을 때까지 기다려왔다. 그들이 정말로 술집 문 닫는 시간을 기다렸겠냐만, 그런 것만 같은 기분이다. 개발자와 블로거 들이 집으로 돌아간다. 술집의 불이 꺼진다. 잠시 어둠이 내려앉는다. 이제 영화 촬영장에 온 것처럼 강한 조명이 켜지고, 괴물 같은 견인차가 장비를 준비하고, 체인을 매달고, 트렌치 커버를 들어 올려서, 길 건너편에 댕그랑 내동댕이친다. 그다지 오래 걸리지는 않을 것이다. 아마 30분 정도. 굴착기가 길바닥에 구멍을 뚫으며 밤의 정적을 깨트린다. 그러다 잠시 멈추면 조수가 삽으로 흙을 퍼낸다. 그 고요한 찰나에 나는, 공사가 끝났는지도 모른다는 희망을 품는다. 잠시 후 굴착이 다시 시작되고, 잠시 멈추고, 또다시 시작된다. 그러다 보면 마침내 해가 뜬다.

3주 전, 인도에 누군가 해놓은 표시들을 본 뒤부터 이런 일이 있을 줄 알았다. 처음에는 측량사들이 와서 인도와 차도에 형광색으로 스프레이 칠을 했다. 주황색, 빨간색, 파란색, 노란색, 눈부신 하얀색. 마름모꼴, 정사각형, 갈지자, 동그라미, 화살표, 직선, 들쭉날쭉한 선, 각진 선, 곡선. 통신사 퍼시픽벨, 미디어 회사 컴캐스트, 퍼시픽가스전기, 공공사업부. 물, 전기, 하수도, 전화, 케이블. 길 아래, 문명 세계의 지하에 이 모든 것이 깔려 있었다.

이 표시들은 2번가와 브라이언트에서 시작되어 북쪽으로 뻗은 긴 블록 2개를 지나 폴섬까지 이어졌다. 여기에는 거대 통신사 AT&T의 주 개폐소가 있었다. 8층 높이의 이 건물 6층에는, 동쪽으로 가는 줄처럼 창들이 일렬로 나 있다. 남쪽으로도 창들이 있고, 나머지 외벽은 광택이 도는 알루미늄 강판으로 완전히 덮여 있어서 마치 비디오 게임 속 전사가 입는 갑옷 같았다. 이 건물 깊숙한 곳에서 무언가가 테슬라 변압기를 끊임없이 돌리고, 높은 전압이 흐르고 있음을 알리는 윙윙 소리가 공기 중에 퍼져서 듣는 사람으로 하여금 이를 갈고 싶게

// 코드와 살아가기

만든다.

시끄럽게 땅을 파고, 거리 밑에 질서정연하게 묻힌 선들을 파헤치고, 수백만 건의 전화 통화를 교환하는 개폐소를 향해 도랑을 파는 것이 전부 꼭 필요한 일이라는 건 나도 안다. 옛 공장 지대의 칙칙하고 무미건조한 사무실로 이사 오는 인터넷 스타트업들을 위해 동네가 길을 내주어야 한다. 이그룹스, 살롱닷컴(salon.com), 오개닉스(Organics.org), 소마네트웍스, 컴퓨멘토 등이 그 주인공이었다. 이 동네에 흐르는 기운으로 미루어 볼 때, 아직은 그저 시작에 불과한 것 같다.

내가 소마로 이사 온 1996년에 이 동네에는 마른 몸에, 금발에, 수염을 기른 노숙자가 있었다. 그는 밤마다 다리 진입로에서 요가를 했다. 그는 누구도 귀찮게 하지 않았다. 그저 가부좌를 틀고 앉아 정면을 응시할 뿐이었다. 소위 잘나간다고 하는 우리 건물의 입주자 중에는 그를 잡아가라고 계속 경찰에 신고하는 사람도 있었다. 그들의 도시 선구자 정신 때문이었다. 하지만 그 요가맨은 늘 돌아왔다. 하지만 영화 조명이 켜지고 떠날 줄을 모르자, 그가 사라졌다. 이번에는 돌아오지 않을 거라는 예감이 든다.

소마의 과거도 여전히 남아 있다. 작은 석판인쇄소. 브라이언트의 사진용품 업체. 열악한 재봉 공장에서 일하는 중국 여성들은 새벽 5시부터 남쪽에 있는 마켓까지 걸어와서 삯일을 한 다음, 오후 3시에 퇴근하고 북쪽 차이나타운으로 돌아간다. 해상 소방관 조합의 직업소개소는 대리석으로 둘러싸인 3층 건물이다. 입구 위로는 지름 3미터짜리 원형 돋을새김 조각이 있다. 선박 깊숙한 곳에서 근육질 남성이 사람 키만 한 지레를 당기는 모습을 표현하고, 그 주변에 거대한 기계 기어를 잔뜩 넣어서 육체노동과 노동자 계층의 영광을 기리는 작품이다.

대리석으로 뒤덮인 이 직업소개소는 앞으로도 자리를 지킬 것 같다. 나도 그러기를 바란다. 하지만 재봉 공장과 외딴 석판인쇄소는, 옛 소마의 삶을 파괴하는 망치질과 굴착이 끝나면 곧 찾아올 다음 단계에 굴복할 수밖에 없다. 이제 스타트업들이 상상력의 산물을 가지고 찾아오고, 노동자는 모니터를 들어올리는 것 이상의 육체 노동을 할 필요가 없게 된다.

내 방 창문 아래에서 공사를 시작한 지도 어느덧 3주째인데, 아직도 끝날 기미가 보이지 않는다. 언제쯤 다시 잠을 잘 수 있을지 나도 모르겠다.

점심시간의 따스한 햇살 아래, 기업가와 개발자 들이 사우스파크에 모였다. 2번가와 3번가 사이에 타원형으로 잔디밭을 조성하고 나무를 심은 이 공원은, 지역이 침체되었던 1970년대에는 마약 중독자들의 장터였다. 하지만 이제는 누구든 나와서 식사를 하고, 여유를 만끽하고, 다들 시끄럽게 전화 통화를 하면서 사업 기밀을 동네방네 떠들고 다니는 장소가 되었다.

공원을 사이에 두고는 에코와 사우스파크카페라는 근사한 레스토랑이 마주 보고 있는데, 두 곳 다 북새통이다. 와인 잔에는 상세르와 보르도 와인이 채워진다. 적포도주 소스를 곁들인 신선한 생선과 스커트 스테이크가 나온다. 여기에 오려면 예약을 해야 한다. 이 풍요로

움이여! 인터넷의 산물이 주는 기쁨이여. 모든 변화가 태동하려는 바로 그 시점에, 바로 그 중심지에 사는 짜릿함이여.

공원 아래쪽 끝은 3번가로 향하는 내리막길인데, 흑인 남성들이 피크닉 테이블을 차지하고 종이봉투로 감싼 술을 마신다.

사방에서 하늘을 향해 팔을 뻗은 기중기들이 지평선을 가른다. 두 달만에 저렇게 높이까지 올라가다니, 어떻게 가능한 일일까? 3번가, 브래넌, 브라이언트, 타운센드, 킹 거리까지 기중기 행렬이 이어진다. 금방 사그라질 거품일까? 나는 기중기 지수라는 것을 고안했다. 기중기가 몇 대나 있어야 건물이 과하게 들어서는 거라고 판단할 수 있을까? 원래 우리 집에서는 창밖으로 좁다란 샌프란시스코 만, 이따금 바다에 떠있는 화물선, 아직 운영 중인 오래된 발전소에 솟은 벽돌 굴뚝, 바람의 방향을 알려주는 기다란 연기가 내다보였다. 이제는 건물들이 올라와서 스카이라인을 전리품처럼 갈라 먹는다.

한동안 못 만났던 친구들이 우리 집에 놀러 왔고, 한 친구가 말했다. "너 완전 벽에 둘러싸여 사는구나!"

몇 주가 흘렀는데도 공사는 여전히 진행 중이다. 나는 잠깐씩 의식을 잃는 수준의 쪽잠으로 매일 밤을 지새운다. 그러다가 인부들이 와서 도랑을 메우고, 쇄석을 깔아서 공사장을 거리의 모습으로 되돌려놓는다. 며칠간 평화가 찾아온다.

하지만 오늘 밤은 다시 불이 켜졌다. 착암기는 없어도, 내 방 창문은 영화관 화면처럼 하얀빛을 띤다. 흰 작업복을 입은 남성 인부들이 흰 승합차를 타고 도착한다. 그들은 도로에 원뿔들을 길게 세우고 휘황찬란한 조명 아래 서서 뚜껑이 열린 맨홀 주변에 둘러선다. 남자 1명이 땅속으로 들어가고, 2명은 위에서 지켜보고 있다. 지름 1.5미터 정도의 원통에 전선을 돌돌 감아 실은 트럭이 1대 도착한다. 원통이 끽끽 소리를 내며 돌아서 전선을 맨홀 아래로 풀어 내렸다. 이 작업이 2주 동안 이어진다.

하루는 웬일인지 인부들이 아침에 도착한다. 해가 떠 있는 시간에! 그들은 다시 맨홀 뚜껑을 열고, 1명은 내려가고, 2명은 위에 남는다. 그들은 들쭉날쭉 떠났다가 돌아온다. 어느 날은 오고, 다음 날은 오지 않고, 아침에 오기도 하고, 낮에 오기도 한다. 그들이 맨홀 뚜껑을 열 때마다 나는 생각한다. 아! 비밀의 맨홀이 열리는구나.

오늘은 금요일 밤이다. 래리 페이지의 형이자 나의 친한 친구인 칼 페이지가 설립한 스타트업 이그룹스eGroups에서 맥주와 와인을 마시는 파티가 열렸다. 참석자는 여든 명 정도이고, 늘 그렇듯 맥주병을 든 소년들이 대부분이다. 이그룹스의 사무실은 우리 건물이 있는 거리 아래쪽에 있는 낡은 공장이었다. 20년 가까이 비어 있었던 5층짜리 벽돌 건물이다. 영락없이 폐허로 보이던 이 사무실 여기저기 난 창문에서 햇살이 들어온다. 찌르레기가 헛간에 둥지를 틀듯, 장차 성공할 수도 있는 인터넷 몽상가들이 이 공터에 자리 잡았다는 것을 보여주는 증거가 바로 그 햇살이었다.

// 코드와 살아가기

사무실에는 싸구려 접이식 탁자들이 세 줄로 늘어서서, 9미터 정도 길이로 이어져 있었다. 파티션과 사생활 개념은 사라지고 없다. 개발자들이 어깨를 나란히 하고 모여 앉는다. 실내는 덥다. 옛날 공장들이 그랬듯, 환기 장치는 엉망이다. 퀴퀴한 냄새가 나는 소프트웨어 조립 공정이라고나 할까? 20세기 스타트업이 차고에서 출발했다면, 이제는 열악한 공장 건물이 대세다.

나는 사무실을 돌아다니면서 아는 얼굴이 보이면 인사를 하다가, 마침내 칼에게 다가간다. 그리고 샌프란시스코 한복판 다이아몬드 하이츠에 있는 생뚱맞은 60년대풍 주택을 벗어나서, 훌륭한 스타트업들이 결집하는 소마에 이그룹스를 위한 공간을 마련한 것을 축하한다. 그렇게 잠시 대화를 나눈 뒤 나는 자리를 뜬다. 스탠딩 파티에서는 원래 한 사람에게만 붙어 있지 않아야 하는 법이고, 나는 그 방식을 대단히 좋아한다. 근처에는 젊은 남자들이 누군가를 둘러싸고 우르르 몰려 있다. 그 주인공이 누구였든, 가까이 접근하는 데 실패한 이들이 물러나기 시작한다. 무대의 장막이 열리고, 이들이 다가가고 싶어했던 인물의 정체가 공개되는 순간이다. 그 주인공은 바로 구글을 설립한 래리 페이지와 세르게이 브린이다.

나는 친구인 칼을 통해 래리와 세르게이를 알았다. 래리와 대화를 나눌 때면, 늘 내가 알아온 인간의 모든 역량을 뛰어넘는 존재가 있음을 깨닫는다. 그의 지능지수는 보통 사람의 평균 능력치로부터 표준 편차가 4배만큼 떨어진 종형 곡선의 오른쪽 저 멀리 끝에 자리한다. 중앙에서 4시그마만큼 떨어져 있는 것이다. 5시그마? 그건 아니다. 5시그마는 특이점을 나타내는데 나는 그런 건 믿지 않는다. 아무리 래리라도 어쩔 수 없다.

나는 다가가서 인사를 한다. 우리는 말 없이 30초 정도 서 있는다.

래리가 질문을 건넨다. "요즘 뭐 하고 지내세요?"

내가 정확하게 뭘 하냐고? 그는 소프트웨어를 말하는 거다. 컨설팅을 좀 해요, 라고 대답할까 생각하지만 지루한 주제라서 생략하기로 한다. 내가 하고 있는 중요한 일이라면 대칭형 다중처리symmetrical multiprocessing를 혼자 공부하는 중이라는 것이다. 리눅스 사용자 그룹 회의에서 리누스 토르발스의 강연을 들은 이후로 나는 이 기술에 단단히 사로잡혔다. 이 문제에는 수학적 이론, 실제 기계 작동의 물리적 속성, 서열을 식별하는 방식, 무엇을 먼저 처리해야 하는지에 대한 철학적인 질문이 결합되어 있는 듯했다. 진지한 소프트웨어 엔지니어라면, 모호한 인문학인 철학을 붙들고 늘어지는 내 모습을 비웃을 것이다.

래리와 세르게이는 머리가 번개처럼 빠르게 굴러가는 사람들이기에, 내가 이런 생각을 하면서 머뭇거리는 시간을 억겁처럼 느낄 것이 분명하다. 나는 입을 열었다.

"대칭형 다중처리를 꼼지락거려보고 있어요."

두 사람은 생각이 통한 듯 보였다. 그들이 숨을 들이마시는 소리가 들렸다. 래리가 나를 보며 물었다.

"그쪽으로 일할 생각 있어요?"

그쪽으로 일할 생각 있냐고? 평생에 한 번 올까 말까 한 기회다! 대칭형 다중처리는 방대한 데이터를 통한 광란적 검색을 가능하게 하는 열쇠이자, 현시대의 알고리듬이 작동할 수 있게 해주는 기술이다.

하지만 내가 쥐뿔도 모르는 사기꾼이라는 생각만 머릿속을 맴돌았다. 이건 독학의 폐해다. 파편 같은 지식만 지엽적으로 배웠다가 그 파편들 틈에서 길을 잃고 굴욕적인 실패를 맛보게 되리라는 두려움, 내가 코드 짜는 법을 처음 배울 때 느꼈던 두려움이다. MIT를 다니는 컴퓨터과학도들도 모르는 게 있지만, 그들은 그런 파편들과 빈틈에 대해 걱정하지 않는다고들 한다. 하지만 그런 이야기를 되뇌어봐도 큰 도움이 안 된다.

그런데 지금은 다르다. 지금 내가 느끼는 두려움은 생리학적인 문제가 아니다. 나는 실제로 우매하다. 대칭형 다중처리에 실질적으로 보탬이 되기 위한 수학적 지식과 기반을 갖추지 못한 것이다. 구글에서 일하려면 나의 한계를 뛰어넘어야 한다. 구글에서 일하려면 누구라도 그래야 한다는 건 안다. 그들은 거리를 산산조각내고, 땅속까지 초토화하고, 낡은 관념들을 뽑아내서 불가능했던 것을 가능하게 만들어낸 자리에서 일한다.

나는 맥주병을 든 소년들을 둘러본다. 젊은 남자들끼리 똘똘 뭉치는 이 문화를 나는 기꺼이 떠나왔다.

그리고는 래리에게 대답한다. "고맙지만 프로그래밍은 지겨워서요."

다시 인퓨전 바를 찾은 밤이다. 오늘도 마감 직전까지 술을 주문하고, 문을 닫을 때까지 마셨다. 나는 술을 깨고 싶어서 집까지 걸어간다.

술은 깨지 않는다.

이제 집이다. 물론 인부들이 와 있다. 한 남자가 비밀의 맨홀 밑으로 내려가고, 2명은 보초를 선다. 나는 지난 몇 주 동안 인부들에게 무슨 공사를 하는 건지 몇 번이나 물어봤다. 케이블을 설치하고 있는 건 확실했다. 하지만 무슨 용도로? 컴캐스트Comcast*인가? '거리 공사'라는 떨떠름한 대답만이 돌아왔다(그러므로 맨홀은 여전히 비밀의 존재다).

오늘 밤 위에서 보초를 서는 인부 한 명은 공사장에서 몇 달 동안 봐온 사람이다. 붉은 수염이 듬성듬성 나 있어서 내가 바르바로사**라고 부르는 건장한 남성이다. 그 사람도 내 얼굴을 알아보는 걸 안다. 술이 덜 깬 나는 그에게 다가가 대놓고 말한다. "저기요, 수염 난 아저씨, 저 아시잖아요. 이쯤 됐으면 무슨 공사 하는 건지 알려주셔야죠."

그는 웃으면서 말한다. "이상한 안경 쓰고 다니는 여자분이시구나 했어요."(내 안경이 특이하게 생기긴 했다.)

이미 맛이 가버린 나는 우리가 별명을 부르는 친구 사이라고 생각하며 다시 묻는다. "그래서 이건 뭐 하는 거죠?"

그는 뭐라고 해야 좋을지 망설이는 듯 같이 서 있는 동료를 쳐다보더니, 결국 나를 보고 말한다.

"섬유를 까는 중이에요."

---

* 유선방송, 광대역 인터넷, 인터넷 전화, tv, 라디오 방송 등을 제공하는 미국의 다국적 미디어 기업.
** 바르바로사Barbarossa는 이탈리아어로 '붉은 수염'을 뜻하며, 신성로마제국 황제였던 프리드리히 1세의 별명이었다.

"AT&T에서요."

"그리고요?"

아하, 광섬유 케이블! 대역폭을 아낌없이 주는 나무! 전기를 느리게 이동시키는 금속선과 달리, 데이터 비트를 반짝이는 빛처럼 빠른 속도로 이동시켜주는 유리 섬유다. 초라한 구형 전선은 초당 10메가비트를 전송한다. 이제 빛의 시대가 도래해서 초당 100메가비트가 전송된다. 초당 1억 개의 0과 1이 오가는 것이다.

"대박." 내가 얼빠진 목소리로 내뱉을 수 있는 말은 이게 전부다. 적어도 "와, 대박"이라고는 안 했다. 나는 좀더 서성거리다가 말한다. "갈게요, 빨강 씨."

그는 웃는다. "가세요, 안경잡이 아가씨."

나는 집으로 올라가 창밖으로 빨강 씨를 내려다본다. 그는 동료와 함께 서서 맨홀 밑으로 들어간 다른 동료를 지켜보고 있다. 그 인부가 매설 중인 유리 파이프를 통해, 머지않아 인터넷이 폭발적으로 전송될 것이다. 1억 비트로 못할 게 뭐가 있을까? 우리가 뛰어넘지 못할 한계가 있을까? 그 희망들 위로 그림자가 진다. 그림자의 이름은 AT&T다. 금속 갑옷을 입은 AT&T 전사는 곧 빛을 내며 유리를 관통하는 비트들을 소유하고 통제할 것이다.

하지만 아직은 신경 쓰지 말자. 나는 사우스파크에 있는 북적이는 레스토랑들을 떠올린다. 다른 사람들의 사업 계획과 자금줄 정보를 주워들을 수 있는 카페들, 구글 설립자를 우연히 마주칠 수도 있는 금요일 밤의 맥주 파티, 네 줄로 줄을 서서 술을 시켜야 할 정도로 미어터지는 술집 등 어디에서나 반항아들의 광기와 자축의 자기도취, 우리가 세계 최초로 무언가를 하고 있다고 믿는 터무니없는 희열을 보고, 듣고, 느낄 수 있다. 이 동네는 대역폭을 열망한다. 소마는 광섬유가 빛을 뿜을 날만을 고대한다.

〈

고꾸라지다

2000년

〉

축하할 일이 생겼다. 우리는 4월 7일부터 9일까지 컴퓨터·자유·개인 정보 학회Computers, Freedom and Privacy Conference의 제10회 연례 회의에 참석하러 토론토에 와 있다. 캐나다 국회는 막대한 영향력을 지닌 데 이터 보호 및 개인정보 법을 통과시키는 절차를 밟고 있다. 그래서 여 기 있는 캐나다인들은 몹시 기분이 좋다. 하지만 그 외에는 학회 분위 기가 가라앉아 있어서, 예전처럼 열띤 논쟁을 벌이거나 불손한 재미를 느낄 수 없다.

이 학회에는 보통 낯선 조합으로 사람들이 모여 불꽃 튀는 시간을 선사한다. 암호 해독가, 변호사, 해커가 한자리에 있다. 유럽에서 온 개 인정보 위원들은 말쑥한 이탈리아 정장 차림이다. 유명한 교수들은 연 구 논문을 나눠준다. 인터넷의 핵심 요소들을 만들어낸 창작자들이 있다. 사이버 범죄로 유죄 선고를 받아 인터넷에 손대는 것이 금지된 기자도 있다. 미국 시민자유연맹ACLU의 공동 이사가 있다. 직책명이 '사악한 천재'인 회사 수장이 있다. 어떤 해에는 미국 상원 의원이 들렀다. 미국 국가안전보장국NSA 자문위원도 온 적 있다. FBI 채용 담당자는 말할 것도 없다. 이런 인간 군상이 한자리에 모여 있는 곳은 지구를 통틀어 이 학회뿐이라고 말해도 큰 과장이 아니다.

그렇지만 1990년대 중반을 장식하던 술고래들은 어디로 간 걸까? 그 시절에는 암호계의 악동인 사이퍼펑크cypherpunk*족이 웃고 떠들며, 더 약한 암호 표준을 제안하는 정부 기관에 야유를 퍼부었다. 개발자와 IT 분야 기자들은 허접한 규칙들을 깨고 잔뜩 들떠서, 여차하면 깨지는 진짜 유리잔(금지 사항이다)에 술(역시 금지 사항이다)을 따라 마셨다. 나 같은 사람이 주말을 한 번 같이 보내면서 독일에서 온 개인정보 위원, 장발의 사이퍼펑크족, 미디어 제작자, 알고리듬을 이용해 교외 지역의 잔디밭이 환경에 미치는 영향을 연구하는 대학원생과 상당히 가까워질 수 있는 시절이었다. 그리고 거품이 오를 만큼 올랐음을 모두가 느낀 순간이 있었으니, BBC가 조명과 카메라를 들고 와서 참가자들을 닥치는 대로 취재하며 인터넷의 본질을 파헤치고자 했던 1996년이었다. 아! 인터넷이 도달성과 힘을 키워가는 전례 없는 시대에 우리가 살고 있다는 믿음에 무릎을 꿇지 않고 배길 사람이 어디 있겠는가?

올해 학회의 흥을 깨뜨린 것은 어쩌면, 캐나다에서는 법안이 통과

---

* 정부나 거대 기업의 개인정보 수집에 반대하며, 암호기술을 사용해 정부나 기업의 통제 바깥에 있는 금융 거래 및 경제 활동 시스템을 구축하려 한 사회 운동.

// 코드와 살아가기

되었는데 고도로 산업화된 세계에서 미국이 데이터 보호법을 갖추지 않은 유일한 나라가 되리라는 전망이었을 것이다. 아니면 캐나다에 온 미국인들이, 국경을 넘어 고국으로 돌아가면 불합리한 검색의 대상이 되지 않을 합헌적 권리를 잃어버린다는 것을 알아서일 수도 있다.

하지만 분위기가 침체된 데는 더 심오한 이유가 있었고, 학회가 시작되자 그 실체가 명료해졌다. 인터넷 문화를 대표하는 사인방이 불안을 토로하고 부추기면서 축제 분위기에 물을 끼얹을 것이었다. 소설 『스노 크래시Snow Crash』의 작가이자 괴짜들의 우상인 닐 스티븐슨Neal Stephenson, 세계에서 가장 널리 쓰이는 이메일 암호화 프로그램 프리티 굿 프라이버시Pretty Good Privacy, PGP를 개발한 필 짐머만Phil Zimmermann, 보안 장치가 없는 채널에서도 컴퓨터 사용자들이 은밀하게 소통하게 해주는 필수 암호 프로토콜 디피 헬먼Diffie-Hellman법의 공동 개발자인 베일리 위트필드 디피Bailey Whitfield Diffie(보통 '위트'라고 부른다), 마지막으로 월드와이드웹을 창시한 팀 버너스리Tim Berners-Lee가 등장한다.

이데올로기가 서로 겨룬다. 개인의 자유로운 인터넷 활동을 보장하면서도 감시의 눈으로부터 사용자를 보호하는 최고의 방법은 무엇일까? 법의 원칙과 코드의 원칙, 시민 사회와 암호의 세계, 국회와 개발자, 개인정보 위원회와 개발자들의 소규모 사조직이 대립한다.

한쪽에는 사회 정책과 정치 행동주의 지지자들, 혼돈과 무질서로 뒤범벅된 정치와 입법 신봉자들이 있다. 그 출세한 행운아 떼거지가 캐나다에서의 법안 통과를 이끌었다. 그 과정에서 수백 명이 모인 집단들이 싸움을 벌였다. "모두가 싸웠다." 한 관계자가 말했다.

반대쪽에서는 정부를 적이라고 보고(인터넷의 기술 기반은 미 국방부가 대중에게 무료로 준 선물이라는 사실에도 불구하고), 규제를 배척하고, 암호야말로 웹을 방어하는 최고의 수단이라고 여긴다. 인터넷을 자유롭고도 비밀스럽게 유지하는 방법은 딱 하나다. 기술을 더 발전시키는 것이다. 기술자들이 인터넷을 창조했으니, 기술자들만이 인터넷을 지킬 수 있다는 주장이 이어진다. 온라인에서의 소통에 표현의 자유를 추구하는 전자 개척자 재단Electronic Frontier Foundation, EFF*의 공동 설립자이자, 인터넷 기술자 공동체의 존경받는 일원인 존 길모어John Gilmore는 이런 관점을 완벽하게 표현했다. "저는 〔사생활을〕 물리학과 수학을 통해서 보장하고 싶습니다. 법이 아니고요."

지난 9년간 열린 패널 토론과 강연, 워크숍에서 우리는 이러한 두 가지 신념 체계를 바탕으로 논쟁을 벌여왔다. 정중하면서도 팽팽하기 그지없는 줄다리기에서 왼쪽과 오른쪽으로 밧줄이 왔다 갔다 하다가, 시간이 흐르면서 마침내 중간 지점을 찾아가고 있었다.

하지만 올해는 학회에 바이러스라도 창궐한 것 같았다. 외인부대의 좌경화 전염병이 돌면서, 갑자기 정치 진영으로 밧줄이 확 쏠렸다. 필 짐머만이 사뿐히 금을 밟고 올라섰다. 닐 스티븐슨은 좌측으로의 변

---

* 인터넷에서 표현의 자유와 권리를 옹호하는 국제 비영리 단체. 표현의 자유, 개인정보 보호, 저작권, 정보 공개 등을 위해 법률적 지원과 소프트웨어 개발, 언론 활동 등 다양한 방법으로 활동한다.

// 코드와 살아가기

절을 은근하면서도 확실하게 드러냈다. 팀 버너스리는 인터넷에 무슨 일이 생긴 것이냐고 한탄하며 비탄에 잠겨 금을 넘어갔다. 위트 디피도 엉덩이에 불이 붙은 사람처럼 껑충 뛰어 금을 넘어갔다.

저녁 만찬 시간에는 짐머만과 스티븐슨의 대담이 있었다. 스티븐슨이 연설을 했다. 그는 빡빡머리에, 불그스름한 콧수염을 턱수염과 이어질 때까지 길렀다.

스티븐슨의 연설은 대단한 상상의 나래를 펼치지 않고서야 프레젠테이션이라고 볼 수 없는 수준이었다. 파워포인트 슬라이드는커녕, 본인의 저서를 낭독하지도 않았다. 그는 투명 필름에 마커 같은 펜으로 그림을 그려서 초등학교에서 쓸 법한 오버헤드 영사기OHP에 올렸다. 그 연설은 그의 신작 소설처럼 아주 길고(900쪽이 넘는 1999년 작 『크립토노미콘Cryptonomicon』) 요점이 없었다(그 책에는 바흐의 오르간 음악에 대한 논고와 캡틴 크런치 먹는 법이 나와 있다).

슬라이드를 줄줄이 넘기면서, 여러 가지 사고방식을 논하고, 마음 깊이 쌓여 있는 주장과 이야기를 꺼낸 다음, 스티븐슨은 앞서 해온 말들과 일맥상통하는 확실한 선언을 했다. 그는 이렇게 말했다. 우리의 사생활과 개인의 무결성을 방어하는 최고의 방법은 암호가 아니라 '사회 구조'라고.

놀라운 일이었다. 『크립토노미콘』을 관통하는 맥락은 암호화와 해독이다. 이 책에는 암호 알고리듬의 코드가 나온다. 스티븐슨 본인도 개발자 출신이다. 그의 작품들은 해커들의 수학적 세계를 배경으로 한다. 예를 들어 책 속의 한 등장인물은 바다를 이상적인 컴퓨터에 비유하기까지 한다. 그가 책에서 해커 커뮤니티의 어떤 모순을 표현했든, 암호 기술이 개인정보와 무결성을 보증하지 못한다는 말은 절대한 적이 없다.

스티븐슨은 투명 필름 몇 장을 연이어 보여줬다. 첫 장에는 작은 동그라미가 있는데 한 장 한 장 넘길 때마다 동그라미가 커지고, 점점 커지는 다른 동그라미들과 합쳐진다. 벤 다이어그램들이 서로 겹치면서 넓고 포괄적인 영역이 생긴다.

스티븐슨은 언제나처럼 의미를 노골적으로 드러내지 않으면서 슬라이드를 한 장씩 넘겼다. 그래도 개인정보 보호의 근간이라고 일컫은 사회 구조를 동그라미로 표현했다는 것을 모르고 지나치기는 힘들었다. 그는 그 구조에 대한 정의를 청중의 몫으로 남겨두었지만, 그가 말하는 사회 구조는 시민 연합을 뜻할 수밖에 없었다. 어쩌면 자발적으로, 어쩌면 법의 손길을 받아 점점 더 큰 지지층으로부터 행동 원칙을 인정받는 연합들을 말한다. 그의 요지는 코드였다. 사회정치적 맥락이 없으면, 암호는 당신을 보호하지 않는다.

"암호에 의존하는 것은 기다란 말뚝 하나만 박아서 울타리를 치는 것과 같습니다." 스티븐슨은 말했다. 슬라이드에는 높이 솟은 말뚝 하나가 있고, 새 한 마리가 눈을 부라리며 그 말뚝을 쳐다보고 있었다.

스티븐슨은 PGP를 꼽아 비판했다. 세계에서 가장 많이 쓰이는 이메일 암호화 프로그램을 공략하는 것은 용감한 선택이었는지도 모른다. 그러나 PGP를 탄생시킨 짐머만이 자리에 있었다는 점을 감안하면, 그의 그런 비판은 참으로 무정했다.

긴 연설이 끝나고, 스티븐슨은 질문을 받기 시작했다. 짐머만이 손을 들었다. 그는 업계 사람 중 흔치 않게 몸이 둥글둥글하다. 티셔츠에 스포츠 재킷을 걸치고 온 그는, 1970년대에 유행했던 조종사 스타일의 안경을 절대 포기하지 않았다.

짐머만은 암호가 개인정보를 보호하기 위한 해결책이라는 자유지상주의적 관점을 굳게 믿었다. 법, 규제, '사회 구조' 같은 다른 요소들은 강압이나 마찬가지다. 짐머만은 연방 정부로부터 범죄자 꼬리표를 받는 위험을 감수해왔다. 미국은 강력한 무기인 암호화 기술을 수출할 수 없다고 선포한 바 있다. PGP는 강력한 암호화 기술이지만 해외로 수출되었다. 짐머만은 중범죄 용의자로 수사를 받았지만 기소되지는 않았다.

실내가 조용해졌고, 우리는 짐머만의 말에 귀를 기울였다. 몇 초가 흐른 뒤, 그는 차분하게 말했다. "저는 PGP를 외로운 자유주의자의 방어수단으로 개발한 게 아닙니다."

다음과 같은 의문이 들었다. 그럼 무엇이 그를 방어해줄까?

선을 넘은 다음 주자는 팀 버너스리였고, 그는 과감하게 움직였다. (EFF의 설명에 따르면) '정보 사회에서의 책임 강화와 권리 신장에 중대하게 기여한 인물'에게 주는 EFF 선구자 상을 받은 것이 영향을 미친 것 같았다.

버너스리는 그 상을 받을 적임자였다. 그는 개인적 천재성과 무정부적 창작에 대한 자유주의적 이상을 품고 있었다. 어느 누구도 그에게, 웹의 토대를 이루는 하이퍼텍스트hypertext와 하이퍼텍스트 마크업 언어hypertext markup language, HTML*를 발명해서 제안하라는 과제를 주지 않았다. 그렇지만 그의 성과는 존 길모어가 천명한 극자유주의적 믿음이 거짓임을 보여준다. 존 길모어는 지난 워크숍에서 "웹에서 작동하는 모든 것은 고립되어 일하는 작은 조직들의 손에서 탄생한다"라고 말했다. 버너스리는 고립되어 일하지 않았다. 그는 월드와이드웹과 더불어 월드와이드웹 협력단도 만들었다. 그는 기술 전문가들이 제안하고, 기획안을 제시하고, 지침과 사양을 합의하는 장소로서 이 단체를 세웠다.

버너스리는 학회에 참석하지 못하고 영상을 보내왔다. 자신이 승자라는 것을 일찌감치 알고 있었던 게 분명하다.

버너스리는 명예롭고 감사한 기분을 말하고 있었기 때문에 온화하고, 친근하고, 개방적인 표정이었다. 하지만 이내 근심 어린 표정으로 얼굴을 찡그렸다. 그는 개인이나 단체가 생각과 연구 결과와 지식을 나누는 광장이자 동등한 사람들이 개인적으로 혹은 공개적으로 대화하는 장소로서 웹을 구상했던 시절 이후로 웹에 무슨 일이 일어났는지 이야기하기 시작했다. 그는 평등주의 원칙 위에 건설된 웹의 평등이 위협받고 있다고 말했다.

---

* 하이퍼텍스트란 사용자가 웹에서 문자나 이미지를 클릭해 다른 문서로 옮겨갈 수 있도록 연결하는 것을 말하며, 하이퍼텍스트 마크업 언어는 흔히 HTML이라는 약자로 부르는 웹 페이지 제작 표준 언어다.

그는 전자상거래를 언급했다. 웹이 대형 소매상들이 통제하는 상업적 자동판매기가 되어가고 있다고 했다.

돈 이야기도 했다. 막대한 벤처 투자금이 유입되고, 주식 시장에서 가치가 치솟는다.

그가 제대로 끝맺지 못한 다음 말은 여느 기술 전문가들과는 사뭇 다른 관점을 보였다.

"자유주의자들은 정부를 상대로 싸우는 것에 익숙합니다. 기업이 아니라……."

버너스리는 이단의 주장을 발설할 참이었다. 자유주의의 정설에 따르면, 어디에도 속박되지 않는 사업 활동은 순수한 선이다. 아인 랜드Ayn Rand처럼 '자유' 시장, 규제 없는 자본주의, 관대한 사회를 지지한다. 기업에 '싸움'을 걸지 않는다. 경제 활동을 제재하는 것은 프리드리히 하이에크Friedrich Hayek가 쓴 책의 제목처럼 『노예의 길The Road to Serfdom』을 가는 것이다. 프리드리히 하이에크는 정부가 어떤 식으로든 민간을 통제하면 독재 국가가 된다고 경고한 정통 자유주의자였다.

잠시 후 버너스리는 다른 이야기를 하다가 다시 한번 말끝을 흐렸다. "우리가 규제를 싫어하는 건 압니다. 피할 수 있을 때는 말이죠. 하지만……."

규제. 법규와 정부를 뜻하는 말이다. 버너스리는 시민과 코드를 가르는 경계선에서 법규를 택한 것은 물론, '독재 정부'로 가는 길에 발걸음을 내디뎠다!

그는 침통해 보였다.

"사람들이 인터넷을 할 때 '인터넷'을 누릴 수 있게 해야 합니다." 그가 의미한 '인터넷'은 진정한, 진실된, 원래 모습 그대로의 연결망 같은 조직을 의미했다. 그 말이 자신에게, 또는 우리에게 어떤 의미든 말이다. 심지어는 그게 법과 규제와 정부의 개입을 의미하더라도, 우리는 기술 전문가들이 꿈꾸는 인터넷으로 돌아갈 길을 찾아야만 한다. 그러한 인터넷은 수백만의 대등한 사람이 자유롭게 소통하는 곳, 우리의 바람대로 아무런 감시 없이 꼬리에 꼬리를 물고 링크를 클릭할 수 있는 곳, 마이크로소프트와 애플이 만든 표준 휴먼 인터페이스의 지배를 벗어나, 우리가 직접 디자인해서 개인 웹페이지를 만드는 곳이다. 우리는 그런 인터넷으로 돌아가야만 한다. 그런 인터넷이 존재했던 건 찰나의 순간이었을 뿐이라도, 또는 교외 생활과 옛날에 대한 향수 속에만 존재했었더라도 우리는 돌아가야 한다. 우리는 기업이 새로 만든 나쁜 연결망을 피해가야만 한다. 아니면 그 연결망들의 전체집합을 만들어야 한다. 아니면 대안을, 아니면 뭐라도.

"모두 식사 멈춰주십시오!" 위트 디피가 만찬 연설을 시작하면서 소리쳤다. 그가 몇 번 소리치고 손뼉까지 치고서야 방이 조용해졌다.

디피는 언제나처럼 말쑥한 정장 차림에 장난기가 넘치는 모습이었다. 길고 뾰족하게 염소수염을 길렀고, 희끗희끗한 금발 머리를 등까지 늘어뜨렸다. 정장만 아니면(셔츠와 타이는 생략했다) 그는 기술 자유주의자의 완성체다. 암호 분야에 유명인사라는 개념이 존재한다면, 그 대열에 낄 수 있는 몇 안 되는 기술 전문가 중 한 사람이 바로 위트 디피다.

그는 암호 기술의 짧은 역사를 설명하기 시작하면서, 1976년에 자신이 마틴 헬만과 함께 공개한 디피헬만 프로토콜, 그 과정에서 사용한 다른 프로그램들, 그 프로그램들이 정부의 침범으로부터 보호막이 되어주리라는 자신의 믿음을 언급했다. "암호는 다른 누구도 믿지 않아도 되게 해주는 보안 기술이었습니다." 디피헬만 공통키 교환에 관한 설명으로서는 틀리지 않은 말이었다. 이 알고리듬을 사용하면 서로를 모르는 두 사람이 안전하게 소통할 수 있다. 그는 청중에게, 의사소통 보안을 인증하는 최고의 방법을 구현할 수학적 아이디어를 늘 품고 있었다고 말했다.

여기까지 들으면 개인정보를 안전하게 지키는 최고의 방법은 물리적, 수학적 방식이라는 존 길모어의 믿음을 디피도 지지하는 것 같았다. 그러나 그는 다음 문장을 통해, 길모어 진영에서 완전히 발을 뺐다. "하지만 이제는 다른 사람들을 신뢰해야 하게 되었습니다."

그는 팔을 휘젓고, 마이크가 없는 것처럼 소리를 높이면서 의견을 격렬하게 피력했다. 그는 소프트웨어가 사람들에 대한 신뢰를 저하시킬 수 있다고 말했다. 세계를 살펴보면 보안, 개인정보, 자치권에 대한 감각은 '사회 구조의 기능'으로부터 나온다는 것을 알게 될 것이라고 그는 말을 이었다.

지난밤 스티븐슨이 했던 연설이 메아리쳤다. 다른 사람들. 인간에 대한 신뢰. 사회 구조. 베일리 위트필드 디피는 기술-자유주의의 또다른 이탈자였다.

디피가 이쯤에서 멈췄다면 그의 변심(그가 말을 하면서 보여준 열기를 생각하면 변절이라고 볼 수 있을 것 같다)은 음흉한 닐 스티븐슨, 주저하는 필 짐머만, 불행한 팀 버너스리의 전향과 비슷해 보였을 것이다. 그러나 디피는 앞뒤로 왔다 갔다 하며 목청 높여 우리에게 이렇게 주장했다.

우리는 중앙처리장치의 노예였습니다! 그는 말했다. 멍청한 단말기! 우리가 모두 가지고 있는 것이죠. 거대한 기계의 융통성 없는 중앙 통제 아래 무력했습니다. 그러다가 자주적이고 강력한 성능을 지닌 PC로 탈출했습니다. 그다음은 네트워크였죠. 머지않아 PC는 얇은 '클라이언트'*에 불과하도록 생산되었습니다. 우리가 가진 기계에는 브라우저가 있을 뿐 소프트웨어가 거의 깔려 있지 않고, 프로그램 코드는 관리자들이 통제하는 네트워크 서버에 깔려 있습니다. 웹에서 우리에게 주어진 건 얇디얇은 브라우저뿐이지요. 모든 정보는 저기 저 네트워크에 있고, 우리가 가진 기계는 한층 멍청해졌습니다.

그는 이제 종종걸음으로 왔다 갔다 하며 목청을 더더욱 높였다.

지식 노동자들은 자주성을 잃고, 그 비굴하고 멍청한 기계를 쓰도록 강요받을 것이며, '직원들에 대한 기업적 제국주의'로 인해 고용주인 기업의 감시 대상으로 전락할 것이라고 그는 말했다.

(기업 제국주의라니, 마이크가 고장 나기라도 한 걸까?)

그는 노동자들이 집에서 '편리'하게 일을 하면서, 고용주들의 '현장

---

* 서버에 연결된 컴퓨터.

검사' 대상이 될 날이 눈에 선하다고 말했다. 그의 말마따나 노동자들이 고용주인 기업들의 감시 대상으로 전락하면서, 집은 사실상 '재산주의propertarianism'*의 통제를 받으며 점령된 힘없는 공간으로 바뀌는 시대라고 한다.

그건 소위 인류의 구원자라는 인터넷이 우리에게 선사하는, 새롭고 끔찍한 디스토피아였다. 디피가 제시하는 미래는 『멋진 신세계Brave New World』에 나올 법한 세계였다. 단, 이 세계에서는 정부가 적이 아니고, 화면 밖에서 우리를 지켜보지 않았다. 디피는 사악한 기업들의 망령, 그 망령이 끊임없이 보내는 시선과 인간의 영혼 위에 군림하려는 제국주의를 언급했다.

절박한 지식 노동자인 우리는 무엇을 해야 할까? 디피는 청중에게 물었다. "체계를 세워야죠!" 노동자는 다시 들고일어나야 한다고, 유명 암호 전문가이자 전직 코드 신봉자인 그가 말했다. "지식 노동자들끼리 똘똘 뭉쳐야 합니다. 그리고 전체로서 교섭해야 하지요."

체계를 세워라! 노동자들이여 들고일어나라! 위트 디피는 헌신적인 기술 자유주의자로서 이 학회에 왔다가…… 사회 운동가가 되어 돌아갔다.

이 대담에는 가슴 아픈 구석이 있었다. 그에게 최고의 유명세를 안겨 준 작업물은 24년 전에 공개되었다. 그가 호통을 치며 정신없이 왔

---

* 재산주의는 1963년에 에드워드 카인이 만든 용어로 추정되며, 우파 자유주의, 자본주의와 밀접한 관련이 있다. 재산을 소유한 사람은 그 재산을 처분하기 전까지 아무런 제약 없이 온전한 소유권을 유지할 수 있다는 개념이다.

다 갔다 했음에도 불구하고(어쩌면 바로 그 점 때문에) 나는 그가 젊은 시절의 믿음을 잃어버리고 느끼는 슬픔과 절망, 새로운 믿음을 찾으려는 필사적 몸부림을 감지할 수 있었다. 어쩌면 나 자신이 느끼는 상실감과 절망을 디피에게 투영했을 수도 있다.

학회가 끝나고, 나는 누가 없는지 주위를 둘러보았다. 각양각색의 참석자 중 대기업 CEO는 없었다. 벤처 투자자, 그 투자자들로부터 자금을 조달한 신흥 백만장자, 월스트리트의 큰손, 웹의 내부 투자자, 비즈니스 캐주얼 복장으로 오곤 했던 팔로알토의 젊은 남성 벤처 투자자도 없었다. 넘쳐흐르는 자금을 들여 거대한 상업적 웹을 만들어내고, 맹렬한 투자를 통해 기술주들이 잔뜩 모인 나스닥 지수가 고공 행진하게 만든 장본인들은 그 자리에 없었다. 컴퓨터·자유·개인정보 학회는 웹의 사회적, 기술적 옹호자들이 결집한 핵심 단체로서 10년 동안 수준 높은 토론을 해왔음에도 불구하고, 이 불참자들에게는 적수가 되지 못했다.

학회가 열리기 한 달 전, 나스닥 지수가 5000을 돌파했다. 학회 사흘 전에는 지수가 29퍼센트 떨어졌다. 그러다가 학회가 열리는 동안 반등해서 손실을 거의 만회했다. 대중은 증권사와 금융 전문가들이 널리 퍼뜨린 지혜를 받아들였다. 기술주 가격 하락은 할인 행사라는 것이다. 주가 하락은 곧 매수 기회라고 그들은 말한다. 이건 고공행진의 막차가 아닙니다! 여러분이 올라탈 기회가 찾아왔습니다!

대중은 허겁지겁 돌아왔다.

<

떨어지는 칼날 잡기

2002년

아발론 캐피털 매니지먼트의 클라라 바질에게 도움을 받았다.*

\>

지금은 2000년 1월. 나는 웹밴**이라는 회사의 주식을 사고 싶다. 석 달 만에 주가가 반 토막 난 건 안다. 하지만 그러면 주식을 할인가로 사는 것 아닌가? 그리고 IPO 가격은 회복했으니 주가가 크게 반등하기 전에, 모두 달려들어서 폭락한 주가를 다시 올려놓기 전에 얼른 뛰어드는 게 낫겠다. 새로운 고점을 찍을 수도 있지 않을까?

눈앞에 생생히 보이는 증거가 내 마음을 움직였다. 소마 어디를 가나 주차 금지 구역과 소화전 앞에 웹밴의 식료품 배달 트럭이 진입로를 막으면서 이중으로 주차되어 있었던 것이다. 흰색과 황갈색이 칠해진 트럭 옆면에는, 초록색 동그라미 안에 먹거리가 그득그득 담긴 식료

---

* 클라라 바질은 주식 시장과 그 행태를 설명해주었다. 그러나 사회적, 정치적, 문헌적 해석은 클라라 바질과 아발론 캐피털 매니지먼트의 견해와는 관계가 없다.—원주
** 1996년에 설립된 인터넷 식료품 배송 서비스로, 1999년에 상장되자마자 시가총액이 87억 달러에 육박했다.

품 봉투 그림이 그려져 있었다. 구매자가 온라인에서 식료품을 주문하면 창고에 있는 불쌍한 재고 관리자와 안쓰러운 배송 기사가 제한 시간 30분 안에 상품을 배송해야만 한다.

주문이 가장 몰리는 시간대는 당연히 퇴근 후이므로, 월요일부터 금요일까지 배송 기사들은 베이브리지로 가는 지옥 같은 대열에 합류한다. 내가 사는 집 바로 밑이 다름 아닌 이 구간이다. 자욱한 매연 속에 엔진이 공회전하고, 앞뒤로 옴짝달싹 못 하게 된 운전자들이 소리라도 마음대로 다스려보기 위해 켜둔 라디오 소리가 쩌렁쩌렁 울리고, 상태가 심각한 날에는 "씨발" 소리가 여기저기서 튀어나온다. 최악의 날에는 남자들이 차에서 내려 주먹다짐까지 한다.

나는 이 난장판을 통과하는 웹밴 기사들의 인내심에 감동했다. 소마 지역 어디에나 웹밴 트럭이 서 있는 점도 마음에 들었다. 즉, 새로 떠오르는 감각적인 인터넷 세대가 웹밴에 꽂혔다는 뜻이라는 생각이 들었다. 이게 미래다.

나도 주주가 되고 싶다. 되고 싶다. 되고 싶다. 되고 싶다.

나는 닷컴 주식을 둘러싼 이 광기를 맹신하지 않는다. 벤처 투자자에게 유리하도록 짜인 판이라는 걸 안다. 회계사이자 부동산 개미투자자이신 우리 아버지는 내게, 주식 시장에 대해 중산층다운 바람직한 조언을 하셨다. 주식은 도박이니 잃어도 되는 돈만 투자하라는 것이었다. 하지만 직감을 뿌리칠 순 없는 법이다. 나를 둘러싼 공기가 탐욕에 취해갔다. 하늘 높이 솟구치는 기술주들은 욕망에 불을 지핀다. 나는 인류전 바에서 술을 마시고 광섬유 공사 소리에 잠 못 이루던 시절처럼, 아니 그때보다 더 취해 들떠 있었다. 스타트업을 차린 젊은 이들이 백만장자가 되는 광경을 봐왔다. 나라고 기술 부자가 되는 내기에 뛰어들지 말란 법 있나?

앞서 말한 대로, 술에 취한 듯 들떠 있었다. 여기 마티니 한 잔 추가요.

나는 오랜 친구이자 재무 자문가인 클라라 바질에게 전화해서 내 욕망을 이야기한다. 클라라는 냉정하게 답한다. "식료품 업계 이윤 폭이 얼마나 되는지 아니? 3퍼센트 아니면 4퍼센트야. 세이프웨이*를 살 거니?"

주식 시장은 이야기라는 구름 위를 둥둥 떠다닌다. 숫자와 수학적 분석이 토대겠지만 단어, 이야기, 설명, 신화로 이루어진 서사가 시장을 에워싼다. 이 서사를 바탕으로 대중은 주식, 채권, 펀드, 헤지펀드, 물자, 풋옵션(자산 가격이 내려가는 것에 베팅)과 콜옵션(자산 가격이 오르는 것에 베팅), 시선이 닿지 않는 곳에서 복잡한 금융 상품들을 사고파는 수십억 인구가 세계 각지에서 펼치는 방대하고 거대한 경제 행위를 느끼고 생각한다.

서사라는 것은, 예를 들면 이렇다. 스타트업 예비 설립자는 벤처 투자자를 설득할 때 무엇을 기획 중인지, 왜 사람들이 그 기획을 좋아할지, 미래를 일굴 계획은 무엇인지 등등을 설명한다. 이런 것을 '스토리텔링'이라고 부른다. 이런 이야기는 반드시 그럴듯해야 하고, 군침 돌

---

* 미국의 대표적인 슈퍼마켓 체인.

게 매력적이면 최고다. 비용과 수익 추정치라는 잠재적 현실은 오히려 부정확하다고 받아들여진다. 이야기가 전부 진실한 것은 아니다. 벤처 투자자들은 투자하는 스타트업의 90퍼센트가 실패하리라 짐작한다. 그러나 서사가 우리 모두를 지배한다. 우리는 이야기, '썰'을 따라가면서 과거와 현재를 이해한다.

장이 마감되고 나면 금융 전문가들은 항상 시장에 어떤 일이 왜 생겼는지 이야기해준다. 텔레비전, 신문 기사와 기고문, 인터넷에서 서사가 줄을 잇는다. 가게에 파리가 날렸던 것은 북동부에 눈이 와서였다. 아프리카에 있는 산유국에서 쿠데타가 일어나서 공급에 차질이 생겼다. 이 주식이나 저 주식의 실적이 저조했다(예상치에 도달하긴 했지만 내부에서 기대한 '비공식 예상 실적'에는 못 미쳤다). 정치 문제, 조약, 전염병, 허리케인, 고용률 보고서, 소문 등을 원인으로 내세운다.

시장에 대한 해설은 서로 일맥상통하기도 하고, 서로 충돌하기도 한다. 방송에 나오는 '애널리스트'들은 시장의 상승세와 하락세에 대해 똑같은 이유를 대기도 한다. 달러가 오르고 주가가 오른 날에는 달러 상승이 주가 상승의 '원인'이라고 말한다. 그러다가 달러가 오르고 주가가 떨어지면 어째서인지 달러 상승이 주가 하락의 '이유'가 된다고 한다(클라라는 몇 년에 걸친 장기적 변동을 관찰해야지만 '진짜 서사'를 알 수 있다고 덧붙였다).

그러나 오늘의 설명이 비논리적이라는 것은 별일이 아니다. 월스트리트에는 대중의 참여가 필요하다. '증권'(또 다른 서사다) 보유자들은 가치가 오르기를 바라고, 그러려면 그 주식을 매수하려는 사람들이

호가를 제시해야 한다. 사회 전체를 놓고 보면, 거래는 합리적으로 보여야 한다. 시장이 하락할 땐 마음을 달래주는 조언을 들려주면서 자장가처럼 편안한 서사로 뒷받침해야 한다. '팔지 마세요'가 그 조언이다. 트레이더들이 주가 하락에 돈을 걸어 주가가 떨어져야 그들이 돈을 벌 수 있을 때는 비통한 이야기를 들려준다. 이야기의 요지는 '파세요'다.

앞서 말한 것처럼 가격이 내려갔을 때 기술주를 사라는 이야기는 거부할 수 없을 만큼 매력적이다. 어쩌나 강력한 신념 체계인지, (클라라만 한) 웬만한 절제력이 아니면 벗어날 수 없다. 기술주들은 계속 오를 것이라고 서사는 암시한다. 주가 하락은 판에 합류할 수 있는 기회다. 이 믿음이 나의 분별력을 꺾었다. 지금 웹밴의 주가가 내렸다. 다른 모든 기술주가 그렇듯 웹밴은 당연히 오를 것이다. 무리에 끼고 싶다는 열망은 대단했다. 모두가 여기에 돈을 걸고 있다면, 나도 끼어야 한다(바질이 나의 터무니없는 매수를 막았다. 웹밴은 2001년에 파산했다). 이 서사의 감정선은 탐욕이다. 망설이지 말라. 더 큰 부가 당신을 기다린다. 사라.

닷컴 버블dot-com bubble이 계속되는 동안 일반 대중뿐 아니라 벤처 투자자, 주식형 펀드 매니저, 유산 신탁관리자, 헤지펀드 투자자, 금융 자문가, 연금 기금 감독관, 온갖 시장 내부자들까지도 그 특별하고 검증되지 않은, 반직관적 서사를 받아들였다. 그 서사들이 꿈꾸는 미래는, '기술은 다르다'는 것이었다. 인터넷과 웹이 사회를 바꾸고 있다. 새로운 경제 질서, 새로운 존재의 현실이 움트고 있다. 인간/디지털 컨버

전스의 특이점이 다가온다. 새로운 기술 자본주의에서는 수익이 중요치 않다.

물론 수익은 중요하지만, 당장은 아니다. 앞으로 몇 년간은 아닐 것이다. 어떤 스타트업이나 인터넷 업체의 성공 여부를 결정하는 것은 그들의 사이트를 보고 있는 눈동자 개수, 순 방문자 수, 광고 클릭율이다. 수백만 명의 방문자를 사이트로 불러들이면 되는 일이다. 일단 사람들이 모이고 나면, 회사는 '눈동자들을 현금화'할 방안을 찾을 것이다. 사람들을 상대로 돈을 만들어서 수익을 창출한다는 뜻이다.

한편, 인터넷 업체는 급여를 주고 운영비를 충당하기 위한 수익이 필요하다. 스타트업이 우선적으로 수익이 나올 곳은 벤처 투자자들로부터 1차 투자를 받는 것이다. 1년 뒤에 2차 투자를 받을 수도 있다. 3차나 그 이상의 투자를 받을 수도 있다. 하지만 그런 기업도 언젠가는 세상에 나아가 홀로서기를 해야 한다.

나는 한 성공적인 스타트업의 설립자와 대화를 나눴다. 이윤profit을 낼 수 있는 길이 있냐는 나의 물음에 그는 없다고 답했다. 수익revenue을 낼 방안이 있냐는 물음에는 있다고 답했다. 그의 답은 이랬다. "기업공개 가는 거죠!" IPO라고도 하는 기업공개란, 기업의 주식을 처음으로 공개 매도해서 주식을 판 돈으로 수백만 달러를 거두는 것이다. 이 거래를 좀 다른 시각으로 볼 수도 있다. 이윤을 창출할 방향을 찾지 못한 기업에 대중이 돈을 투자하게 하는 것이다.

기술주 시장이 처음부터 날뛰었던 것은 아니다. 1995년부터 1998년까지 나스닥 지수는 거의 45도 각도로 올라갔고, 바질은 이 현상이 비이성적이지 않은 '열정적 상승 장세'라고 설명했다. 기술주가 아주 많이 상장되어 있는 나스닥은 기술의 전반적인 가치에 대한 금융계와 사회의 관심을 측정하는 최고의 척도다.

주가 상승이 비이성적이지 않은 이유는 현실에 기반한 기술주 주가 상승이었기 때문이었다. 실제로 이 세상에 신문물이 도입되고 있었다. 방대한 온라인 장터가 실제로 펼쳐지고 있었다. 이제 일상의 필수품(그리고 시답잖은 것들)을 밤낮을 가리지 않고 언제든 온라인에서 주문해 손에 넣을 수 있다. 좋든 나쁘든 인터넷은 경제, 사회, 개인 생활의

나스닥 종합지수

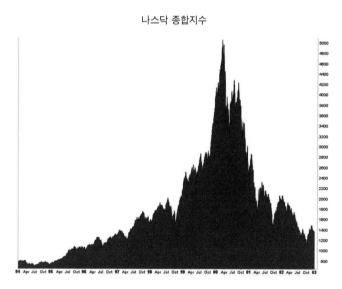

모든 차트는 클라라 바질, 아발론 캐피털 매니지먼트, 스톡차트닷컴(Stockcharts.com)이 제공했다.

영역을 뚫고 들어오고 있었다.

수백만 인구가 웹을 이용할 수 있게 해준 것은 단 하나의 프로그램이
었으니 그 이름은 브라우저다. 웹 브라우저가 탄생해 광범위하게 설치
되는 몇 년 동안 '열정적인' 호황기가 따라왔다.

　1990년대 초에 팀 버너스리는 본인이 '브라우저 편집기'라고 지칭한
기능이 포함된 웹을 공개했다. 그러나 이 웹이 유일하게 작동하는 넥
스트스텝NeXTStep이라는 운영체제는 범용 사용자 플랫폼이 아니었다.
누구나 사용할 수 있도록 개발된 최초의 브라우저는 마크 안드레센과
에릭 비나가 1993년에 공개한 모자이크Mosaic였다. 모자이크는 버너스
리가 만든 브라우저에는 없는 그래픽 사양을 지원했다. 한 페이지에
이미지와 텍스트를 동시에 표시할 수 있었던 것이다. 무엇보다도 모자
이크는 윈도에서 실행되는 덕분에, 급속도로 불어나는 개인용 컴퓨터
사용자들에게 전파되었다. 안드레센은 그 기세를 모아 넷스케이프를
설립하고, 1994년에 그래픽을 지원하는 윈도용 브라우저 내비게이터
Navigator를 새로 공개했다.

　(브라우저의 역사 전체를 이 책에서 설명할 수는 없다. 웹 브라우저 인터
페이스 개발에 공헌한 창의적인 연구자들과 개발자들에게 사과의 말을 전한
다.)

　늘 그렇듯 마이크로소프트는 제일 늦게 브라우저를 개발했지만 시
장에서 경쟁사들을 제치는 능력은 최고였다. 이들은 스파이글라스
Spyglass라는 회사가 만든 브라우저의 라이선스를 사들이고 재작업해

서 마이크로소프트 익스플로러Microsoft Explorer라는 이름으로 내놓았다. 그리고는 윈도 98에 익스플로러를 끼워 넣어 기본 브라우저로 만들었다. 그야말로 경쟁사들을 화면 밖으로 떨어낸 것이다. 마이크로소프트가 반경쟁적anti-competitive으로 다른 기업의 창작물을 '빌린' 것에 대해 누가 뭐라고 생각하든, 당시 PC 시장을 지배하던 (자사의) 운영체제에 브라우저를 결합한 것이 사실상 웹의 발흥을 이끌었다.

이제 세상은 시장통이 되었다. 컴퓨터 사용 인구가 기하급수적으로 늘었고, 그들이 볼 수 있는 것도 기하급수적으로 확장되었다. 보고, 읽고, 살 거리에 대한 선택권이 무한한 듯 보였다. 내가 끝도 없이 많은 수도꼭지를 봤던 것처럼 말이다. 광고의 도움을 받으면 우리의 바람에 꼭 맞는 무언가를 찾을 수 있을 것이다. 한편 광고주들은 우리가 인터넷에서 무엇을 하는지 일일이 지켜보면서 우리가 '진짜' 원하는 것을 '제안'할 것이다.

뒤에서 설명할 것처럼 1998년에 시작된 인터넷 열풍에는 금융적 요인이 있었지만, 진정한 기술적 진보, 이제는 수백만 명이 사용하는 그래픽 브라우저의 도래가 주식 시장의 광기를 부채질한 것은 우연이라고 볼 수 없다.

웹은 꿀단지기도 했다. 인터넷의 초기 확산에 불을 지핀 것은 매혹적이고도 천박하게 팔락거리는 포르노의 손길이었다.

두 세기에 걸친 전쟁이 컴퓨터 발명의 계기였다면, 포르노에 대한 수요는 웹을 디지털 매체로 변신시키는 동력이었다. 발사기, 기관총,

스텔스 폭격기는 필요 없다. 우리에게 필요한 건 삽입, 혀와 손가락의 움직임을 모사하는 것이었다. 하지만 대역폭은 제한적이었다. 다운로드 속도는 느렸다. 네트워크는 텍스트와 작은 그래픽을 전송하도록 구축되어 있었다. 그래서 포르노 사이트들은 사진 서너 장이 순서대로 무한 반복되는 애니메이션 이미지를 만들어서, 웹사이트 인터페이스의 기술 저변을 넓혔다. 그들의 이미지는 뭐, '넣었다 뺐다'가 반복된다는 착시를 주기에는 그럭저럭 괜찮았다.

전 세계에 있는 수억 명의 인구가 더 생생한 정사 장면을 갈망하자, 포르노 사이트들은 대역폭을 더, 더, 더 늘리도록 앞장서는 세력이 되었다. 대역폭이 넓을수록 모든 사용자에게 더 뛰어난 시각물을 전달할 수 있었다. (광고주 입장에서) 더 좋은 광고를 올릴 수 있었고, (애걸하는 수백만을 위해) 더 실감 나는 포르노를 올릴 수 있었다. 이윤에 무심한 스타트업들과 달리, 포르노 업자들은 실제로 돈을 벌었다.

1998년 7월부터 10월까지, 나스닥의 상승세에 빨간 불이 켜졌다. 11주 동안 지수가 33퍼센트 떨어졌다.* 하락세는 기술주가 아니라, 롱텀 캐피털 매니지먼트Long-Term Capital Management라는 헤지펀드의 처참한 실패로 말미암은 것이었다. 금융적 요인은 복잡하지만, 이 펀드의 실패는 금융사들과 세계 시장이 제도적으로 붕괴할 조짐이었다. 바질

* 이 그래프는 기술주의 비정상적 호황과 불황의 전반적이고 극적인 변동을 보여준다. 그래프는 전체 시기의 등락을 표시했기 때문에 짧은 기간의 소소한 변동을 알아보기 힘들 수도 있다.—원주

에 따르면 미국 연방준비제도는 이 사태에 대응해 "시장에 유동성이 넘실대게 했다". 즉, 그들은 초저금리 대출을 허용했다.

분별력 있는 투자자들은, 연방준비가 현찰을 저렴하게 공급하면 주가가 오른다는 것을 안다. 금리가 그렇게 낮으면, 평소에는 비교적 안전한 투자처인 고정금리의 채권, 예금 계좌, 머니마켓펀드MMF로 돈이 몰릴 것이다. 달리 어디에서 돈을 벌겠는가? 주식 시장만이 답이다. 대중이 주식을 사기 위해 달려든다. 주식 수요가 커지면서 가치가 올라간다. 시장이 커진다. 따라서 연방 정부의 자금이 주식 투자의 위험을 낮춰준다. 이제 분별력 있는 투자자들이 기술 스타트업들에 위험하고 거대한 돈내기를 할 수 있게 됐다. "연방준비는 믿는 구석이 있었다"고 바질은 설명했다.

그리고 벤처 투자자들의 자금이 실제로 스타트업에 흘러 들어가면서, 이름이 닷컴으로 끝나기만 하면 어떤 회사든 돈을 받은 것 같았다. 2000년에 벤처 투자자들이 스타트업에 투자한 돈은 1050억 달러로, 그중 90퍼센트는 기술에 관련된, 그러나 이윤 창출 전망은 어두운 기업에 들어갔다.

대중에게 있어 주가가 33퍼센트 하락한 이 사태는 지금까지 기다려온 주식을 사들일 절호의 기회였다. 참으로 완벽한 폭풍우였다. 감 좋은 투자자들과 정보가 부족한 대중이 기술주라는 금광을 향해 동시에 질주했다. 나스닥은 가파르게 상승했고, 1998년부터 1999년까지 지수는 2배로 뛰었다.

1999년 10월, 닷컴 주식 열풍이 본격적으로 시작되었다. 1999년

10월 18일부터 2000년 3월 10일까지, 다섯 달도 안 되는 시간에 지수가 2500포인트 올라 2배 이상 폭등했다. 그 사이에 잠깐씩 하락세가 있다가도 무서운 상승세를 회복했다. 이 상승장의 수학적 형태는 포물선을 그리고 있었다고 바질은 설명했다.

이 열기는 더이상 새로 개발되는 인터넷 기술의 속성과 가치에서 기인하지 않았다. 브라우저 배치는 더이상 결정적인 요인이 아니었다. 개인 웹 페이지들이 범람해서 인터넷 주식의 가치가 올라가는 것이 아니었다. 인터넷에 관한 이야기가 광기를 이끌었다. 팀 버너스리가 두려워했던 것처럼, 인터넷은 즐거운 컴퓨터 기술이 아니라 주식 시장의 종목이 되었다. 나스닥은 시장 자체에 반응하기 시작했다. 주가가 오르면, 불붙은 시장에 뛰어들고 싶어 하는 사람들이 주식을 사고, 매수

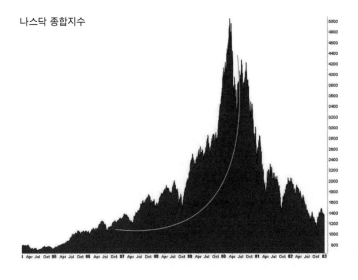

나스닥 종합지수

// 코드와 살아가기

에 대한 압박으로 주가가 또 오른다. 그러면 한몫을 챙기고 싶어하는 사람들이 늘어난다. 주가가 다시 또 오른다. 사람들의 매수와 가격 상승의 반복이다. 정신을 차린 투자자들은 이 반복적 행태가 영원할 수 없음을 깨달았다.

물론 여전히 주식을 사들이는 내부 투자자들이 있었다. 그러나 이 시점에서 나스닥이 정점을 찍을 때까지 매수세를 이어간 쪽은 세상 물정 모르는 대중이었다. 그날은 2000년 3월 10일이었다. 후발 주자들은 부자가 된다는 꿈에 홀린 이들, 급여와 저축, 퇴직금 일부를 투자한 뭘 모르는 이들이었다. 순진한 대중이 광기 어린 시장에 꼴찌로 뛰어들었다. 그들은 기술주가 상승세라는 소리를 듣고 주식을 산다. 이들의 매수는 상승세를 유지하기 위한 필수 항목이다. 닷컴 버블에서 정보가 부족한 투자자들은 대공황 시절의 그 유명한 구두닦이 소년들과 마찬가지였다. '구두닦이 소년들까지 주식을 산다'는 말에서, "소년들"은 1929년에 시장 붕괴를 코앞에 두고 돈에 눈이 멀어 몰려들었던 대중을 가리킨다.

———

바야흐로 2000년, 마침내 시장이 무너졌다. 하지만 주가가 폭락하는 와중에도 저가 매수의 신화는 이어졌다. 하락 폭이 좀 더 클 뿐인 것 같다. 본격적인 투자자와 대중 모두 다시 한번 기술주 매수에 총력을 다했다. 나스닥 지수는 30퍼센트 정도 반등했다가 다시 살짝 떨어졌고, 또다시 올라갔다(2000년 컴퓨터·자유·개인정보 학회 중 있었던 바로 그 하락과 반등이다). 이제 지수 차트는 언덕 꼭대기에 자리한 대성당 같았고, 언덕 밑으로도 첨탑 2개가 하늘 높이 솟아 있었다. 세 번째 첨탑이 끝이었다. 그때부터 지수는 쭉쭉 떨어졌다. 바질이 말한 '떨어지는 칼날'이 바로 이거였다. 주가가 다시 오르리라고 믿더라도, 두둠한 돈방석에 올라앉는 꿈을 꾸더라도, 이제는 뛰어들어서 매수하면 안 된다. "매도 압박이 무시무시해. 하강 기류가 탐욕스러운 손을 찍어 내릴 거야." 바질은 말했다. 포물선이 꺾였다. "곡선이 꺾이면 넌 죽는 거야."

할인 행사는 끝났다. 새로운 기술 자본주의는 없는 것으로 밝혀졌다. 가격이 떨어진 기술주는 무조건 사고, 수익률은 신경 쓰지 말라는 주식 시장의 두 서사가 거짓으로 드러났다. "신념체계가 무너졌다"고 바질은 말했다. 2002년 10월 10일까지 지수는 계속 떨어졌고, 그 시점에서 지수는 정점으로부터 4000포인트 이상, 내지는 78퍼센트가량 떨어졌다.

나는 이 닷컴 버블이, 부에 눈이 먼 대중의 재산이 광풍 단계에서 주식을 팔아 치운 벤처 자본가들과 젊은 남성들(그렇다, 남성들)에게로 대거 이전된 사건이었다고 본다. 영리한 벤처 자본가들은 주식을 대중에게 팔고 현금화해 재산을 불렸다. 물론 너무 늦게 팔아서 돈을 많이 잃은 자본가들도 있다. 그러나 그 자본가와 투자자들은 그 정도의 손실을 감수할 수 있는 부유한 개인인 것으로 추정된다. 어쨌든 그들은 위험을 알고 있었거나, 알았어야 했다. 수많은 스타트업 설립자와 직원이 스톡옵션이 쓸모없음을 알았다. 하지만 그들 중 소수는 처음부터 자신의 돈을 직접 투자했다. 스타트업에서 일하는 동안 급여를 두둑하게 받은 그들이 잃어버린 것은 돈이 아니라 부자가 된다는 꿈이었다. 정말로 삶이 송두리째 무너진 쪽은 중산층, 결국은 서민층이 된 이들이었다. 그들은 상승 포물선 막바지에 기술주의 부름을 받고, 우리 아버지가 내게 경고했던 덫에 빠져들었다. 그들은 감당할 수 없는 수준의 손실을 보았다.

2002년. 소마는 어두워졌다. 오가닉스, 살롱 같은 일부 스타트업은 살아남았지만, 다른 개발자와 기업가들은 사우스파크에서 자취를 감췄다. 더이상 광고 노출과 수입원에 대해 소리치는 전화 통화를 주워들을 수 없었다. 타원형 공원 주변에 있던 레스토랑 에코는 문을 닫았다. 그 길 건너에 있는 사우스파크 카페는 더이상 점심 메뉴를 제공하지 않는다. 흰 식탁보, 상세르와 보르도 와인, 농어 요리와 꽃 모양으로 자른 당근 조각이 장식된 스테이크는 사라졌다. 공원 내리막길에서 종이봉투 안에 술을 넣어놓고 마시던 흑인 남자들은 여전히 피크닉 테이블을 차지하고 있다. 요가를 하던 노숙자 남자는 다시는 돌아오지 않았다.

2번가가 끝나는 사우스비치에 자이언츠 야구 공원이 새로 생기지 않았다면, 소마는 다시 고립되어 버려졌을지 모른다. 맥주와 햄버거, 핫도그를 파는 식당들이 새로 생겼다. 식탁보는 없었다. 일곱 달에 걸친 기나긴 야구 시즌 동안, 자이언츠의 검은색과 주황색 유니폼을 입은 관중이 마켓가에서 킹가까지 행진을 하고 돌아왔다. 공장에서 노역을 하던 중국인 여성들, 그 여성들의 자리를 대신한 개발자들이 걷던 길을 이제는 관중들이 따라갔다. 밤새 팬들의 경적소리가 들려온다(자이언츠가 이겼다). 이윽고 술 취한 낙오자들이 울부짖는다. 다리를 향하는 자동차들의 엔진 소리가 구시렁거리듯 들려온다. 술 취한 운전자들이 서로 나가 뒈지라고 아우성친다.

나는 빨간 수염 씨와 그의 동료들, 그들의 조명과 차량 통행을 막기 위해 세우던 원뿔들을 생각한다. 그들은 비밀의 맨홀 안으로 내려가던 낮과 밤을 기억할까? 빨간 수염 씨는 안경잡이 아가씨를 아직 생각할까?

이제 비밀의 맨홀을 열고 내려가는 사람은 없다. 그럴 필요가 없다. 닷컴 버블 기간에 깔린 광섬유 케이블의 절반이 한 번도 쓰이지 못했기 때문이다.

3부

인공 생명

포스트휴먼 개발하기
컴퓨터과학이 다시 정의하는 '생명'

2002년

살다 보면 SF 소설이 실제 과학으로 변모하는 절묘한 순간을 목격하는 기분이 들 때가 있다. 컴퓨터와 대화하게 해주는 음성 인식 소프트웨어가 나왔다거나 우주여행에 한 발 더 다가간다거나 하는 얘기가 아니라, 추측에 근거해서 쓴 문학에서 오랫동안 이어져온 거대한 수수께끼가 갑자기 현실의 문제로 불거지는 순간이 있다는 말이다. 최고의 난제는 아마도, 인간과 로봇을 구별하는 게 아닐까 한다. 우리를 기계로부터 차별화하는 요소가 있다면, 그건 뭘까?

대표적으로 아이작 아시모프Isaac Asimov가 1946년에 「증거Evidence」라는 단편을 통해 이 주제를 다뤘다. 이 작품의 배경은, 인간과 비슷한 로봇을 사용하는 것이 금지된 미래 사회다. 인간과 똑같은 외형에 능력이 더 뛰어난 인공지능 기계가 세계를 점령할지 모른다는 두려움 때문이었다. 그 세상에서 스티븐 바이얼리라는 남자가 최초의 '세계 조정자'가 된다. 그러나 여러 해가 지나도 그가 인간이 맞는지는 의문으로 남아 있었다.

"그리고 위대한 바이얼리는 그냥 로봇이었습니다."
"그걸 알아낼 길은 전혀 없지요. 저는 로봇이 맞았다고 생각합니다. 하지만 그는 죽기로 선택했고 스스로를 원자화했기 때문에 법적인 증거는 어디에도 없을 것입니다. 그리고 무슨 차이가 있겠습니까?"

무슨 차이가 있을까? 아시모프의 단편이 나오고 56년이 지난 2002년 1월에 컴퓨터과학자, 암호 기술자, 수학자, 인지 과학자들이 모인 '최초의 인간 상호작용 입증 워크숍'이 열렸다. 이들의 목표는 '컴퓨터와 인간을 구별하기 위한 완전 자동식 확률적 공공 튜링 테스트*Completely Automated Probabilistic Public Turing Test to Tell Computers and Humans Apart'를 개발하는 것이었다. 줄여서 '캡차CAPTCHA'라는 기술이다.

아시모프의 단편에서 인간과 로봇을 구별하는 것은 세계사적으로 중대한 문제이자 인간의 존엄성과 가치가 걸린 문제였지만, 그 워크숍에 참가한 과학자들이 당면한 표면상의 문제는 소프트웨어 로봇 내지는 '봇'이 대화방에 침입하거나 스팸 메일을 투척하지 못하게 하는 자동 기술을 개발하는 것으로, 그다지 중대한 사안은 아니었다. 그러나

---

* 튜링 테스트란 기계가 지능을 갖췄는지 판별하는 시험이다. 영국의 수학자 앨런 튜링이 처음 제안했다.

그들의 작업은 상업적 수요에 부응하는 것 이상의 영향력을 지녔다. 우리는 전자 기술을 통한 소통에 의존하게 되었다. 이제 컴퓨터를 통하지 않고 교류하는 미래를 그릴 수 없다. 그래서 우리가 당면한 문제는, 아시모프가 상상한 세계 속 주민들이 처했던 문제만큼이나 심각해졌다. 이들의 문제가 이제 우리의 문제다. 우리는 인간과 기계를 어떻게 구별할 수 있을까?

여기에서 흥미로운 건, 이 문제를 우리 인간들이 자초했다는 것이다. 호모파베르, 즉 '도구를 만드는 존재'라는 인간의 중요한 속성에서 기인한 문제다. 로봇의 존재를 상상해온 우리가 그 로봇들을 창조해내고 나니, 마치 우리가 로봇을 개발하고 지능을 힘닿는 데까지 부여해주도록 강요당하는 기분이다. 어쩔 수 없는 일이다. 유용한 사물을 만드는 것이 인간의 천성이다. 우리는 도전을 멈출 수 없다. 똑똑한 도구를 창조해서 그 도구들이 우리를 앞지르고, 결정적으로 더 이상 '우리의 것'이 아니게 되는 날이 얼마나 남았을까?

그 도전의 기저는, 삶의 거대한 목표에서 인간의 역할을 바라보는 과학적 관점에 철학적 변화가 생긴 것이었다. 로봇 공학과 인공 생명 연구자들은 사람 목숨의 '특수성'에 대놓고 의문을 던진다. 우리가 아는 지구에서의 삶은 그저 여러 '가능성 있는 생명 활동' 중 하나일 뿐이며, 우리의 인간 숭배는 편견이라고('인간 우월주의') 보는 이들도 있다. MIT 인공지능 연구소 소장 로드니 브룩스Rodney Brooks에 따르면, 진화라는 개념은 인류를 진화한 동물이라고 정의함으로써, 우리가 다른 생물들과는 다른 특별한 존재라는 발상에 종지부를 찍었다. 그리고 지각이 있는 기계를 창조하기 위해 노력하는 로봇 공학 분야는 우리가 무생물계와는 다른 특별한 존재라는 발상에 종지부를 찍으려 하고 있다. 지대한 겸손함(우리가 바위나 유인원보다 나을 것이 없다) 또는 충격적인 오만함(우리는 신이나 자연이 지닌 진화의 힘을 빌리지 않고 생명을 창조할 수 있다)이 반영될 수 있는 관점에서, 컴퓨터과학은 '포스트휴먼posthuman'이라는 것에 대한 논쟁을 시작했다. 여기에서 포스트휴먼이란 인간의 능력을 뛰어넘는, 지각이 있는 비생물 독립체다.

이 개념에 따르면, 포스트휴먼이 생각하는 속도는 인간만이 지닌 신경계의 느린 속도에 국한되지 않는다. 탄소 기반 생명체의 지저분한 습식 화학에 구속되지 않고, 진화의 압박에서도 벗어난 포스트휴먼은 우리의 능력을 초월하도록 의식적으로 설계될 수 있다. 기억력은 사실상 무한하다. 물리적 힘에도 한계가 없다. 그리고 세포 노화에서 자유로워 영원히 살 수 있을 것이다. 슈퍼맨("보통 인간보다 월등히 강한 힘을 가진 인간") 이야기가 아닌가 싶다면, SF가 과학이 된 순간들을 떠올려보자.

2000년 4월 1일, 스탠퍼드 대학교 강의실에서 있었던 일이다. 『괴델, 에셔, 바흐Gödel, Escher, Bach』라는 저서로 유명한 컴퓨터과학자 더글러스 호프스태터Douglas Hofstadter는 로봇 연구자, 공학자, 컴퓨터과학자, 기술 전문가들을 모아놓고 이런 질문을 던졌다. "2100년에는 영적인 로봇이 인간성을 대체할까?"

호프스태터는 여기 모인 사람 중 "비관론자는 없애기로 했다"는 심술궂은 말로 말문을 열었다. 그는 자신의 요지를 전달하기 위해 한 만화를 보여줬다. 육지에 생명이 존재할 수 있다는 것은 말도 안 된다고 생각하는 물고기가 등장한다(개굴, 개굴, 개구리 소리가 났다). "기질$_{基質}$의 변화를 통해 생명이 나오는 것보다 불활성화된 물질에서 생명이 나오는 것이 더 놀라운 일입니다." 그는 말했다. 탄소가 아닌 실리콘 같은 다른 물질로 기반이 바뀌는 과정보다, 죽은 분자에서 생명이 탄생할 수 있다는 점이 더 놀랍다는 뜻이다. 호프스태터는 미래를 내다보며, 과거에 향수나 미련을 두지 않고 말했다. "그 미래에도 인간이 있을지 궁금합니다."

그 강의실에는 불이라도 나면 어쩌나 싶을 만큼 사람들이 빼곡히 차 있었다. 사람들은 문을 세게 밀고, 벽에 기대어 서고, 강의실의 경사진 2층 좌석 계단과 복도에 앉고, 2층 난간에 위험하게 걸터앉았다. 젊은이와 늙은이, 학생과 실리콘밸리 컴퓨터 업계 전문가로 구성된 청중은 조용히 앉아 몸을 앞으로 내민 채 우글거리는 사람들, 열기, 투덜거리며 마이크 사용을 거부한다는 더글라스 호프스태터의 결정을 참아내고 있었다. 2층에서도 높이 올라온 뒷줄에 앉은 내게, 이 장면은 의료계에 해부가 처음 도입된 시절을 묘사한 회화 작품처럼 보였다. 눈 아래 펼쳐진 수술실에서 남자들이 배를 가른 시체를 둘러싸고 바라보는 것이다. 그날 스탠퍼드에는, 기존 과학계에서 금기시되었던 어떤 한계선을 넘어간 것 같은 느낌이 있었다. 지금까지 도구를 만들면서 인류에게 기여한다는 그럴싸한 평가를 받아왔던 컴퓨터과학이, 이제 또 다른 목표를 세우고 있었다. 우리를 능가하고, 어쩌면 지배할, 지각과 지능과 생명을 갖춘 '영적' 비생물 존재를 만드는 것이 목표다.

컴퓨터과학이 기계를 계승하는 자손을 만들기 직전까지 온 것 같다는 인상을 준 것은 이번이 처음이 아니었다. 내가 젊은 개발자였던 1970년대 말부터 1980년대 초까지, 컴퓨터과학 분야의 실무자들은 당시 '인공지능'이라 불렸던 지능을 갖춘 컴퓨터 완성이 코앞에 있다고 믿었었다. 당시 인공지능은 어마어마한 기대를 처참하게 짓밟았지만, 그 분야를 둘러싼 논쟁은 흥미로웠다. 그때 나는 어려운 일을 많이 하는 개발자였고, 많은 동료가 그랬듯 인공지능을 통해 인문학 분야가 기존에 품어온 의문들을 탐구할 기회를 보았다. 우리는 무엇인가? 무엇이 인간을 지능적으로 만드는가? 의식, 지식, 학습이란 무엇인가? 이런 것들이 기계에서 어떻게 구현될 수 있으며, 그렇게 구현된 형상에서 우리는 우리 자신에 대해 무엇을 배울 것인가? 신의 존재를 믿지 않는 세속적 사회에서 우리를 살아가게 하는 것이 무엇인가, 하는 질문에 답하기 위한 다른 무언가를 우리는 찾고 있었다. 그 '다른 무언가'는 포스트모던 철학 탐구의 원동력인 사이버네틱cybernetic* 지능에 관한 연구로 나타났다.

이런 이유로 포스트휴먼에 대한 질문은 탐구할 가치가 있다. 우리가 2100년까지 '영적 로봇'을 개발할 수 있건 없건, 포스트휴먼, 즉 '차세대' 인간이 무엇인지 묻는 데 있어 우리는 인간이 무엇인지부터 질문해야만 한다. 뒤이은 논쟁은 한때 철학과 종교가 품었던 질문을 던지고 있으며, 그때와 마찬가지로 유구하고도 고질적인 혼란을 일으킨다.

---

* 기계나 살아 있는 생물체에서의 커뮤니케이션과 통제체계에 관한 연구.

엔지니어들이 인공 생명의 형태에 대해 주고받는 질문들을 여러 해 동안 들으면서, 나는 늘 내면의 어떤 고집을 마주했다. 세상에 퍼지고 있는 '삶'의 정의에 대한 집요한 반항이었다. 내게는 그 정의가 너무 기계론적이고, 너무 환원주의적이었다. 신이나 영혼이나 도를 믿는 건 아니지만, 스탠퍼드 대학교 강의실 2층 높다란 좌석에 앉아서 지각이 있는 존재를 창조하는 방향에 대한 사이버네틱스 학자들의 주장을 듣고 있자니 '그건 아니잖아, 우리가 그냥 기계 장치야? 당신은 놓친 게 있어, 다른 게, 뭔가가 더 있다고' 하는 불평이 절로 나왔다. 그리고 나는 자문했다. 뭐가 더 있는 걸까?

지난 반세기 동안, "인간이란 무엇인가?"라는 질문에 사이버네틱스 학자들은 세 가지 답을 내놓았다. 그들의 논의 결과에 따르면 우리는 (1) 컴퓨터, (2) 개미, (3) 우연한 사건이다.

인간의 지각력과 컴퓨터를 동일시하는 관념이 최초로 등장한 것은 컴퓨터 발명 직후였다. 흔히 최초의 디지털 컴퓨터라고 불리는 에니악ENIAC이 개발된 지 불과 4년만인 1950년에, 수학자 앨런 튜링Alan Turing은 디지털 기계가 생각할 수 있다는 유명한 제안을 내놓았다. 그리고 컴퓨터가 보편적으로 사용되기 시작한 1960년대에, 인간의 뇌를 정보 처리 장치라고 보는 견해가 이미 확고히 자리 잡혀 있었다.

생각해보면 이상한 관점이다. 에니악은 포탄의 궤도를 산출하는 거대한 계산기로 쓰려고 구상한 기계였다. 컴퓨터는 인간이 잘 못하는 일을 잘하고(지루한 계산, 숫자와 글자 목록 정확하게 기억하기), 인간이 잘하는 일은 잘 못하는(직관적 사고, 예리한 통찰력, 정신, 신체, 감정 상태들의 복잡한 상호작용을 수반하는 반응) 보완적 역할을 했었다. 1969년까지도 컴퓨터는 블록과 글자, 특수문자만 표시할 수 있는 화면이 달린, 열을 뿜어내는 거대한 물체였다. 그러나 컴퓨터과학자이자 노벨 경제학상 수상자인 허버트 사이먼Herbert Simon은 컴퓨터와 인간을 동족으로 분류하는 과감함을 보였다. "컴퓨터는 기호 체계라고 불리는 중요한 인공물 가족의 구성원이다. …… 이 가족의 중요한 구성원이 또 있다면 바로 (어떤 이들은 인간적인 관점에서 **가장** 중요한 생명체라고 보는) 인간의 마음과 뇌다." 사이먼은 계속해서 '컴퓨터가 어느 정도 인간의 형상으로 구조화되어 있다면'이라고 상정했는데, 그 '만약'에 대해 이의를 제기하지는 않았다. 불과 25년 만에, 우리의 분신(인간이라면 실수를 할 수밖에 없는 세계에서 정확하게 작동하는 비인간) 역할을 하도록 설계된 기계는 인간의 지능과 아주 유사한, 인간의 형상으로 변모했다.

허버트 사이먼은 동료인 앨런 뉴얼Allen Newell과 함께 인공지능 분야를 개척했다. 이제는 사이먼이 1969년에 쓴 획기적인 저서 『인공 과학The Sciences of the Artificial』을 꼼꼼히 읽어볼 시간이다. 이 책을 보면 컴퓨터가 인류의 본보기가 되는 현상에 대한 기이한 이유가 어디에서 유래했는지 알 수 있다.

사이먼은 자연과 인공 세계의 차이가 무엇인가 하는 언뜻 명백해 보이는 주제부터 논의하기 시작한다. 자연물은 존재할 수 있는 정당한 이유를 가진다고 그는 쓴다. 자연의 '법칙'은 거스를 수 없는 것들을 결정한다. 반면 인공물은 인간의 손으로 설계되거나 구성된다. "공학자, 더 광범위하게 설계자는 무엇이 어떻게 존재해야 하는지 관여한다. **목표를 달성**하고 **기능을 수행**하려면 어떤 식으로 존재해야 하는지 결정하는 것이다."

인공물에 대한 사이먼의 정의는 더 복잡해진다. 그는 인공물을 그자체로서가 아닌 접점으로서 설명한다. 인공물은 "인공물 자체의 실체와 구조, 그리고 그 인공물이 작동하는 주변의 '외부' 환경 사이의 상호작용"이다. 이렇게 생각하면 인공물은 그 자체로 존재하는 것이 아니라, 자신의 물질적 실체와 세상 속에서의 존재감을 중재하는 무형의 추상적 과정이다.

타당한 생각이다. 돌멩이 하나가 움직이는 것도 움직이는 주변 환경에 대한 반응이다. 그러나 사이먼의 논증은 기이하게 흘러간다. 그는 이렇게 말한다. "인공물을 보는 이런 관점은 인간이 만들지 않은 많은 것에도 똑같이 적용된다. 사실 어떤 상황에 맞게 개조됐다고 볼 수 있는 모든 것에 적용된다. 특히 생물 진화의 힘을 통해 진화해온 생명 체계에 적용된다." 즉 모든 생명체, 나아가 우리에게도 적용된다.

사이먼의 책 6쪽에는 '자연' 영역에서 인간이 지워졌다고 쓰여 있다. 진화에 적응한 산물이라는 관점에서 우리는 무의미한 인공물, 우리 환경과의 접점, 자연적인 선택 과정에서 조작된 '체계'가 되어왔다는 것이다. 가히 놀라운 반전이다. 이 구절이 제안하는 것은 인공 생명을 만드는 가능성이 아니라, 생명 자체가 인공물이라는 새로운 정의다.

인간의 생명이 설계와 조작으로 탄생한 인공물이라는 정의를 받아들이고 나면, 인간에 대한 올바른 연구는 기계와 같은 조작된 물체에 대한 연구라고 말할 수도 있게 된다. 사실 사이먼의 주장도 컴퓨터 자체를 연구 대상, 생명 체계의 현상으로 만들자는 것이다. "이제 세상에 이런 장비[컴퓨터]가 많고, 그 장비를 형성하는 속성이 인간의 중추 신경계에도 존재하는 것으로 보이는 마당에, 그 장비의 자연사를 전개하지 않을 이유가 없다. 우리는 토끼나 다람쥐를 연구하듯 컴퓨터가 다양한 환경 자극에서 어떤 패턴에 따라 행동하는지 발견할 수 있다." 그는 인간이 만든 이 기계에 대해 혀를 내두르면서, 이것이 우리 고유의 정체성이라고 선포한다. 그러면서 우리의 정체가 무엇인지, 어떤 존재인지 배우려면…… 기계를 연구해야 한다고 조언한다.

인간은 마음은 컴퓨터와 비슷하니, 마음에 대해 배우려면 컴퓨터를 배우라는 것이다. 이렇게 돌고 도는 그의 발상은 수십 년 동안 컴퓨터와 인지 과학에 관한 사고에 영향을 미쳐왔다. 그 예로, 인공지능 분야의 거물 마빈 민스키Marvin Minsky는 기계가 생각할 수 있냐는 질문에 유명한 답을 남겼다. "물론 기계는 생각할 수 있습니다. 우리는 생각할 수 있고, 우리는 '고깃덩어리 기계'입니다." 인지 과학자 대니얼 대닛Daniel Dennett의 저서 『설명된 의식Consciousness Explained』은 인간의 지각력과 컴퓨터의 융합에 관한 생각으로 가득 차 있다. "뇌와 비슷한 하드웨어에서 실행되는 가상의 기계에서, 무엇을 '프로그램'이라고 간주할 수 있나? …… 수백만 개의 신경 연결 강도로 이루어진 이 프로그램들은 인간 뇌의 컴퓨터에 어떻게 설치될까?" 이와 관련해 커즈와일 음악 신시사이저synthesizer와 시각 장애인을 위한 읽기 시스템을 고안한 레이 커즈와일Ray Kurzweil은 극단적인 예측을 했다. 커즈와일은 컴퓨터 프로그래밍 언어로 구성된 거의 모든 것에서 '영적 로봇'의 출현을 본다. 이 로봇의 메모리는 '마음 파일'이고, 이 파일을 스캔하고 실리콘 부속품에 '다운로드'해서 기본 '알고리듬'을 분석한다. 이 로봇은 커즈와일이 '아주 비효율적인 프로그래머'라고 일컫는 자연적 진화의 도움을 전혀 받지 않고 인간 원본의 '백업 사본'을 만든다.

지각력이 장착된 기계를 창조한다는 순진한 장밋빛 낙천주의는 쇠락했지만 그가 생각하는 인간 지능 모델의 한계는 명명백백히 드러나지 않았다. 인공지능 연구자들은 컴퓨터를 인간 사고의 모델로 설정하면서도 '이성적 사고'라는 인간 마음의 작은 일부분만을 다루고 있었다. 이들은 본질적으로, 신피질neocortex(원칙 기반의 의식적인 사고)을 모방하면서 이 속성이 지능의 본질이라고 선언하고 있었다.

인공지능은 원칙 기반의 사고에 의존하는 프로그램 개발, 석유 탐사나 체스 게임*처럼 지엽적이고 구체적인 전문 영역의 코드를 짜는 이른바 전문가 시스템 구축에 성공했다. 그러나 인공지능을 초기에 비판

---

* 1997년에 가리 카스파로프와 IBM 딥블루Deep Blue 프로그램이 1996년에 이어 두 번째로 체스 경기를 벌인 결과, 딥블루가 승리를 차지했다. 이 대국을 지켜본 이들은 그 승리에서 우리가 지각력과 결부 짓는 어떤 존재를 인공지능 프로그램이 만들어낼 수 있다는 증거를 보았다. "카스파로프는 기계에서 마음의 신호들을 보았다고 했다." 저명한 로봇공학 전문가 한스 모라벡은 말했다. 실제로 경기에서, 우연이 쌓이고 쌓여 폭발하는 바람에 딥블루가 기계답지 못하게 경기를 진행했다고 카스파로프는 당시 이야기했다. 그래서 카스파로프는 그 '마음'의 전략을 찾기 위해 접근 방식을 조정했지만, 그 마음은 다시 모습을 드러내지 않았다. 덕분에 그는 경기에 흥미를 잃고 제 실력을 발휘하지 못했다. 하지만 딥블루가 지각력을 가진 건 아니다. 인간인 그가 기계에 지각력을 투영해놓고 당황했던 것이다.—원주

한 휴버트 드레이퍼스Hubert Dreyfus가 지적했던 것처럼, 그 외의 분야에서 인공지능이 보여주는 결과물은 실망스러웠다. 시스템에는 존재와 의식이 없었고, "여섯 살배기 아이만큼의 유연성을 갖춘 시스템의 실마리도 만들어내지 못하는 충격적인 실패작"이었다.

그래도 인간을 컴퓨터로 보는 발상은 사라지지 않았다. 컴퓨터과학 분야에서도 논란이 되었지만, 가장 골치 아픈 발상은 자연과학에서 나왔다. 로드니 브룩스는 『네이처』에 실린 논문에서, "생명체는 생화학 물질을 부품으로 하는 기계라고 보는 것이 현재의 과학적 관점"이라고 말했다. 심리학자 스티븐 핑커는 『마음은 어떻게 작동하는가 How the Mind Works』라는 명저의 첫 장에 인간을 이해하는 문제는 "로봇 제작을 위한 설계 사양인 동시에 심리학의 소재"라고 썼다. 이 관점은 의외의 장소에서 나타난다. 예를 들어 버클리에서 다람쥐의 행동을 연구하는 심리학 교수 루시아 제이콥스는 나에게 이메일로 이렇게 이야기했다. "저는 생태학자고 컴퓨터, 시뮬레이션, 프로그래밍, 수학 개념이나 논리학에 대해서는 전혀 아는 게 없습니다. 하지만 제 연구가 저를 이 분야들의 한복판으로 밀어넣네요."

허버트 사이먼의 관점이 한 바퀴를 돌아 다시 돌아왔다. 이제 기계 시뮬레이션을 다람쥐 연구하듯 연구하는 것이 과학계의 표준 관행으로 자리 잡았다. 제이콥스는 자신의 로봇 생명체 관련 연구에 대해 이렇게 썼다. "요약하자면, 로봇부터 인간의 논증까지의 공간 탐색에 대한 중요한 관점이 구체화되고 있는 것 같습니다. 굉장한 일이죠." 심리학, 인지 과학은(사실은 생물학도) 본질적으로는 사이버네틱스의 갈래가 되어가고 있다.

그러나 인간 생물학을 사이버네틱으로만 바라보는 관점이 무한정 지속될 수는 없다. 2001년 2월에 미국 정부가 투자한 인간 유전체 프로젝트Human Genome Project와 민간 기업 셀레라 제노믹스Celera Genomics 는 인간 유전체의 염기 서열을 모두 읽어내는 데 성공했다고 발표했다. 그들의 연구 결과는 과학적 관점에서 충격 그 자체였다. "인간이 지닌 유전체는 예상보다 훨씬 수가 적은 것으로 드러났습니다. 현재 교과서에 10만 개라고 실려 있는 것과 달리 3만 개 정도에 불과했습니다." 인간 유전체 프로젝트를 지휘한 에릭 랜더Eric Lander 박사는 말했다. "이 연구 결과는 인간에게 겸손하라는 교훈을 줍니다. 우리가 가진 유전체는 초파리나 애벌레보다 두 배 많을 뿐입니다. 체면이 말이 아니죠." 유전체 하나가 단백질 하나를 만들고(뒤뚱뒤뚱) 기계가 단백질을 모두 처리해서 한 명의 인간을 완성한다.

인간의 신체가 복잡하고 정신이 존재하는 이유를 설명할 다른 길을 연구자들이 찾고 있다고 랜더는 말했다. 단백질이 접히는 방식에 따라 복잡성이 결정되는지도 모른다. 단백질 일부가 여러 역할을 한꺼번에 수행하는지도 모른다. 유전체 일부가 '표현'되지 않았고, 어떤 환경에서는 기능하지 않는지도 모른다. 유전체들의 관계, 상호작용하는 유전체들이 얽힌 상태에 대해 밝혀지지 않은 진실이 있어서, 물질의 본성 자체를 향해 우리를 영원히 끌고 갈지도 모른다. 하지만 분명한 사실이 하나 있다. DNA는 '코드'가 아니다. 이제 우리는 인간의 유전체 염기 서열을 모두 파악했으니, 말 그대로 DNA의 코드를 '해석decode'해

　　　　　　　　　　　　　　// 코드와 살아가기

서 그 코드가 지닌 프로그래밍 능력을 파헤친 셈이다.

대뇌 피질의 '고차원적 기능'을 본떠 지능을 만드는 데 실패한 사이버네틱스 학자들이 다음 모델로 삼은 생명체는 대뇌 피질이 아예 없는 개미였다. 개미에게서 인간 지능을 찾는다는 것은 이상한 소리처럼 들린다. 개미는 보통 명석한 생물로 통하지 않는다. 하지만 연구 모델로서 개미를 택하는 데는 인간의 뇌 연구와 비교해 크나큰 장점이 있다. 설계자의 감시 없이도 명백하게 복잡한 결과물을 완성하는 방법을 알아낼 수 있는 것이다. 멍청한 개미들이 모여서 복잡한 개미 군집을 만들어낸다. 신과 철학 같은 어려운 문제를 끊임없이 생각하지 않고도 조직적으로 지적 능력을 발휘하는 예인 것이다.

이번에도 이 핵심 개념의 출처는 허버트 사이먼이 아닐까 싶다. 그는 저서 『인공 과학』 3장을 시작하면서 개미 한 마리가 해변을 지나가는 법을 설명한다.

우리는 바람이 불고 파도가 치는 바닷가를 힘겹게 지나가는 개미 한 마리를 관찰한다. 개미는 앞으로 나아가면서, 오른쪽으로 비스듬히 움직여서 가파른 모래 언덕을 수월하게 올라가고, 자갈밭을 피해 돌아가고, 잠깐 멈춰 서서 동료와 정보를 나눈다. 개미는 그렇게 요리조리 움직이며 집으로 돌아간다. 그래서 개미의 의도를 의인화하지 않기 위해, 나는 종이에 개미의 여정을 그려보았다. 이 여정에는 불규칙적이고 각진 영역들이 배열되어 있었다. 개미는 무작위로 걸어 다니는 것이 아니라, 목표 지점을 향해 기본적인 방향 감각을 가지고 전진하고 있었다.

나는 친구에게 이 여정을 보여주었다. 정체가 무엇인지는 알려주지 않았다. 누가 지나간 길이야? 스키 선수가 가파르고 바위가 많은 경사에서 활강한 궤도 같기도 하고, 섬과 모래톱이 군데군데 있는 물길에서 범선이 바람을 거슬러 움직인 항로 같기도 하다. 어떤 학생이 기하학 정리의 증거를 찾는 과정을 보여주는 추상적 공간상의 여정일 수도 있다.

개미는 복잡한 기하학적 자취를 남겼다. 왜일까? 그 개미가 이 기하학적 형태를 설계한 건 아니다. 사이먼의 혁명적인 발상은 단순한 '반응 조직'으로 간주되는 개미가 아니라, 개미가 주변 환경과 가지는 상호작용에서 복잡성이 비롯된다고 보는 것이었다. 이 상호작용은 복잡한 자갈밭과 모래밭이라는 난관을 마주한 개미의 단순하고 무의식적인 반작용 속의 부차적 사건 안에서 발생한다. 뒤이어 사이먼은, 앞으로 사이버네틱스 역사에 길이 영감을 주게 될 선언을 한다.

이 장에서는 이 가설을 살펴보면서, '개미' 대신 '인간'이라는 단어를 쓰고자 한다.

이 말과 함께 사이먼이 제시하는 관념은 이후 수십 년 동안 로봇 공학과 인공 생명을 다루는 문헌에 파문을 일으킨다. 이 주제에 관련해 개미 또는 벌, 흰개미, 벌떼 등 곤충 중 하나를 예로 들지 않은 글을 읽거나 연구자의 이야기를 듣는 일은 불가능에 가까워졌다. 훗날 '개미 발상'을 이용한 사람들이 사이먼의 생각에서 큰 영향을 받았는지는 확실치 않다. 그들은 개미들이 동종 페로몬을 주고받으면서 가지는 저차원적이고 바보 같은 여러 상호작용에 초점을 맞춰서, 개미 각각이 주변 환경과 상호작용할 때 겪는 어려움은 무시했다. 그렇지만 사이먼의 발언이 농축된 연구 방식은 지속적인 모형이 되었다. 사회나 제도 안에서 개별 참가자들이 평소와 다름없이 활동할 때 자연스럽게 이루어지는 조직적 복잡성을 연구하는 모형으로 말이다.

'창발emergence'이라고 알려진 이 현상은 근원적이고 단순한 상호작용들만 관찰해서는 예측할 수 없는 결과를 만들어낸다. 창발은 '복잡성 이론', '카오스 이론', '세포 자동자' 등의 핵심 개념이다. 생명의 속성을 떠는 소프트웨어 제작을 다루는 '인공 생명'과 로봇 공학 분야의 토대를 이루는 개념이기도 하다. '창발' 개념을 연구하는 이들은, 지엽적인 것에서 출발해 전체를 완성하는 상향식으로 지능을 창조하고자 한다. 뇌를 하나의 전체로 보는 이론에 기반하지 않고 육체의 가장 낮은 수준에서 출발하는 것이다. 저차원의 원자적 상호작용의 수를 충분히 구축하면('자동자automata') 결과적으로 지능이 출현할 것이라는 발상인 것 같다. 개미 군집을 생각하면 그렇다.

이 관점에 따르면 지각력은 실체가 아니라, 물질들의 조직으로부터 발생하는 무언가다. 로봇 공학자 한스 모라벡Hans Moravec은 이렇게 썼다.

고대 사상가들은 산 사람과 죽은 사람을 구분 짓는 생명소는 특별한 종류의 물질인 정신이라는 이론을 제시했다. 지난 세기에 생물학, 수학, 관련 과학계는 생명소가 물질이 아니라, 아주 특별하고 복잡한 조직이라는 강력한 증거를 수집했다. 원래는 생물적인 물질에서만 그런 조직이 발견되었지만, 이제 우리의 가장 복잡한 기계에서도 그 조직이 서서히 모습을 드러내기 시작했다.

다시 말해, 연산력computing power이 충분히 주어지면(칩의 계산 능력이 기하급수적으로 성장하고 있으므로 해가 지날수록 쉬워진다) 낮은 수준의 유기적 상호작용의 수가 늘어나 특정한 임계점을 넘을 수 있고, 그러면 스스로 지속하는 로봇 생명체를 개발할 수 있다는 것이다. 그런 생명체에서 (조개껍질을 타고 바다 수면으로 올라온 비너스처럼) 지각력이 출현할 것이다.

그러나 이 논증에는 치명적인 결점이 있다. 인텔 회장이었던 고든 무어Gordon Moore가 이른바 무어의 법칙을 통해 예측했던 것처럼 기계의 성능은 점점 향상되고 있다. 그러나 컴퓨터는 그냥 칩이 아니다. 칩에게 무엇을 하라고 지시하는 역할도 필요한데, 그게 소프트웨어다. 소프트웨어에는 무어의 법칙이 적용되지 않는다. 시스템이 복잡해질수록 신뢰할 수 있는 코드를 쓰기는 (어마어마하게) 어려워진다.

소프트웨어 엔지니어들은 탄탄한 시스템을 개발하는 방법을 찾아 헤매는 과정에서 객체 지향 방법론object-oriented method에 의지했다. 이 모형에서는 코드를 아주 작은 단위로 짜고, 각 단위가 최소한의 과업

// 코드와 살아가기

을 수행하게 한다. 개미들이 더듬이를 문질러서 페로몬을 통해 소통하듯이, 한 객체가 다른 객체에게 작은 '메시지들'을 보낸다. 예를 들어 어떤 프로그램에게 문서를 인쇄하라고 요청하려면 먼저 '대화' 객체를 불러오고, 그 객체가 '글자 입력' 객체와 '버튼 클릭' 객체, 인쇄와 상호작용하는 다른 객체 등등을 연이어 호출한다. 이것은 굉장히 단순화된 예다. 인쇄처럼 일상적인 작업도 아마 수백 개의 객체를 호출할 것이며, 그 모든 객체는 무수히 많은 객체로 이루어진 세계 안에서 작동한다.

로봇공학자들은 다윈적인 자연선택에서 살아남은 객체들이 결국 자급적인 시스템을 만들어내면서 코드가 '진화'할 것이라고 예견한다. 오래오래 호출되면서 왕성하게 활동하는 생존자들이 최고의 객체가 된다. 약한 코드는 대체되고, 시간의 시험을 견뎌야만 한다. 이런 관점에서 코드 객체는 자동자다. 그 양이 수백만, 수백억으로 불어나면서 자체 편성형 지능이 출현한다.

코드들이 안개처럼 덮여 두툼한 구름을 형성한 상호작용 객체들의 군집은 정말로, 마치 스스로 움직이는 것처럼 실행되기 시작한다. 환경의 복잡성은 개발자 개인의 단순한 이해력을 뛰어넘어 나아가곤 한다. 하지만 이 '자체 실행'에서 시스템은 이내 미쳐 날뛰기 시작한다. 멈추고, 다운되고, 버그에 잠식된다. 그러면 인간 개발자가 끼어들어 오류를 이해하고, 고치고, 바꿔야 한다.

따라서 사이버네틱 생명의 출현에는 다윈적 자연선택이 일어난다고 보기 힘들다. 인간이 생존하고 번식해야만 하는 상황에서는 진화가 예상된다. 우리는 추상적인 절차가 아니다. 우리는 사이먼의 무형 인공물이 아니다. 우리는 생존에 대한 압박을 무심하게 받아들이지 않는다. 우리는 우리가 개미가 아니라는 걸 안다. 우리는 우리가 코드 객체가 아니라는 걸 안다. 우리는 우리가 죽으리라는 것을 안다. 인간과 비슷한 로봇을 개발하려는 연구자들은 인간 지각력의 일부 양상을 모방한 기계 장치를 개발하고 있다고 말할 것이다. 그러나 이 방식은 모방에 그친다. 그 기계 장치의 구조적 원리는 인간이 지닌 지각력의 진면모를 명확하게 밝혀주지 않는다. 그 기계에서는 우리의 모습이 보이지 않는다.

로봇 공학 분야의 실수는 인공지능 분야에서도 똑같이 나타난다. 도구의 창조자인 우리를 도구라고 오해하는 것이다. 특히 현재의 소프트웨어 개발 방법을 인간의 정신적 구조의 패러다임이라고 착각하는 데서 오류가 발생한다. 1970년대에는 컴퓨터 프로그램이 중앙집중화된 단일체였고, 그 자체로 작은 세계였고, 데이터 집합을 다루며 작동하는 지시들의 집합이었다. 말할 것도 없이 당시 연구자들은 인간의 지능을 중앙집중화된 단일체이자 데이터 집합을 다루며 작동하는 논리적인 사고라고 보았다. 1990년대에 들어서는 프로그램 개발의 단일체 패러다임 대신 앞서 설명한 객체 지향형 방법론이 대두되었다. 개별적인 소단위의 코드들을 작성해서 다양한 방식으로 조합하는 것이다. 그리고(이게 무슨 일인가?) 인간의 지각력은 개별적인 소단위들이 복합적으로 상호작용해서 창발하는 무언가라고 이해되었다. 인지 과

　　　　// 코드와 살아가기

학이 전산 과학을 이끄는 걸까, 전산 과학이 인지 과학을 이끄는 걸까?

창발 개념이 인간 지각력의 패러다임이라고 주장했던 인공 두뇌학자들마저 그 주장의 한계를 인지했다는 증거가 있다. 인공 생명 연구의 핵심 인물인 크리스토퍼 랭턴Christopher Langton은, 생명을 창조하기 위해 반드시 모방해야 하는 저차원 상호작용들을 실제로 구성하는 것이 무엇인지 판단하는 '자동자' 탐색에 문제가 있다고 인정했다. 세포들의 상호작용을 얼마나 깊이 파고들어야 할까? 분자? 원자? 물질의 소립자? 오스트리아 린츠에 있는 카페에서 나와 이야기하던 랭턴은 글을 갈겨쓴 수첩을 뒤적이더니 진심으로 걱정스럽게 물었다. "물리학의 밑바닥은 어디죠?"

한편, 로봇 공학자 로드니 브룩스는 문제의 '꼭대기', 즉 생물체 기저의 복잡성으로부터 출현해야 하는 고차원의 인지 기능에 대해 궁금해했다. 곤충 같은 로봇을 수년째 만들어온 브룩스는, 거대한 지능 프로젝트에 다른 무언가가 개입되어 있음을 깨달았다. 이제 그는 1970년대에 인공지능 학자들을 당황시켰던 문제를 다시 고민 중이었다. 그 문제는, 사이버네틱 생명체가 스스로의 존재 상태를 자각하게 하려면 어떻게 해야 하는가였다. 그는 생명체 스스로가 무엇을 필요로 하고, 원하고, 의도하는지 자각하고, 다른 생명체들은 자신과는 다른 그 나름의 존재 상태(필요, 욕구, 의도)를 가지고 있다는 것을 자각하게 만드는 방법을 찾고자 했다. 2001년 3월 논의 당시 브룩스는 자신이 벼랑 끝으로 다가가고 있다는 걸 아는 사람처럼 이렇게 말했다.

"우리는 마음 이론을 도입하려고 합니다."

물리학의 밑바닥. 마음 이론. 이렇게 또 시작이다. 공학자들이 다시는 돌아가지 않으려고 서둘러 도망쳐온 형이상학적 덤불에 다시 끌려 들어오고 말았다. 지각을 철학이 아닌 공학의 문제로 바꾸는 것만이 유일한 희망이었다. "생각을 이해하지 않아도 마음을 만들 수 있습니다." 더글러스 호프스태터는 스탠퍼드에서 영적 로봇 패널을 소개하면서 희망차게 말했다. "생명을 정의하기는 어렵습니다." 로드니 브룩스는 내게 말했다. "500년 동안 생각만 할 수도 있지만, 몇 년을 들여 직접 실행을 해볼 수도 있죠."

지적 능력을 추구하는 반지성주의, 자기성찰로부터의 도피, '생각한다'는 것의 지긋지긋한 진창, 그러니까 별다른 진척 없이 수천년 동안 이어져온, 무엇이 우리를 살게 하는가에 대한 철학적 추측에서 벗어나고 싶어하는 욕구가 로봇공학의 근원적인 원동력이다. "역설계reverse-engineering나 설계를 통해 인간을 이해할 수 있다"라고 브룩스의 제자였던 신시아 브리질Cynthia Breazeal은 말했다. 생각하지 말고, 만들어라. 그게 희망이다. 프로그램 개발과 지식을 동일시하라. 우리 인간에게는 도구를 만드는 것만큼이나 개념을 만드는 본성이 깊이 뿌리박혀 있다. 우리는 오랜 혼란 상태로 되돌아간다. 도구를 만드는 **호모파베르와 호모사피엔스**가 맞붙는다.

인간 지각력의 난제를 해결하는 한 방법은, 인간을 생명의 정의와 무관하다고 선언하는 것이다. 인간을(사실 지구상의 모든 생명을) '우연'적인 존재로, 우리가 탐구할 수 있도록 자연이 남기고 가게 된 몹시 '우연적인 개체들의 집합'의 일부라고 간주하는 인공 생명 학자들이 이런 방식으로 접근한다. 크리스토퍼 랭턴은 저서 『인공 생명Artificial Life』 서문에 이렇게 썼다. "자연이 우리에게 제공한 광범위하고 다양한 생물학적 개체들의 집합에서는, 우발적 사건과 역사적 우연성이 두드러진다. …… 우리는 지구에 실제로 그려진 진화의 궤적이, 다른 식으로 형성될 수도 있었던 무수히 많은 진화 궤적 중 하나일 뿐임을 느낀다. ……"

현대 로봇공학과 같이 창발이론에 기반한 인공 생물학의 목표는, 살아 있는 것의 속성을 취하는 소프트웨어 프로그램을 개발하는 것이다. 그들은 이를 '합성 생물학synthetic biology'이라고 부른다. 지구의 특정 환경에 구애되지 않으면 '원칙적으로는' 생명에 대해 더 잘 이해할 수 있다는 입장이다. 인공 생명학은 허버트 사이먼 공식의 필수 요소인 자연 세계 전체에 작별을 고하고, 뒤도 돌아보지 않고 떠났다(그래도 개미 예시는 가끔씩 언급한다).

인공 생물학에서 '생명'의 정의는 아주 단순하고 추상적이다. 전형적인 접근 방식 두 가지를 소개해본다. "내가 개인적으로 나열한 [생명의 속성] 목록에는 항목이 둘 뿐이다. 자가 증식과 무제한적 진화다." 토머스 레이Thomas Ray는 말했다. 또, "생명은 반드시 **적응성**이라는 기능 속성과 관련 있다. 그 속성이 무엇인지는 아직 모르지만." 스터밴 하나드Stevan Harnad가 말했다. 소프트웨어를 통해 움직이는 로봇 개를 만든 MIT 연구자 브루스 블룸버그Bruce Blumberg는 인공 생물학이 취하는 노선을 이렇게 설명했다. "기존의 세계를 참조하지 않고 연구해 왔다. 학생들에게 현상 그대로를 보게 하는 것은 힘들다. 인공 생명을 만들어도 사람들은 그것을 생명이라고 보지 않는다."

인공 생명 연구자들은 컴퓨터 프로그램을 만든다. 로봇이나 기계가 아닌 소프트웨어만 만든다. 이런 프로그램('행위자agents' 내지는 '자동자')이 설치된 사이버네틱 생명체들은 '재생산'하고 '적응'하므로, 생명체라고 볼 수 있는 기본 요건을 갖춘 셈이다. 1950년대에 시작된, 인간의 패러다임으로서 컴퓨터의 이미지 역시 논리의 극단에 다다른다. 탄소 원자, 몸, 연료, 중력, 열 등 연조직과 금속 골조 생명체에 관여하는 지저분한 것들로 인해 오염되지 않은, 순수한 소프트웨어를 추구하는 것이다. 하지만 컴퓨터의 이미지와 살아 있다는 개념이 합체되는 것은, 컴퓨터가 존속하는 상태에서만 유효하다. 즉, 기계 안에서만 존재하는 생명이다.

인간 지각에 관한 이 관점들이 인간을 설명하지 못한 공통적인 이유는 몸을 무시했다는 것이다. 초기 인공지능과 이후 커즈와일 공식 같은 논의들(오로지 피질, 스캔하고 다운로드하는 존재, 통 속의 뇌)은 몸을 전혀 고려하지 않았고, 로봇공학과 인공 생물학은 이런 몸, 포유류의 살점을 무시했다.

초기 연구자들은 살점을 노골적으로 무시했다. 마빈 민스키는 인간이 '고깃덩어리 기계'라고 선언했다. 허버트 사이먼은 "분비샘과 내장이 모두 장착된 '완전한 인간'을 생각하는 대신 '생각하는 인간', 즉 호모 사피엔스로 논의의 범위를 제한하고자"했다. 고깃덩어리와 분비샘과 내장. 이 단어들이 부패를 암시하고 있음이 느껴질 것이다. 육신은 지능에 대한 논의를 오염시키는 도축 대상이 되었다.

살점에 대한 이런 불신, 육신을 분리시킨 지능 탐구는 오늘날도 계속된다. 레이 커즈와일은 육신의 생명을 '영적' 존재 개발 사업과 무관한 요소로 치부했다. "포유류의 신경세포는 경이로운 작품이지만, 우리는 똑같은 방식을 취하지 않을 것이다. 신경 세포의 복잡성은 그 자체의 생명 유지 과정을 뒷받침하기 위해 존재할 뿐, 정보 처리 능력을 뒷받침하지는 않는다." 그의 관점에서 '생명'과 '정보 처리'는 동의어가 아니다. 사실 '생명'은 걸리적거리기만 한다. 그는 진화가 대부분 '쓸모없고' '불필요하게 잔뜩 중복'되어 있는 DNA를 생산하는 형편없는 프로그래머라고 본다.

컴퓨터 프로그램이 지닌 '생명'을 생각할 때 인공 생명 연구자들은 육체에 전혀 신경 쓰지 않고, 생명의 속성이 마치 조직 검체처럼 생명의 찌꺼기에서 잘라낼 수 있는 물질이라고 생각한다. 토머스 레이는 이렇게 썼다.

어떤 시스템이 생명에게만 있는 속성을 보인다는 이유로 그 시스템을 살아 있다고 간주하는 것은 의미론적 쟁점을 불러일으킨다. 그보다는, 생명의 특정 속성을 **육신에서 분리**했으면서도 실제 존재하는 사실로 만들어서 인공 시스템에 도입할 수 있다는 가능성을 인식하는 것이 중요하다. 이 능력은 강력한 연구 도구다. **우리가 연구**

하려는 생명의 속성을 자연적인 생물체의 다른 복잡한 요소들로부터 분리해내면, 우리가 선택한 속성을 더 쉽게 조작하고 관찰할 수 있다. [강조는 저자]

로봇공학 분야에서는 지능을 담을 일종의 실물 그릇이 필요하므로 인체를 더 많이 고려할 거라고 누군가는 생각할 수도 있다. 그러나 로봇공학 프로젝트 전체(지능이 장착된 기계 제작)는 지각이 본래의 물질로부터 분리된다는 믿음에 근거한다.

나는 현재 MIT 미디어랩 교수로 재직 중인 신시아 브리질과 대화를 나눴다. 연구자로서 굉장히 생각이 깊은 그녀는 인간에게 가짜 감정적 반응을 하는 창조물을 만들고, 감정적 생명체를 진심으로 배려한다. 하지만 그녀조차도 근본적으로는 육신에 거부감을 보였다. 본인은 동의하지 않았지만 말이다. 내가 '살아 있음'의 정의를 밀어붙이자, 인내심이 떨어진 그녀는 이렇게 받아쳤다. "먹고 화장실 가고 해야만 사는 건가요?"

그 질문(먹고 화장실 가고 해야만 사는 건가요?)이 머릿속을 맴돌았다. 브리질의 말은 인간의 육신이 존재하는 데 필요한 가장 기본적인 행위들을 언급하고, 그런 행위를 우스꽝스럽고 창피하기까지 한 것으로 간주하는 것으로 들렸기 때문이다.

그러나 잠시 뒤 나는 결론에 도달했다. 어쩌면 먹고 화장실 가고 해야지만 사는 것이다. 생명체가 음식과 그에 수반되는 행위(음식! 음식이 우리를 살아가게 한다)에 들이는 시간의 양을 고려하면, 우리를 정의

하는 먹고 비우는 행위의 필요성에 결정적인 무언가가 있을지 모른다. 우리의 존재 상태는 배고픔을 느끼고, 먹고, 먹은 상태로 있고, 배를 채우고, 똥을 싸는 행위에 얼마나 크게 의존할까? 굶주림! 우리는 영양분 섭취에서부터 간절한 소망까지 모든 것에 이 단어를 붙인다. 만족감! 맛있는 음식을 먹었을 때나, 성적으로 충만할 때에나, 마음이 평온할 때 쓰는 단어다. 똥! 인간의 배설물인 동시에 우리가 부정적으로 바라보는 온갖 대상에 붙이는 말이다. 이 사실을 생각하면 할수록, 먹거나 똥을 싸지 않는 생명체는 존재라는 드넓은 터널을 통과할 수 없으리라는(말로 설명할 수 없고, 프로그래밍할 수 없고, 절대로 표현될 수 없으리라는) 결론에 가까워졌다.

이런 의미에서, 인공 생명 연구자들은 중세 신학자들만큼이나 육신을 혐오한다. 그들은 생명과 지각(영혼)의 '원리'를 그것들을 빚어낸 불결한 오물로부터 분리시키려고 한다. 브리질이 말한 것처럼, 그들은 "번식을 하거나 화장실에 들락거리지 않는 생명적 특성의 집합"을 상상한다. 마치 지저분한 영양 공급과 탄생의 경험, 생물로서의 가장 깊은 책무(살아 있고, 먹고, 살아 있을 다른 생명체를 만들어내는 것)가 사실은 지능의 기반, 원천이 아니라는 듯, 마치 지능은 생물이 생명을 유지하기 위해 발전시킨 여러 전략 중 하나에 불과한 게 아니라는 듯 말한다. 지각이 육신의 생존 욕구(아무 몸이나 골라 집는 게 아니라, 바로 이 몸의 노력에서 비롯된 욕구)에서 나오지 않는다면, 다른 어디에서 나오겠는가? 다른 어딘가(기계, 소프트웨어, 죽음을 두려워하지 않는 것)에서 지각이 나온다고 믿는 것은, 그로 인해 마음과 물질, 살점과 정신, 육신과 영혼이 분리될 수 있다고 믿는다는 뜻이다.

내 생각은 이렇다. 지각력은 육신에 씌우는 왕관이 아니라, 닭의 머리에 붙은 볏과 같은 요소다. 벗겨서 따로 빼둘 수 없는, 기저에서 자라난 필수 불가결한 요소라는 뜻이다. 우리는 우리 몸을 설명할 때 파충류의 뇌, 올챙이의 꼬리, 곰팡이와 쥐의 DNA를 끌어들인다. 우리의 세포는 짚신벌레의 세포와 배열만 다르다는 흔적을 가지고 있고, 짭조름한 우리의 피는 우리가 바다에서 탄생했다는 증거다. 유전적으로 우리는 회충보다 나을 게 없다. 진화는 형편없는 프로그래머라고 무시당했지만, 사실 우리 이전에 탄생한 모든 것의 자연적인 결합물로서 인간을 빚어내기로 결정했다. 곤충류를 제외하고 지구에 있는 모든 생명의 역사 전체가 우리 몸에 새겨져 있다. 이 역사의 어떤 부분들이 우리의 본질과 존재의 필수 요소로서 '쓸모없고', 그러므로 삭제되고, 분리될 수 있다고 대체 누가 말할 수 있을까?

언어학자 조지 러코프George Lakoff는 인간 지능 논의에 육체의 자리를 다시 마련한 공로가 가장 큰 사상가일 것이다. 그와 철학자 마크 존슨Mark Johnson은 두 권의 명저 『삶으로서의 은유Metaphors We Live By』와 『몸의 철학Philosophy in the Flesh』을 공동 저술했다. 이 두 책은 몸이 지능, 인간의 자각과 떼어낼 수 없는 관계임을 설명한다. 생각하는 것은 논리적이거나 의식적이지 않고, 은유적이며 거의 항상 무의식적이라고 그들은 주장한다. 그래서 이성적으로 자기 성찰을 할 수 없다. 그리고 이 은유 대부분은 몸 자체에서 우러나온다. "몸은 세계에 대한 은유를 줍니다." 러코프는 버클리에 있는 철학 클럽 모임에서 말했다. "이런 현상은 유아론적이지 않습니다. 우리는 이 몸을 세상과 소통하도록 발전시켜왔기 때문입니다." 정식 논리도 몸의 존재에서 비롯된다. "우리에게 근육이 있고, 우리가 그 근육을 사용해 특정 방향으로 힘을 가한다는 사실은, 우리 신체 기관의 구조를 너무 복잡하지 않은 개념으로 생각하게 합니다." 러코프의 가장 최근 저서(『수학이 발생하는 곳Where Mathematics Comes From』, 라파엘 누녜스와 공동 저술)는 보통 살점과 정반대 지점에 있다고 여기는 추상적 사고의 일종인 수학조차도 '공간에 존재'하는 몸의 연장선이라는 개념을 상정한다. 러코프와 존슨은 『몸의 철학』에 이렇게 썼다.

> 종래의 지배적인 생각과 달리, 이성은 몸에서 분리되는 게 아니라 우리의 뇌, 몸, 몸을 통한 경험의 본질에서 비롯된다. 이것은 이성적 사고를 하려면 몸이 필요하다는 악의 없고 명백한 주장일 뿐 아니라, 이성 자체의 구조가 우리의 통합체의 세부에서 나온다는 놀라운 주장이다.

우리 통합체의 세부란 우리 몸을 구성하는 복잡한 조직, 유동체, 힘줄, 뼈를 뜻한다. 우리가 다른 무언가로 구성되어 있다면(가령 집적회로) 이른바 논리라는 것을 지녔겠지만, 그 논리는 인간이 세상을 해석하는 방식과 비슷하진 않을 것이다. 우리가 지능이라고 인지할 만한 것이 전혀 아닐 수도 있다. 러코프는 버클리 모임에서 이렇게 말했다.

"박쥐의 논리는 무엇일까요? 해파리는?"

그렇다면 지능은 우리가 살점으로 이루어진 이 특정한 형상을 가진 결과다. 여기에서 이 특정한 형상이란 인간뿐 아니라 영장류까지 아우른다. 내가 말하는 것은 포유동물로서 우리의 존재다. 특이하게도, 사이버네틱스 학자들이 널리 퍼뜨린 인간 지능에 대한 관점 중에서도 이 관점은 거의 알려지지 않았다. 우리가 지각이라고 부르는 것은 포유류로서 지닌 속성이다.

포유동물은 사회를 이루고 관계를 맺으며 산다. 생리적으로 포유류를 정의하는 것은 암컷의 젖샘 유무가 아니다. 포유류가 다른 동물들과 다른 점은 뇌에 변연계라는 부분이 있다는 것이다. 우리가 다른 동물들과 달리 다른 동종 생명체의 마음 상태를 파악할 수 있는 능력이 변연계에서 나온다.

우리는 생존을 위해, 자기 자신과 다른 이들의 마음 상태를 흘끗 보고도 깊이 이해해야 한다. 이게 바로 우리가 다른 포유류의 눈에서 보는 '무언가'다. 다른 포유류 생명체는 우리를 보고, 우리에게 자신과는 다른 감정, 마음 상태, 욕망이 있음을 나름의 방식으로 파악한다. 우리는 서로를 보면서, 각자가 개별적인 존재임을 알고, 그럼에도 소통한다. 사람들이 개, 고양이, 말, 토끼와 대화를 나눌 수 있다고 하는 것의 실제 의미다. 포유류는 서로를 읽는다. 개미, 물고기, 파충류와는 이렇게 교감하지 않는다. 실제로 인간미가 느껴지지 않는 사람을 '파충류 같다'고 하기도 한다. 감정이 없고 타인의 감정을 읽고 전달하는 능력이 없다는 뜻, 그러니까 로봇 같다는 뜻이다.

지각력이 포유류의 특성이라면, 포유류를 차별화하는 것은 사회생활 능력이고, 지각력은 다채로운 사회적, 감정적 교류를 위한 능력에서 기인하는 것이 틀림없다. 즉, 지각력은 사회생활, 두 생명체가 마음 상태(우리가 '감정'이라고 부르는 필요, 욕망, 동기, 두려움, 위협, 만족, 고통)를 교환하는 능력에서 시작된다. 나아가 우리는 자신의 감정 상태를 이해하고 표현할 길이 많은 생명체일수록 지능이 뛰어나다고 본다. 개미집은 다채로운 사회적 교류에 좋은 장소가 아니다. 초기 인공지능의 논리 추론 엔진의 모델 선택은 현명하지 못했다. 순도 높은 기계에서 실행되는 컴퓨터 소프트웨어는 교감할 방법을 찾아내지 못할 것이다. 지능의 핵심에 도달하려면 인간에게서 보통 '비이성적'이라고 간주되는, '논리'의 대척점에 있는, 컴퓨터가 영원히 품고 가야 할 문제에서 출발해야 했다. 감정 말이다.

지각력에서 감정이 맡는 역할은 언뜻 단순해 보일 수 있다. 예를 들면 의자는 단순한 사물처럼 보인다. 그러나 휴버트 드레이퍼스는, 그 의자에 앉을 육체가 없거나 의자를 사용하는 사회적 맥락이 없는 상황에서 의자를 기호적으로 표현하는 건 무의미하다고 지적했다. "어떤 사물이 의자가 되려면 의자로서 기능을 수행해야 합니다. 앉을 때 쓰는 장비라는 의자의 역할이 성립하는 데는 아주 실질적인 맥락이 존재하기 때문입니다. 의자는 인간에 대한 특정 사실들을 암시합니다(피곤함, 몸을 굽히는 방식). …… 우리가 홍학처럼 무릎이 뒤쪽으로 꺾인다면, 과거의 일본이나 호주 미개간지처럼 식탁이 없는 지역에 있다면 의자는 앉을 때 쓰는 장비가 될 수 없을 것입니다."

자리에 앉는 행위에 수반되는 감정이 없다면 의자는 의미를 갖지 못한다. 오래 서 있었던 사람은 의자에 앉으면서 안도할 것이다. 반면 너무 오래 앉아 있던 사람들은 지루함, 불안함, 초조함을 느낄 것이다. 마감을 코앞에 두고 일하는 시간 또는 멍하니 텔레비전을 쳐다보고 있는 시간 등, 의자에 앉아 있는 동안 하는 일에 관련된 감정도 있다. 이 감정들을 비롯해 기억에 남아 있는 모든 감정 상태가, 우리가 이 사물을 이해하는 방식에 영향을 미친다. 교실에 있던 딱딱한 벤치, 엄마의 투박한 안락의자, 첫 자췻집에서 쓰기 위해 길가에서 가져온 지저분한 의자. 의자의 용도, 소재, 기하학적 형태, 다른 가구들과의 연관성을 묘사함으로써 의자의 개념을 추상적으로 구성할 수도 있다. 우리는 '앉는 동작'대로 기계 다리를 움직이는 로봇을 만들 수 있다. 그러나 이 중 어떤 방식도 인간 지각력의 다채로움에 다가가지 못한다. 경험은 사물을 둘러싸고 번져나가면서 심리적, 촉각적, 물리적, 감정적, 사회적, 문화적 반응을 동시에 자아낸다. 이 속성들 각각은 절대 떼어낼 수 없도록 촘촘히 얽혀 있다.

일부 로봇공학자들은 기계 장치가 감정적, 사회적 속성을 가지거나, 가진 것처럼 보이게 할 방안을 연구하기 시작했다. "로봇공학자 대부분은 감정을 전혀 신경 쓰지 않습니다." 감정에 신경 쓰는 몇 안 되는 로봇공학자 중 한 명인 신시아 브리질은 말했다. 그녀가 만든 로봇 키스멧Kismet은 얼굴에 말랑말랑한 토끼 귀가 달린 아주 깜찍한 기계로, 감정 상태를 모방한다(슬플 땐 귀를 처량하게 늘어뜨리는 등 사랑스럽게 감정을 표현한다). 이 로봇은 아이처럼 인간과 교감하고, 인간으로부터 배우도록 설계되었다. "사회적 지능은 뇌 전체를 사용합니다." 그녀는 말했다. "동기나 감정이 없는 상태가 아닙니다. 우리는 차가운 추론형 컴퓨터가 아닙니다. 감정은 우리의 이성적 사고에 결정적인 역할을 합니다."

로드니 브룩스는 '감정 모델'을 더하는 것, 자신이 새로 만든 로봇에 '타인을 이해하는 능력'을 부여하는 것에 관해 이야기했다. 신시아 브리질의 키스멧 로봇은 인간과 교감하면서 관심을 받지 못하면 '고통'을 느끼도록 설계되었다. '개를 만드는' 브루스 블룸버그는, "사회적 행동을 넣지 않으면 개를 본뜬 로봇이라는 사실을 알 수 없다"라고 말했다.

그러나 세 로봇공학자 중 자신들이 떠안은 문제가 얼마나 심각한지 이해하는 사람은 블룸버그뿐인 것 같다. 그는 생명체의 사회적, 감정적 속성에 말로 표현할 수 없는 부분이 있음을 기꺼이 인정한다. "제가 취하는 방식은, 그 생명체에 실제로 있는 것을 약간이나마 포착하는 컴퓨터 장치를 개발하는 것입니다." 그는 말했다. "개의 (그리고 우리의) 마법 같은 특성이 어디에서 나오는지 이해하기 위해서지요." 그리고는 마법이라는 단어를 쓴 것이 쑥스러운 듯 덧붙였다. "컴퓨터과학자의 99퍼센트는 '마법 같은 특성'에 대해 이야기하는 사람을 컴퓨터과학자로 인정하지 않을 겁니다."

그의 동료인 브리질이 감정을 바라보는 관점은 실용적이고, 약간은 냉소적이다. 그녀가 보기에 로봇에 감정 비슷한 것이 필요한 이유는, 기업들이 로봇 연구에 막대한 돈을 투자하는 가운데 감정이 없는 로봇은 잘 팔리지 않기 때문이다. 로봇과 달리 사람들은 감정을 중요시하고 로봇과 교감하고 싶어 한다는 것이다. 감정 구현은 인간을 기만하기 위한 핵심인 것 같았다. 자신이 만든 로봇 키스멧에 대해서는 이렇게 말했다. "인간 아기의 놀이 같은 것을 수행하려고 노력 중입니다. 아기는 어른에게서 반응을 끌어내면서 배웁니다."

그러나 아기가 관심을 필요로 하는 것은 단순히 '놀이'가 아니다. 아이는 어른과 교감하는 것 이전에 진정한 내적 현실, 내면의 실제 상태를 품고 있다. 아기는 엄마의 보살핌을 절실하게 필요로 하며, 이 물리적 도움에 아기의 생사가 걸려 있다. 이것은 밥을 먹는 것보다도 더 필수적이다. 아기는 세상에서 살아남는 법을 어른에게서 배워야만 한다. 그러나 죽을 수 없기에 목숨을 걸지 않아도 되는 생명체인 키스멧에 브리질이 프로그래밍해 넣은 루틴은 인간의 감정과 비슷할까? 살점이 다칠 염려가 없는 생명체도 두려움을 느낄까? 고통을 받을까?

형상화된 육체에 대한 의문은 차치하더라도, **감정이 있는 것처럼 보이기**만 하지 않고 **실제**로 감정을 가지는 것의 의미에 대한 철학적 난제는 피해 가기로 합의했더라도, 여전히 풀리지 않는 의문이 있다. 이 연구자들은 포유류의 감정과 사회생활을 다채롭게 모사라도 할 수 있는 경지에 어느 정도 다다랐을까?

나는 그들 스스로가 생각하는 것보다 훨씬 멀었다고 본다. 이 연구자들이 자기 연구를 이야기하면 할수록 골치 아픈 의문도 늘어난다. 이들은 자신들이 앞으로 그 의문들을 다뤄야 한다는 사실을 안다. "사회적 행동은 단순히 개인의 노력만으로 수행될까요?" 블룸버그는 묻는다. "인격의 진짜 의미는 무엇일까요?" "우리에겐 동기와 욕망의 본보기가 필요합니다." "인생은 그런 추정과 얼마나 비슷할까요?" 브리질은 이런 의문을 던진다. "경험을 통해 스스로 생각을 쌓아가는 시스템은 어떻게 개발할 수 있을까요?" 그리고 어마어마한 난제가 있다. "생명체가 사회적 지능을 가지려면 자아가 있어야 합니다. **그건** 도대체 뭐란 말입니까?"

감정과 사회생활에 관심을 가지면서, 연구자들은 곧장 브리질이 '제한 인자: 원대한 사상'이라고 부르는 벽에 부딪혔다. 학습이론, 두뇌 개발, 인격, 사회적 교류, 동기, 욕망, 자아. 그러므로 필수적인 것이 되는 신경학 일체, 생리학, 심리학, 사회학, 인류학, 약간의 철학 등이 제한 인자들이다. 인공지능 개발 초창기에 마빈 민스키가 공학 기술에 대해 했던 달콤하고 순진무구한 말이 생각난다. 당시 그는 이 분야가 상식의 본질을 배워야 한다고 생각 없이 내뱉었다. "이 분야에는 진지한 인식론적 연구 활동이 필요합니다." 그는 이 연구를 금방 해낼 수 있으리라고 믿으며 말했다.

물론 '원대한 사상'에서 가장 원대한 것은 오래된 도깨비 같은 존재, 바로 의식이다. 의식은 어렵고, 흐리멍덩하고, 수천 년을 연구해도 비밀이 드러나지 않아서 로봇 공학자들은 논의를 꺼린다. "우리끼리는 의식에 '의'자도 꺼내지 않습니다." 로드니 브룩스는 말했다.

브룩스는 살짝 호주 억양을 쓰는 점잖고 매력적인 남자다. 그는 인간이라는 존재의 불가사의함에 대한 생각을 나누는 것을 진심으로 좋아하는 것 같다. 2001년 3월 초 어느 날, 보스턴 전역을 마비시키리라고 예보된 눈보라가 몰아치기 시작했다. 브룩스와 나는 MIT에 있는 그의 교수실에 있는 작은 회의용 탁자에 앉아 있었다. 벽에는 그가 만든 곤충 모양 로봇의 사진이 걸려 있고, 구석에는 그가 해즈브로 Hasbro라는 장난감 회사를 위해 만든 로봇 인형 '마이 리얼 베이비'가 책들과 함께 놓여 있었다.

물론 로봇에게 의식은 문제가 된다. 의식은 모사하기 힘들기도 하지만, 의식이라는 개념은 개개인마다 측정할 수 없게 고유한 속성이 있음을 내포한다. 브루스 블룸버그가 용감하게 말을 꺼낸 그 '마법 같은 특성'이다. 브룩스, 그리고 그의 제자였던 신시아 브리질의 원동력은 생명의 내면을 게임처럼, 혹은 반응을 유도하도록 설계한 어리석은 짓거리들처럼 냉소적으로 보는 것이었다.

나는 그에게 브리질이 만든 키스멧을 언급하면서, 그 로봇이 인간의 감정을 이용하도록 설계된 것으로 알고 있다고 말했다. 그리고는 물었다. "우리는 속임수의 총체에 불과한가요?"

그는 바로 대답했다. "그렇다고 생각해요. 당신은 속임수들의 결합체이고, 저도 속임수들의 결합체일 뿐이죠."

속임수는 컴퓨터과학의 기본 틀에 깊이 자리 잡혀 있다. 앨런 튜링이 1950년에 제안했던 기계 지능 시험 '튜링 시험'은 인간을 속이는 것이 관건이었다. 시험 방법은 참가자가 컴퓨터나 다른 사람과 소통하게 하는 것이다. 커튼 뒤에 있는 참가자에게 응답 내용을 보여주되 누가, 또는 무엇이 '한 말'인지는 알려주지 않는다. 응답한 주체가 사람이었는지 기계였는지를 참가자가 맞추지 못하면, 그 기계는 인간적인 지능을 지녔다고 판단된다. 말하자면 곡예단이다. 오즈의 마법사 게임이고, 속임수다.

당시 브룩스의 사무실에 있던 나는 속임수를 쓰고 싶지 않았다. 나는 브룩스가 금방 설명한 "다른 무엇도 아니고 그저 분자, 위치, 속도, 물리, 속성"으로만 스스로를 생각하고 싶지 않았다. 그는 그것이 '특별함'을 포기하지 않으려는 나의 미련이라고 말했다. 그러면서 인간의 조상이 유인원이라는 사실도 처음에는 받아들이기 어려웠음을 내게 상기시켰다. 그는 내가 인간을 '특별한' 종으로 정의하려던 게 아님을 이해하지 못할 것이다. '마음 이론'에 부합하는 모든 생명체, 즉 인간, 유인원, 침팬지, 개는 모두 동등하게 특별하다.

그러나 내 안에서, 인간은 기계 장치들로 이루어진 유령 프로세스에 불과한 텅 빈 존재라는 생각에 반대하는 무언가가 감지되었다. 더글러스 호프스태터가 주최한 영적 로봇 학회에서도 느꼈던 기분이다. 머릿속을 맴돌며(선풍기 날개가 어딘가에 걸려 딱딱 소리를 내는 듯한 미심쩍은 느낌) 자꾸 생각하게 했다. 아니야, 그건 아니야. 뭔가 놓친 게 있어.

나는 브룩스에게 의식이 뭔지 아느냐고 물어보았다.

그는 대답했다. "글쎄요. 의식이 어디에 좋은지 아세요?"

나는 주저하지 않고 안다고, 의식이 어디에 좋은지 안다고 대답했다. 나는 우리가 무력하고 무방비하게 태어난다고 말했다. 우리가 살아남기 위한 유일한 희망은 다른 인간들과 친해지는 것이다. 우리는 개개인을 구별하는 법, 같은 편을 만드는 법, 다른 인간을 보자마자 아군인지 적군인지, 부모인지 남인지, 친족인지 원수인지 파악하는 법을 배워야만 한다. 인간이라는 종이 이 사회적 연결망에 기반해서 존재하며, 그래서 우리는 개인들을 식별하는 법을 배워야만 한다는 생각을 그에게 전했다. 타인의 정체성을 인지해야 우리는 비로소 개개인의 정체성을 가지고 우리가 존재한다는 감각, 우리 자신, 우리의 자아를 느낄 수 있다. 우리가 의식이라고 부르는 모든 것이 여기에서 나온다.

"신비로운 게 아니에요." 나는 그에게 말했다. "진화의 필수 요건이었죠. 생사가 걸린 문제요."

브룩스는 턱을 괴고 잠시 나를 바라보더니 말했다. "흠. 우리 로봇 중에 자기가 무슨 종인지 인지하는 녀석은 없죠."

로봇이 스스로 무슨 종인지 인식하지 못한다는 로드니 브룩스의 발언을 몇 달 동안 생각한 끝에, 내 머리를 맴돌던 불안(아니라고, 뭔가 놓친 게 있다고 반대하던 내 안의 목소리)이 드디어 가셨다. 그의 말에는 내가 찾던 해답, 놓치고 있던 무언가가 있었다. 우리 스스로 무슨 종인지 인지하는 것이다.

두 생명체가 서로를 알아보는 상호 인정이야말로 '마법 같은 특성'이며 우리를 다른 모든 생명체로부터 구별 짓는다. 어떤 생명체가 우리를 앎과 동시에 우리도 자신을 알고 있음을 인지하는 상태일 때 우리는 다른 생명체 안에 '존재'하게 된다. 만약 상대 존재가 속임수에 불과했다면, 기계 장치의 산물에 불과했다면, 우리는 뱀이나 짚신벌레, 도마뱀, 물고기도 이렇게 상대를 인지할 수 있다고 생각했을 것이다. 이 생물들의 몸은 주변 환경을 인지하기 위한 경이로운 체계, 반사신경, 감각으로 가득 차 있다. 개미가 분비하는 페로몬이 작용한다. 응답기를 장착하고 일련번호를 송출하는 로봇은 그럴듯하게 자기 할 일을 한다. 그러나 신시아 브리질이 말한 것처럼 우리는 경험과 사회적 교류를 통해 학습하며 두뇌를 형성하는 생명체다. 우리는 겨우 신호를 송출하는 식으로 우리 자신을 확인하지 않는다. 우리는 서로의 정체성을 창조한다.

인간을 개체로 보는 정체성이라는 개념이 아주 정확하지 않은 것은 맞다. 러코프가 지적한 것처럼, 우리의 지능은 대부분 무의식적이고, 말하자면 독립적인 존재로서 자기 성찰을 할 수 없다. 그리고 몸 자체는 개체가 아니라 세포와 공생하는 생물들의 복잡한 군체다. 우리는 내장에 서식하는 세균 없이는 살 수 없다. 피부와 눈꺼풀에도 작디작은 생물들이 산다. 바이러스는 우리의 세포와 뒤섞인다. 우리는 걸어다니는 동물원이다. 그럼에도 생존(과 즐거움)을 위해서 스스로를 고유한 자아로 보는 통일된 관점을 가지는 것이 중요하다.

고유한 자아로 존재한다는 개념은 특별함을 과도하게 인지하는 것임과 동시에, 우리가 놓아주어야 하는 자아에 관한 문제이기도 하다. 자연은 같은 종의 생명체들이 서로를 구별 짓게 만드느라 굉장히 고

생해왔다. 염색체들은 생식 세포 안에서 서로 뒤엉킨다. 자연적으로 재조합된 DNA의 경이로움 때문에 지구에 사는 거의 모든 인간이 서로 다르다. 다양성을 만들어내는 이런 유전 형질 재조합 과정은 필연적으로 개개인이 고유해지는 결과를 낳는다. 우리가 일란성 쌍둥이에 매료되는 이유도, 그들과 똑같이 생긴 사람이 지구에 하나 더 있는 희귀한 존재이기 때문이다(세쌍둥이, 네쌍둥이 등도 마찬가지다). 우리는 타인과 다르게 태어나고, 경험을 통해 두뇌가 발전하면서 타인과 더더욱 달라진다. 포유류는 이 점을 활용해서 서로를 구별 짓는 능력을 생존 기반으로 삼아 상호 인정을 바탕으로 사회를 형성한다. 고유성, 개성, 특별함은 우리의 타고난 생존 전략이다.

사회생활을 탐구하는 인공지능 연구자들은 지각력을 이해하기 위한 바른길을 가고 있다. 하지만 그들이 연구의 답을 찾으려면 먼저 정체성의 중요성을 확실하게 이해해야 한다고 본다. 물론 정체성이라고 불리는 것, 신체와 경험이 어우러져 한 생명체를 어떤 사람, 자기 자신으로 만들어주는 고유한 배열("그건 도대체 뭐란 말입니까?" 신시아는 말했다)이 있다고 마지못해 인정하더라도 그들이 정체성을 프로그래밍할 방법을 찾아야 하는 건 마찬가지다.

스스로를 식별하는 지각력을 가지는 생명체를 모사하기 위한 인공지능 연구자들의 과업은 허리케인을 모사하려는 것과 비슷할 것이다. 나는 기상 시뮬레이션 작업을 떠올려봤다. (전 세계의) 날씨를 좌우하는 복잡한 특징을 전부 고려할 수는 없으므로 시뮬레이션에서는 복잡한 특징의 일부만 이용해서 앞으로 몇 시간이나 며칠간 날씨를 꽤 정확하게 예측한다. 그러나 시간이 지나거나 날씨가 극심하게 바뀌면 모형이 무너진다. 사흘 뒤를 내다보는 예보는 불확실하다. 열흘 뒤를 예측하는 시뮬레이션은 무의미하다. 폭풍이 거칠게 몰아칠수록 시뮬레이션의 정확도가 떨어진다. 허리케인은 예측이 아니라 관측해야 하는 현상이다. 인간의 지각력은 허리케인과 같다. 이성적인 수단으로 완전히 이해하기에는 너무 복잡한, 우리가 관측하고, 경탄하고, 경외감을 느끼며 두려워하고, 결국은 '불가항력'에 두 손 두 발을 들어야 하는 것이 바로 인간의 지각력이다.

〈 고양이 세이디는 속임수일까?

2003년

〉

사진: 엘리엇 로스

로드니 브룩스와의 대화 후 보스턴에서 돌아온 나는 로봇 고양이를 장만했다. 최신 제품은 아니고, 딱히 고양이처럼 보이지도 않는 싸구려 토이저러스 제품이었다. 금속 재질의 플라스틱 소재라서 털이 복슬복슬하고 포근한 느낌은 전혀 없었으며, 브룩스가 만든 로봇 장난감과는 차원이 달랐다. 그냥 웃자고 사본 제품이었다.

진짜 고양이가 어떤 동물인지 아는 사람이 보기에는 고양이라고 하기 얼토당토않은 '로봇'이었다. 예를 들어 이 로봇은 이름을 부르면 주인에게 달려온다. 진짜 고양이라면 있을 수 없는 일이다. 그래도 '그럴듯한' 행동이 하나는 있다. 내가 책을 읽는 동안 이 로봇을 방치해뒀더니 측은하게 앵앵거리기 시작했던 것이다. 미리 설정된 시간 동안 주인에게 무시당하면 '고통'을 느끼는 것 같았다. 언제부터인가 나는 이 로봇을 애완동물처럼 쓰다듬고 있었다. 플라스틱 머리의 특정 부위를 어루만지면 낑낑거리는 소리가 누그러지면서, 가르랑거리는 정도는 아니라도 비슷한 느낌이 났다. 내가 관심과 '애정'을 주고 싶게 만들려는 깜찍한 속임수구나 싶었다.

내가 키우는 진짜 고양이 세이디는 처음부터 이 로봇을 궁금해했다. 세이디는 움직임과 소리에 주목했다. 여느 고양이들처럼 근시인 세이디는 가까이 다가가서 코를 쿵쿵대다가, 동물 냄새가 나지 않으니 무시하고 가버렸다.

그리고 1시간 뒤에 세이디가 내게 다가오더니, 관심을 원할 때 늘 하는 행동을 취했다. 발톱을 반만 내민 채 내 손을 슬며시 긁고, 꼬리를 살랑거리는 것이다. 무엇보다도 온몸이 뻣뻣해져 있는 것은 쓰다듬어주면 좋겠다는(아니, 쓰다듬어달라는) 명백한 표현이다. 그 요구를 들어주자, 세이디는 갸룽갸룽거리기 시작했다.

고양이가 가르랑거리는 소리를 통해 무슨 말을 하는 것인지 정확하게 아는 사람은 없다. 우리는 이 표현이 뭔가 행복 비슷한 뜻이라고 생각하고 싶은지도 모른다. 그러나 가르랑 소리를 내는 신체 기관은 으르렁거리려는 의도를 가지고 있는 것 같다. 반려 고양이의 가르랑/으르렁 소리는 인간이 가만히 앉아 따뜻한 체온을 나누게 하기 위한 수단으로써 진화했다는 추측을 나는 읽은 적 있다. 어느 쪽이 맞든, 세이디의 '의도'가 무엇이든 효과는 있었다. 세이디가 가르랑거렸고, 내 마음은 평온해졌다. 나는 세이디를 무릎에 올려놓았다.

하지만 그 순간을 즐기고 있으려니 로드니 브룩스가 머리를 맴돌았다. 그는 우리 안에 있는 모든 것이 그저 '진화에 따라 결정된 반응들'의 집합일 뿐이라고 했다. 그리고 이런 반응들의 목표는 우리가 다른 존재에 필수적인 무언가가 있다고 믿게 하는 것이다. 우리는 서로를 속이도록 개발되었다. "나는 당신이 속임수 덩어리라고 생각해요." 그는 말했다. "저도 그냥 속임수 덩어리고요."

나는 세이디를 내려다봤다. 갑자기 세이디가 내게 관심을 갈구해서 얻어내는 가르랑거림이 플라스틱 로봇에 내장된 프로그램과 다르지 않을지도 모른다는 생각이 걷잡을 수 없이 들었다. 당시 세이디는 내 눈을 똑바로 바라보는 19살의 늙고 꾀 많은 생명체였고, 우리의 관계는 복잡했다. 그렇지만 잠시나마 세이디가 살짝 두려워졌다. 세이디는 기계 장치, 하찮은 싸구려 프로그램, 영혼 없는 좀비 이상도 이하도 아닌 걸까? 나는 세이디의 눈을 바라보며 큰 소리로 물었다. "너 그냥 속임수니?"

동물보호소에서 처음 데려온 세이디는 자그마한 고양이였다. 샴 고양이의 피가 섞여 있고, 몸통은 희고 귀는 붉었다. 철창 이름표에 적힌 세이디의 나이는 2살이었다. 보호소에 있는 동물의 나이는 정확한 법이 없다. 개나 고양이나 햄스터를 두고 가는 사람들은 어리면 입양될 확률이 높으리라는 생각에 유기된 동물의 나이를 속이곤 한다. 그들의 죄책감이 유발한 거짓말은 정확하게 기능한다.

클락 타워 빌딩에 있는 우리 집은 굵은 목재 기둥이 실내를 가로지른다. 이 기둥은 마루에서 6미터 위에서부터 비스듬히 올라가 8미터 높이 천장 꼭대기에 다다른다. 세이디에게는 이 기둥이 정글짐이자, 고속도로이자, 낙원이다(의인화한 표현이다. 내가 세이디의 몸에서 본 것을 인간의 어휘로 풀어냈다). 세이디는 겁도 없이 놀라운 속도로 기둥 위아래를 날아다녔다. 세상에 이런 생명체도 다 있구나 싶었다. 높은 곳을 두려워하며 뒤뚱거리는 두 발 동물인 나와는 정반대였다.

20대 시절, 내가 아는 모든 사람이 고양이를 키워서 모든 대화가 고양이 예찬으로만 흘러가던 때가 있었다. 복도에서 열리고 있는 고양이 올림픽. 목욕을 당하면서 욕조 가장자리를 향해 발버둥치는 보드킨. 나방을 먹은 오스카. 까마귀처럼 깍깍거리는 윌라. 거세당한 뒤로 뚱뚱한 겁쟁이가 되었지만 그래서 더 사랑스러운 윌콕스. 1973년 샌프란시스코에는 머리가 짧은 분리주의자 레즈비언들과 고양이가 많이 살았다.

고양이에 관한 이야기는 외면할 수도, 피할 수도 없었다. 우리에겐 반려동물이 필요하다는 것이 늘 이야기의 요지였다. 대학을 갓 졸업하고 다른 사람들과 몸을 과도하게 부대끼면서 인간의 생각과 언어에 파묻혀 사는 우리는, 읽거나 말하지 못하는 생명체가 주는 다름과 편안함을 박탈당한 상태였다.

이런 생각을 한 건 세이디가 무지개다리를 건넌 다음이었다. 남편 엘리엇과 나는 친구, 그리고 그녀의 여자친구와 함께 레스토랑에 있었다. 그 여자친구는 이상했다. 나는 얼마 전 21년을 함께한 반려묘를 잃은 이야기를 했다. 떠나보낸 사랑이었다. 그러자 이 새 여자친구는 나를 무시하듯 쳐다봤다. "그 고양이는 엘런 씨를 사랑한 게 아니에요." 그녀는 나를 비웃었다. "그냥 엘런 씨가 그렇게 생각했던 거죠. 그 고양이 마음이 어땠는지는 모르는 거고요." 무엇보다도 슬픔에 젖은 고양이 과부를 비웃는 게 할 짓이란 말인가? 게다가 그녀는 세이디를 만난 적도 없었다. 그러면서 세이디가 나를 어떻게 생각했는지 무슨 수로 안단 말인가?

그렇지만 그녀의 태도는 나를 괴롭혔다. 나와 세이디 사이에는 실제로 무엇이 있었을까? 세이디 안에 '정말로' 뭔가가 있었을까? 아니면 세이디는 그저 자신의 몸에 새겨진 프로그램을 실행하고 있었고, 내가 그 위에 인간이 생각하는 관계를 들이댄 것일까? 이후 나는 엘리엇과 대화하던 중, 더 큰 의문을 마주했다. 인간이라는 동물과 다른 동물들 사이에는 어떤 관계가 있을 수 있을까?

세이디는 눈을 감기 전까지 힘겨운 나날을 보냈다. 뼈가 앙상하게 드러났고, 털에는 딱지가 단단하게 엉겨 붙어 가위로도 잘라낼 수 없었다. 나이 든 고양이들이 다 그렇듯, 세이디도 신장이 망가져 있었다. 그래서 저단백 특수 사료를 먹어야 했지만, 세이디는 그런 음식을 거들 떠보지도 않았다. 나는 그때까지 22년을 살아온 세이디에게 자기가 좋아하는 것을 먹이고 싶었다. 아니면 굶어 죽을 게 뻔했다. 관절염이 극심했고, 내 책상 밑 히터 옆에 있는 베개에 올라가느라 몸을 숙일 때도 무척 고통스러워하는 것이 보였다. 세이디는 옆으로 휘청거리기 시작했고, 원래 가려는 방향의 양옆으로 뒷다리가 기우뚱했다. 생각 없이 보면 우스꽝스러웠지만, 알고 보면 끔찍한 사투였다. 한 번은 혼자 서서 밥을 먹지 못해, 내가 그릇을 들고 입 앞에 대줘야만 했다.

어느 날 아침에는 계단에 똥이 낭자해 있었다. 겨우겨우 걸어 다니던 세이디가 변기 쪽으로 가다가 계단에서 굴러떨어진 게 분명했다. 나는 위층에도 변기를 하나 놓았다. 어느 날 밤은 침대에서 책을 읽는데, 세이디가 내 옆에 누웠다. 나는 순간 세이디가 괜찮다고 생각했다. 우리는 괜찮았다. 이런 밤이 앞으로도 더 있을 것이었다. 그런데 갑자기 이불이 따끈하게 젖기 시작했다. 세이디가 오줌을 누고 있었다. 나를 올려다보는 세이디의 표정을 보며 나는 겁에 질렸다. 갑자기 머리를 뻣뻣하게 세우고, 변기로 가기 위해 발을 침대 옆쪽으로 버둥거리며 바닥으로 떨어지는 것을 보았기 때문이다. 어느 날 변기가 말라 있는 것을 보고 세이디가 한동안 오줌을 누지 않았던 것을 발견했다. 내가 변기로 데려가서 잡고 있자, 세이디는 내 손 사이로 뜨거운 물줄기를 내보냈다. 바닥에 실수를 하지 않으려고 이렇게까지 애를 썼구나!

나는 생각했다. 세이디에게는 자기 몸을 바른 상태로 유지하려는, 우리 인간들이 존엄성이라고 부르는 감각이 있다고 말이다.

6개월 뒤 어느 날, 세이디는 변기에서 나오다가 옆으로 미끄러졌다. 남편이 나를 불렀다. "세이디가 좀 이상해." 세이디는 경련을 일으키며 온몸을 부들부들 떨고 있었다. 내가 다가가서 세이디를 끌어안고 이름을 불렀지만 이미 눈에 초점이 사라져 있었다. 너무나도 고통스러운 50초를 보내고, 그렇게 무지개다리를 건넜다.

남편과 나는 서로를 바라보면서, 서로의 생각을 단박에 알아차렸다. 우리는 자유다. 한동안 뉴욕에서 지내도 된다. 우리는 2주 이상 집을 비워본 적이 없었다. 세이디의 상태가 악화되면서 휴가는 2주에서 1주, 1주에서 이틀로 줄어들었다. 우리는 끝을 기다려왔다. 이제 그 끝이 왔다. 나는 아직 온기가 남아있는 세이디의 깡마른 몸을 차갑게 굳을 때까지 끌어안고 죄책감, 슬픔, 세이디가 고통에서 벗어났다는 안도감, 우리가 돌봄에서 벗어났다는 안도감을 느꼈다. 남편과 나는 2년 동안 세이디에게 물과 약과 특수 사료를 주고, 세이디를 안고 위층과 아래층을 오가고, 동물병원에 데리고 다니면서 우리의 의무를 다했다. 우리는 다른 존재를 사랑해본 모든 사람이 언젠가는 수행해야 하는, 피할 수 없는 생애 마지막 순간의 본분을 지켰다.

나는 책장에 세이디의 봉안당을 마련했다. 나무로 된 유골함, 21년 동안 내가 집을 비웠을 때마다 세이디를 돌봐주신 분의 편지, "여기에, 실로 아주 훌륭한 고양이가 산다."라고 새겨진, 누군가가 준 유치한 석판을 놓았다.

『뉴요커』에서 오려둔, 프란츠 라이트Franz Wright의 시 「고양이의 죽음에 대하여On the Death of a Cat」도 붙였다. 유명한 시인이 인쇄 매체에서 고양이를 부끄러워하지 않고 애도했다는 사실이 좋았다.

살아 있는 네게,
죽음은 별일이 아니었다고
나는

내 영혼을 다해
그리 믿고 싶다

아무런 근심 없이
잠이나 자던 네게

(이제 그 잠이
무한한 힘을 얻어
완벽해졌구나) ―그때의 네 안에도

죽음은 없었으니, 이제
너는 더 죽음에서 멀어졌구나.
천진하고 은밀한

반질반질 핥아내

사악한 윤기가 나는, 작고

흰 송곳니와, 수염이 난

밤의

친구여―

가거라.

    나는 이 시를 몇 번이고 다시 읽었다. 이 시인은 자신의 고양이가
죽음을 인지하지 못했다고 믿으면서 스스로를 위안하려 한다고 생각
했다. 하지만 사실 그건 그의 희망이 아니라 나의 희망이라는 것을 모
르지 않았다.

나는 세이디가 쇠약해지기 전에 찍었던 사진도 걸었다. 근사한 사진은 전혀 아니다. 똑딱이 카메라로 찍어서 복사용지에 싸구려 잉크젯 프린터로 인쇄한 사진이었다. 그래도 뭔가 특별했다. 세이디가 렌즈 바로 앞까지 얼굴을 들이대서 프레임을 가득 채웠다. 두 눈으로 카메라를 똑바로 쳐다보는 것이 마치, 마치 나를 보는 것만 같았다.

사진작가인 남편 엘리엇은 이 사진을 특히 좋아했다. 그는 어린 시절 반려동물을 키워본 적이 없었다. 나와 살게 되면서 함께 하게 된 세이디가 첫 반려동물이었고, 당시 그는 54살이었다. 내가 한 달 동안 집을 비우는 동안 그가 세이디를 돌봤을 때, 그는 내게 전화해 자신이 세이디와 "사랑에 빠졌다"고 말했다. 시간이 지나면서 그는 그 말의 복잡한 문제를 이해하게 되었다.

세이디가 죽은 뒤, 그는 계속 사진을 바라보며 궁금해했다. 어떻게 나와 이렇게 다른 생명체가 삶이라는 것을 함께 할 수 있는 걸까?

세이디는 속임수였을까? 모든 삶이 (묘기를 부리고 가르랑거리는 동반자 때부터, 관절염을 앓다가 눈 감기 전 50초 동안 부들부들 떨었던 할머니 때까지) 그저 세이디에게 내장된 프로그램의 일부에 불과했을까? 어쩌면 남편과 나는 우리의 필요 때문에 세이디를 지각력 있는 생물로 봐야 했는지도 모른다. 어쩌면 세이디가 고양이 나름대로 자기에게 일어나는 일들을 이해하면서 자라고, 변하고, 늙어가는 특별한 생명체라고 생각하는 편이 우리의 외로움을 덜어주었을지도 모른다. 어쩌면 로드니 브룩스와 친구의 심술궂은 여자친구가 맞았는지도 모른다. 우리의 내면이 공허해서 안에 뭔가가 있다고 믿도록 서로를 속이는 것이다. 나와 세이디 사이에는 각자 타고난 방식으로 반응하면서 얻는 상호 이익만이 존재했을 수도 있다.

하지만 나는 우리 사이에 실제로 '사랑'이라 부를 수 있는 무언가가 있었다는 기분을 떨칠 수 없다.

세이디와 나는 물론 우정을 나눴다. 남편을 만나기 전에는 잠도 함께 잤다. 몸집이 작은 세이디는 함께 태어난 새끼 중 가장 연약했던 것이 분명했다. 그래서인지 몸을 밀어 넣기를 좋아했다. 세이디를 안아본 사람이라면 누구나 알 수 있는 사실이었다. 내 품에서 잠이 들곤 했는데, 내 몸이 자신을 살짝 짓눌러도 개의치 않았다. 어쩌면 좋아했다.

세이디가 현관으로 나를 마중 나오는 것도 친밀함을 표하는 행동이었다(밥이 채워져 있을 때도 마중을 나왔으므로, 밥을 달라고 나오는 건 아니었다). 우리는 각자의 하루 의식을 상호 인정했다. 나는 세이디가 좋아하는 의자에 앉아서 햇볕을 쬐는 시간에 맞춰 미리 블라인드를 올려놓았다. 세이디는 내가 아침에 글을 쓰는 걸 알았기 때문에, 내가 책상에 앉기 전에 전원이 꺼진 히터 옆 베개에 가서 누워 있었다. 그저 온기가 필요했다면 당시 나와 함께 살았던 남편과 침대에 머물 수도 있었다. 하지만 세이디는 차가운 히터 옆에서 나를 기다리기로 했다. 우정, 친밀감, 기대, 상호 인정, 몸으로 느끼는 편안함. 이런 것이 함께 늙어가는 생명체들이 나누는 사랑의 정의가 아니라면 무엇인지 나는 모르겠다.

반면 갈등도 있었다. 우리는 21년 동안 개방형 복층 구조에서 지냈다. 그러다 보니 늘 서로의 소리가 들리는 거리에 있었다. 문을 닫고 온전히 홀로 있을 수 있는 공간은 화장실뿐이었다. 이렇게 시도 때도 없이 붙어 있으면 어떤 사이에든 금이 갈 수 있었고, 나와 남편도 마찬가지였다. 게다가 세이디는 고양이고 나는 인간이니, 우리는 어느 정도, 말하자면, 싸울 수밖에 없었다.

세이디는 여느 고양이들처럼 어떤 의자의 매력에서 헤어나오지 못했는데, 특히 천으로 싸인 의자에는 발톱을 대지 않고는 못 배겼다. 닭고기 냄새에 환장해서 닭 뼈를 찾으려 쓰레기통을 마구 헤집곤 했다. 자려고 누운 나의 팔을 물어뜯고 살을 할퀴는 아주 고약한 시기도 있었다(알고 보니 갑상선 문제였다). 세이디는 털이 희고 나는 검은색 옷을 즐겨 입는다는 소소한 문제도 있었다. 가까이 오지 마! 나는 소리를 지르곤 했다. 침대는 고양이 털 천지라서, 그 위에서 옷을 갤 수 없었다. 아직까지도 내 옷에서 세이디의 털이 나오곤 한다.

내가 "안돼!", "그만!", "세이디!"를 아무리 외쳐도 세이디는 절대 바로 대답하는 법이 없었다. 잠시 나를 바라보고는 멀뚱히 서서, 방금 뭘 잘못했나 깊이 고민하는 것 같았다. 내가 "안돼!", "그만!", "세이디!"라고 더 울부짖으면 그제야 꼬리를 획 흔들며 걸음을 옮긴다. 뒤로 젖힌 귀는 고양이의 적개심을 나타내는 명백한 신호다. 세이디는 이틀 동안 내 마중을 나오지 않을 것이다. 친구들이 오면 이렇게 물어보곤 한다. 너네 싸웠어? 불화와 악감정으로 싸늘한 공기가 흘렀다.

그렇게 몇 시간, 며칠이 지나면 악감정이 사그라든다. 화해를 한 건 아니고 그냥 묻어두는 것이다. 갈등의 원인은 다시, 또다시 불거질 것이다. 우리는 그렇게 살아갔다.

이 역시 사랑의 일부다.

세이디의 삶에는 나와 아무 상관없는 영역도 있었다. 변기에서 척 보기에도 만족스럽게 일을 본 다음에는 방을 정신없이 날아다니고, 계단을 오르락내리락하고, 다시 방으로 돌진하며 질주를 해댔다. 이런 행동은 세이디뿐 아니라 모든 고양이의 특성이었다. 이 행동은 무슨 뜻일까? 어째서 이런 폭발적인 에너지가 나오는 걸까? 고양이는 원래 에너지를 불태워야 하는 걸까? 아니면 '진화적으로 결정된 반응', 자신의 위치를 발각시킬 수 있는 냄새로부터 최대한 멀리 떨어지기 위한 생존의 몸부림일까? 그래도 이런 행위를 생존 기제라고만 생각하기는 힘들다. 내 눈에 보인 건 자신의 위력을 최고조로 발휘하는 생명체였다. 힘, 속도, 인간의 어휘로 표현하자면 살아 있음을 만끽하는 무아지경이었다.

깔개를 찢어발기는 폭력적인 순간도 있었다. 그건 평상시의 발톱 갈기가 아니라, 내가 아무리 소리를 질러도 멈출 수 없는 야성적 행위였다. 세이디는 원하는 위치를 주시하고, 발톱으로 움켜잡고, 등을 둥글게 말고 뛰어올랐다. 그러면 깔개도 덩달아 펄럭였다. 그 순간 세이디는 내가 한 번도 본 적 없는 눈빛을 보였다. 연거푸 깔개를 덮치고, 몸을 C자로 만 채 실을 쥐어뜯고, 펄럭거렸다.

나에게는 세이디의 행동이 명백해 보였다. 희생된 사냥감을 갈기갈기 찢고 자기 몫을 먹으려 고군분투하는 것이다.

그리고 그는 인간이 지어준 이름을 떨쳐냈다. '세이디'를 뱀 허물처럼 벗어버리고, 꼬리를 채찍처럼 휘둘렀다. 그러면서 입술을 말고 작은 송곳니를 보이며 위협을 가했다. 나에게 '장난'을 치는 건 아니었다. 그 순간 나는 존재하지 않았다. 세이디는 진화하기 전의 머나먼 과거, 인간과 고양이가 서로의 먹잇감 이상도 이하도 아니었던 시절 어딘가에 있었다. 사람이 아무도 없는 방에서 혼자 죽으면 개는 그 옆에 앉아서 다른 사람이 올 때까지 곁을 지켜준다는 말이 있다. 반면 고양이는 사람의 살갗을 벗겨버린다. 고양이는 사람을 먹는다.

어쨌건 그 순간, 내 눈에 세이디는 거대해 보였다. 나는 2킬로그램짜리 몸에서 나오는 힘, 민첩성, 맹렬한 에너지, 집중력, 시간으로부터의 탈출을 경탄하며 바라보기만 했다.

가장 친밀한 사이의 상대방을 바라보다가 문득 놀랄 때가 있다. 그 사람은 내가 아니고, 내가 정의할 수 있는 사람이 아님을 깨닫기 때문이다. 그 사람이 갑자기, 내가 알 수 없는 이유로 믿음을 준 외계인으로 보인다. 서로를 품에 안고 누워 있더라도 사실 그 사람은 나 없이도 존재할 수 있고, 바로 지금도 그러고 있고, 시간이 아주 많이 흐르면 나를 버린다. 그럼에도 불구하고 계속해서 함께 한다. 나는 그것도 사랑의 책무라고 생각한다.

결국 나는 세이디의 봉안당을 없애고 사진을 치웠다. 그래야 했다. 사진을 너무 오래 걸어놨더니 마음이 무뎌졌다. 반면 로봇 고양이는 아직 책장에 있다. 자주 들여다보진 않지만, 책버팀으로 유용하다.

<

기억장치와 메가바이트

2003년

>

2002년 여름, 나는 5년 동안 매달린 책을 탈고하고 노트북을 새로 사기로 했다. 특별할 것 없는 결정이었다. '컴퓨터'와 '새로'라는 두 단어의 조합은 굉장히 설레는 반면, '낡은 컴퓨터'라는 표현은 괜히 꼬질꼬질하다. 새 컴퓨터를 사기로 결심하기 직전의 어느 날, 나는 운전 중 빨간 불에 멈춰 있다가 인도에 무더기로 버려져 있는 전자제품들을 보았다. 고장 난 스피커, 부서진 자동응답기, 죽은 뱀처럼 전선이 빠져나온 컴퓨터 모니터는, 신상품의 반짝임이 사라진 물건을 바로 내다 버리는 우리의 낭비벽을 부끄러워하는 것처럼 보였다. 그 물건들, 특히 모니터는 주인이 빛을 잃은 화면의 황량한 외관을 보기 싫어서 급하게 버린 게 확실했다.

그 쓰레기 더미의 전 주인처럼(지금 그는 집안을 꽉 채우는 거대한 스피커 4대를 설치하는 중일 것 같다), 나도 새 컴퓨터를 페덱스 당일배송으로 주문해 당장 가지고 놀고 싶었다. 집에 도착해 IBM에 전화를 걸었더니 다음날 내 책상에 새 노트북이 도착해 있었다. 프로세서는 옛날 컴퓨터보다 10배 빨랐다. 기억장치도 10배였다. 화면은 33퍼센트 커졌다. 디스크 공간은 20배였다. 글자를 수십억 자 더 쓰고 저장할 수 있다는 뜻이다. 노트북을 자동차라고 치면, 아주 잘 빠진 붕붕이였다.

한편 나의 옛날 컴퓨터는 인도에 버려진 쓰레기처럼 볼품없어졌다. 케이스를 고정하는 나사는 헐거워졌고, 내부 부품을 위한 작은 뚜껑에는 박스 테이프가 붙어 있다. 키캡이 2개 빠져 있었는데, 사실은 내가 캡스록CapsLock 키를 홧김에 뽑아버렸다('캡스록' 키에 대해서는 말 말자. 키보드를 칠 때마다 거슬리는, 기계식 타자기의 골치 아픈 유물이다). 'N' 키는 글자가 닳아서 자취를 감췄다. 소프트웨어가 멍청한 제안을 할 때 내가 'No'라는 의사표시를 너무 단호하게 했나 보다. 화면 군데군데 픽셀이 죽어서 흰 점이 있었고, 나는 이따금 그 점에 대한 집착과 증오에 눈이 멀어서 다른 글자들을 읽지 못하고 흰 여백만 바라보았다.

새 컴퓨터(참고로 모니터는 결점 없이 눈부시게 빛났다)의 대각선 방향에 놓인 낡은 컴퓨터를 보고 있으니, 19살 때 멋모르고 결혼했던 전 남편과의 나쁜 기억이 불현듯 떠올랐다. 우리의 결혼 생활은 6개월 지속되었고(이 문맥에서 '지속'이 맞는 단어라면), 그 후로 소식이 끊긴 지 9년 만에 그가 느닷없이 전화를 걸어왔다. 처음 몇 분은 대화가 순조롭게 흘러갔다. 농담을 하고, 부부로서 사야 할 것만 같았던 온갖 물건에 관해 떠들며 웃었다. 그러다가 내가 그의 옛날 차는 어떻게 되었는지 물었다. 내가 무척 좋아하는 내시 램블러Nash Rambler 모델이었는데, 통화 당시에는 클래식 모델이 되어 있었다. 그리고 옛날에 그랬던 것처럼 그가 내게 칼을 들이밀었다. 에이, 알잖아. 그는 말했다. 자동차도 옛날 여자친구와 같다. 문제를 말끔하게 고칠 수도 있더라도 새로운 걸 원하는 게 사람 마음이다.

처음에는 옛날 컴퓨터를 보면서 옛날 남편을 떠올리는 게 말이 안 된다고 생각했다. 그러다가, 뜬금없던 걸려왔던 그 전화의 뒷이야기가 기억났다. 통화를 하고 몇 주 뒤 그에게서 편지 한 통이 왔고, 나는 불안한 마음으로 봉투를 열었다. 재혼한다는 소식이었다. 그제야 생뚱맞게 전화가 왔던 이유가 확실해졌다. 새것이 더 좋다는 확신을 얻고 싶었던 것이다.

요즘 나오는 마이크로소프트 윈도에서는 옛날 컴퓨터에 있는 모든 파일을 새 컴퓨터로 쉽게 옮길 수 있다. 선을 꼽고 '마법사' 프로그램만 실행하면 단계별로 파일 이동을 도와주고(무식하게 단순화한 마법사 기능이 아니라 사용자 중심으로 만든 유용한 프로그래밍 도구다), 이내 수백만 개의 정보 조각이 옛날 컴퓨터에서 새 컴퓨터로 흘러간다.

컴퓨터의 용도가 무엇이든, 새 기기를 사면서 용량 부족을 걱정할 필요는 없다. 컴퓨터 디스크 드라이브 용량은 눈부시게 발전해왔다. 베를린 장벽이 붕괴하던 1989년의 디스크 용량은 글자 200만 자를 저장할 수 있는 2메가바이트 정도였다. 그로부터 5년 뒤, 인터넷 붐이 일기 시작하던 당시에는 80메가바이트 정도면 괜찮았다. 이제 800달러짜리 데스크톱 컴퓨터의 디스크 용량이 80기가바이트 정도다. 자그마치 800억 자가 저장되는 크기다. 데이터 저장 밀도를 높이는 과학의 발전을 감안할 때, 이 속도면 테라바이트, 페타바이트, 엑사바이트, 제타바이트가 일상이 될 날이 머지않았다.

그러니까 무슨 일이 벌어지고 있는가 하면, 새 컴퓨터를 살 때마다 그때까지 내가 평생 저장해온 모든 파일을 전부 저장할 수 있는 용량의 디스크가 딸려오는 것이다. 집에 비유하자면, 이사할 때마다 원래 살던 집보다 평수가 훨씬 커져서 가릴 것 없이 예전에 샀던 가구를 몽땅 챙겨갈 수 있다는 뜻이다. 대학교 새내기 시절에 벽돌을 쌓아 만든 책장, 중고 상점에서 산 얼룩진 소파, 대학원 시절에 산 북유럽풍 커피 테이블, 산처럼 쌓인 매트리스, 배달원이 흰색 플라스틱 바퀴가 달린 몸체를 내려놓는 순간 괜히 샀다는 걸 깨달았던 밤색 벨벳 소파베드까지 전부, 브런치에 술을 곁들이고 얼떨떨하게 취한 상태로 중고 장터에서 고른 깔개, 이혼 후 급하게 산 중고 식탁까지 전부, 빠짐없이. 지금까지 집을 꾸미면서 느꼈던 흐뭇함과 남부끄러움, 인생에서 물건 하나하나를 들이게 된 사건들이 언제까지나 변함없이 존재한다. 영원하다는 건 때로 잔인하다.

나는 새 노트북을 바라봤다. 기가바이트 단위의 텅 빈 디스크는, 옛날 컴퓨터에 저장된 보잘것없는 크기의 메가바이트 단위 파일들을 삼킬 준비가 되어 있었다. 마이크로소프트 마법사가 매혹적인 알림음과 함께 파일을 전부 복사하라고 속삭인다. 나는 불현듯 거부 반응이 일었다. 그 순간 모든 것을 가져갈 수 있는 능력이 기술 발전의 억압과 압제처럼 느껴졌다. 오래전 헤어진 전남편이 기억나면서 정신이 번쩍 든 것 같다. 첫 결혼에 종지부를 찍은 지 34년이 지났고, 나는 엘리엇이라는 멋진 남자와 재혼한 상태였다. 때로는 과거를 훌훌 털어내고, 어떤 연결고리를(예를 들면 '남편'이라는 단어로 연결되었던 고리를) 끊는 것도 좋겠다 싶었다. 옛날 컴퓨터에서는 꼭 필요한 파일 몇 개만 옮기기로 했다.

물론 '필요하다'의 뜻은 늘 복잡하다. 탈고한 책의 최종 원고는 확실히 필요하다. 옛날 노트북이 수명을 다한 것도 그 책 때문이었다. 언젠가 어디에 써먹을지 모르는 수필 몇 편도 복사하기로 했다. 소프트웨어 컨설팅 일에 관련된 폴더 몇 개는 챙기지 않아도 됐다. 계약이 끝났으니까. 하지만 그 외에는 전부 애매했다. 바탕화면 위쪽에 '아무거나', '중구난방', '나도 모름'이라고 이름 붙여놓은 폴더 3개는 어째야 할까? '나도 모름' 폴더를 열어보니 '혼자 볼 편지' 폴더가 나왔고, 그 안에는 불행한 연애를 할 때 분노와 번민에 차서 썼던, 현명하게도 보내지 않고 묻어둔 편지들이 있었다. 이게 필요한가? 그 편지들은 과거의 짐일까? 아니면 창작을 위한 '소재'라고 볼 수도 있을까?

책 원고의 수없이 많은 중간 버전들은 어떻게 처리할까? 폴더 안에 폴더가, 그 폴더 안에 또 폴더가 있다. 책의 컨셉을 잡는 단계에서 폴더 이름을 계속 바꿨다. 후반부에 만든 폴더 이름은 '새로 시작', '다시 시작', '아직 아님', '또 다시' 등이다. 러시아 인형처럼 폴더 안에 폴더

　　　　　　　　　　　　　　// 코드와 살아가기

가 있고, 안으로 파고들수록 5년이라는 시간을 끌면서 써온 책의 막막했던 출발점에 가까워졌다. 어느 폴더를 복사하고 어느 폴더를 묻어둘지 결정할 수 없었다. 내 운명을 마법사에게 맡겨야 할지도 모른다.

이제는 신중해야 했다. 이건 논문을 종이상자에 담아 지하실에 보관하는 것과는 다르다. 마법사 프로그램이 새 노트북을 한번 휘저으면, 모든 파일이 내 눈 앞에 펼쳐질 것이었다. 새 노트북에 '지하'나 '창고' 같은 폴더를 만드는 건 좋지 않다. 컴퓨터에는 지하나 다락이 없다. 할 일을 미뤄두고 딴짓을 하며 빈둥거리다가, 아니면 추억에 젖어서 대담하게 '클릭'하면 모든 것이 눈 앞에 펼쳐진다. 누렇게 바래지도 않고 잔인할 정도로 처음과 똑같은 상태의 산뜻한 파일이 열리는 것이다.

현재 과학계에서는 뇌의 기억 능력이 진화하는 꿈과 같다고 말한다. 기억 형성의 화학 반응을 연구하던 뉴욕 대학교 교수 카림 네이더 Karim Nader와 글렌 샤퍼Glenn Schafe는 실험용 쥐의 뇌에 새 기억을 형성하기 위해 사용되는 단백질 공급을 끊으면, 그 쥐들이 기존에 강화되었던 기억(장기 기억으로 저장된 기억)을 떠올리지 못한다는 놀라운 사실을 발견했다. 연구진은 쥐들이 전기 충격의 신호음을 연상할 수 있도록 훈련시켰다. 그들은 고통스러운 연상 작용이 쥐의 기억에 '각인'될 때까지 하루 이상 기다렸다가, 새 기억 형성에 필요한 단백질 합성을 막는 약을 투여했다. 그런 다음 같은 신호음을 다시 들려주었다. 기존의 기억 형성 이론이 맞는다면 이 약은 아무 효과가 없어야 한다.

쥐들은 훈련받은 것을 기억하고, 신호음에 두려움을 보여야 한다. 하지만 거의 반응이 없었다. 마치 그런 신호음을 듣고 충격(그리고 두려움)을 느껴본 적이 없는 것 같은 행태였다.

어째서 생명체는 이미 강화된 기억을 떠올리기 위해 새 기억을 만들어야 할까? 장기 기억과 단기 기억의 형성 과정에는 뚜렷한 차이가 있다는 것이 일반적인 믿음이었다. 과학계에서는 보통, 뇌세포가 끊임없이 새로 만들어짐에도 불구하고 장기 기억이 어떻게 안정적으로 지속되는지(생리적 변화가 일어나는 와중에도 어떻게 영구적으로 유지되는지)를 알아내려고 해왔다. 연구의 전반적인 목표는 우리가 어떻게 해서 기억을 저장장치에서 꺼내서, 지금 다시 생각하고, 도로 넣어두는지 이해하는 것이었다.

그러나 네이더와 사피 교수는 뇌가 파일 수납함처럼 작동하지 않는다는 사실을 발견했다. '뒤로 가기'는 없었다. 뇌는 지속적으로 강화되고, 약화되고, 손상되고, 형성되는 신경 연결망이었고, 우리가 뭔가를 떠올릴 때마다 그 연결이 다시 불안정해지는 현상이 발견되었다. 우리는 새 연상 장치를 만들고, 옛날 것은 방치한다. 우리가 마지막으로 어떤 생각을 마음으로 불러냈을 때부터 우리에게 일어난 모든 일의 연결망에 기억을 새로 끼워 넣는 것이다. 그런 다음 '다시' 저장하는 것은(비록 우리는 "이 일이 딱 이렇게 일어났던 거 기억나"라고 말하지만) 실제로 일어난 사건도, 우리가 마지막으로 가지고 있던 기억도 아니다. 다만 뇌가 통째로 개편하고 다시 연결한, 혈장이 관여한 사건의 결과물이다. 뇌는 사리분별을 가리지만, 경험의 의미를 순간적으로 판단하는 것이다.

처음에 연구진은 이 발견이 두려움에 관해서만 적용된다고 생각했다. 좀더 의식적이거나 단정적인 유형의 기억들은 더 오래 지속될 수도 있다. 그러나 다시 실험을 해봐도 결과는 비슷했다. 의식적 기억 역시 다시 떠올릴 때마다 '재강화'(재배열)되었다. 그러므로 이제 안정적인 장기 기억에 대한 모든 개념을 다시 생각해봐야 했다. 한 번도 가진 적 없는 기억만이 처음 상태 그대로 지속하는 듯했다.

때로는 기억하지 못하던 경험들이 놀라울 정도로 생생하게 쏟아져 나오기도 한다. 초코파이를 꺼내 주던 엄마의 손을 떠올리면 갑자기 행복이 밀려온다! 살아 있는 말을 처음 봤을 때 느꼈던 공포감. 개가 돌진해서 살을 물어뜯었을 때의 충격. 교수실 문을 열 때의 불안함. 울타리에 낀 가짜 반지의 광채가 주는 즐거움! 누군가 내게 남긴 기억이다. 그 무엇이든. 마치 난생처음 해보는 경험처럼 생생하다. 그 느낌을 계속 간직하고 싶다. 하지만 그건 불가능하다. 기억은 다시 불러오는 순간 다른 경험들 사이에 새로 엮여 들어간다. 새로움과 선명함은 영원히 사라진다.

추억의 작동 기제와 마찬가지로, 인간의 기억은 믿을 게 못 된다. 증인의 증언과 범인 식별 절차에 대한 연구에서도 이런 사실이 밝혀졌다. 사람들은 사실을 정확하게 기억하지 않고, 회상 과정에서 생명을 위협하는 오류를 범한다. 사건 이후에 봤던 사람, 얼굴, 색, 요소를 떠올리면서 수프가 펄펄 끓는 냄비에 과거와 현재를 한꺼번에 들이붓는다. 디스크에 비트 단위로(디지털이라는 부정할 수 없는 기술로) 명명백백

하게 저장되는 확실한 증거물인 DNA와 비교할 때, 인간의 기억이라
는 미심쩍고 자기 기만적인 기제는 무슨 쓸모가 있을까?

지금 처분하려는 옛날 노트북을 쓰기 전, 더 옛날에 쓰던 애플 파워
북이 있었다는 게 기억났다. 5년째 싸구려 서류 가방에 담겨 손님용
옷장 바닥에 방치되어 있었다. 이 파워북도 후임 노트북과 마찬가지로
책 탈고 시기에 맞춰 은퇴했다. 나의 첫 책 집필이었다. 이 옛날-옛날
노트북을 보면(여기에서 무슨 파일을 가져오고, 무슨 파일을 묻어뒀는지)
이번에 새로 산 노트북에는 어느 파일들을 데려갈지 결정하는 데 참
고가 될 것 같았다.

　파워북이 켜지고 효과음(E 장조?)이 나오자, 나는 이 육중한 노트
북을 매일 들고 다니던 과거로 순식간에 이동했다. 당시 파워북은 무
너져가던 내 삶의 무게추 같은 존재였다. 파일과 폴더를 열어보기도
전에 이미 음향과 감촉, 탁탁거리며 점점 빠르게 돌아가는 디스크, '페
이지 업'과 '페이지 다운' 키가 제대로 없어서 내가 저주해 마지않던
짜증나는 키보드, 푸르스름한 작은 모니터의 어둑한 친근감, 내가 가
지고 있는 어떤 소프트웨어와도 호환되지 않음에도 불구하고 애플 기
기를 사지 않고는 못 배기게 했던 매끄러운 터치패드에 빠져들었다.
나는 출발점으로 돌아왔다. 이 파워북을 맨 처음 사용했던 곳, 뉴욕
에 있는 서블렛 아파트였다. 뉴욕은 내가 자랐지만 더 이상 살지 않
는, 거실 창에서 내다보이던 병원에서 우리 아버지가 생명을 잃어가고
계시는 도시였다.

화면에는 러시아 인형 같은 폴더들이 책을 쓰겠다는 처절한 몸부림을 보여주고 있었다. 썼다 고쳤다를 거듭한 수필들이 보였다. 여기에도 또 다른 '혼자 볼 편지' 폴더가 있었고 고뇌에 차서 쓰고는 보내지 않은 편지들이 모여 있었다. '카디시Kaddish'* 폴더에는, 겉도는 느낌 없이 고인을 위한 기도를 할 수 있는 유대교 예배당을 찾았던 흔적이 남아 있다. 파일을 만든 시간과 수정한 시간(새벽 2시, 새벽 5시)이 불면증의 심각도를 여실히 입증했다. 그다음으로는 '무서운 이름 없는 폴더'라는 것이 나왔다. 그 안에 있는 '자살.doc'라는 파일에는 이런 내용이 있다. "자살을 하는 사람도 있고, 아닌 사람도 있다. 간단한 시험을 해보자. 당신이 죽고 싶은 이유는 (가) 당신을 사랑하는 사람이 없어서, (나) 막 일자리를 잃어서 (다) 스스로의 모습을 참을 수가 없어서이다." 두 번째 단락은 가히 명랑한 투로 이렇게 말한다. "정답은 (다)입니다."

나는 노트북을 끄고 싸구려 서류 가방에 도로 넣어, 손님용 옷장의 먼지 쌓인 바닥에 다시 갖다 뒀다.

그로부터 며칠이 지났다. 그동안 새 노트북과 헌 노트북을 모두 잊고 지냈다. 이렇게 휴식 시간을 가져야 마음이 정리되는 것 같다. 내 생각들이 기억의 이동과 감별 원칙에 따라 재배열되게 하는 시간이다. 어느 파일을 복사하고 어느 파일을 그대로 둘지 다시 생각하기 위해 옛

---

* 유대교의 기도회에서 신에게 바치는 찬송가.

날 노트북을 다시 켠 나는 충격적인 사실을 발견했다. 그 노트북에는 옛날 파워북에 있던 파일이 거의 저장되어 있지 않았던 것이다. 수필도, 카디시 일지도, 파워북의 생애를 함께 한 책 최종 원고마저도 없었다.

도대체 누가 그런 파일들을 전부 챙기지 않는 건가 싶었다. 두 번째 책을 쓸 때는 첫 번째 책이 더 쉬웠다고 생각했던 기억이 난다(또는 기억했다고 생각했다). 손끝으로 키보드를 탁탁 두드리면 완벽한 문단이 화면에 쭉쭉 써 내려져 가던 신들린 듯한 순간이 떠오른다(또는 떠오르는 것 같다). 하지만 옛 파워북(내가 했던 작업들의 구구절절한 기록, 심지어는 잠 못 들었던 시간까지 모두 남아 있는 모든 파일과 폴더)은 잔인한 진실을 되새겨 주었다. 나는 본질적으로, 그 모든 과거를 잊어버려야만 했다. 기억이 각색해서 들려주는 신뢰할 수 없는 이야기, 새롭게 풀어낸 추억으로부터 위안을 받아야 했다. 책을 쓰느라 겪어야 했던 절망을 반박 불가능한 데이터로 매일매일 마주해야 한다면, 어느 누가 또다시 책을 쓸 결심을 하겠는가? 또는 (그런 이유로) 고뇌에 차서 휘갈겼던 혼자 볼 편지들을 영원히 되풀이해서 읽어야 한다면, 누가 감히 재혼이라는 숨 막히는 결심을 하겠는가?

나는 다시 한번 결심했다. 파일 대부분을 복사하지 않겠다고. 그 파일들은 과거를 회상하기 위한, 냉동 상태의 무자비하고 완벽한 기제였다. 나는 나의 본분에 맞게 기억력 나쁜 기계로 살고 싶었다. 파일들을 열어서 생각을 건드리면, 기억들이 내게서 달아나 사방으로 흩어지는 기분이었다. 그 옛날의 전남편들에게도 이제는 행복을 빌어줄 수 있었다. 그리고 우리가 애초에 기억이라고 하는 것을 견딜 수 있는 것도, 그 기억이 변하기 때문임을 깨달았다. 우리가 과거를 끊임없이 재해석할 수 없다면(경험을 바꾸고 바꾸면서 희망과 무지를 함께 넣고 버무릴 수 없다면) 기억은 폭력일 것이다. 견딜 수 없는 고문, 매일 밤 되풀이되는 악몽일 것이다. 마치 디스크에 저장되어 회전하는 데이터처럼, 영원히 똑같이 박제될 것이다.

이제 헌 노트북을 어디에 둘지 결정하면 끝이다. 컴퓨터를 새로 살 때마다 데이터를 이동해서 마우스 클릭 한 번으로 눈 앞에 펼쳐지게 하고 싶은 건 아니라도, 손님용 옷장 바닥에 내팽개쳐 두고 싶진 않았다. 그렇다고 고장 난 오디오, 처량한 모니터와 함께 거리에 내다 버리고 싶지도 않았다.

　노트북 하나하나가 일종의 일기장, 책 집필 시기에 따라 제본한 시간의 기록이었다. 폴더 정리 방식, 키보드 감촉, 화면 색감은 모두 손글씨 같은 고유의 개성을 품고 나를 과거로 고꾸라지게 한다. 그 요소들은 '데이터'가 아닌 경험이다. 그러므로 경험을 담은 다른 기록인 일기장처럼 지나치게 격식을 갖추지는 않으면서도 정성스럽게 보관해야 한다는 걸 알았다. 내다 버리지는 않지만 너무 자주 읽어보지도 말고, 과거를 견딜 수 있거나, 옛 기억을 떠올리면서 정신을 차려야 하는 미스터리한 날(옛날의 기록은 늘 미스터리하다)에만 열어보아야 한다.

　그래서 나는 책꽂이에 자리를 마련하고, 노트북 2대를 일기장처럼 세로로 꽂았다. 그 뒤로는 나의 과거와 전기 플러그들이 몸을 웅크리고 잠든 생쥐처럼 숨어 있었다. 노트북들은 이런 사실을 숨긴 채, 기만적인 태도로 다른 일기장들과 나란히 꽂혀 있다.

로봇과의 만찬

2004년

줄리아 차일드를 기억하며

내가 유일하게 들었던 프로그래밍 수업의 첫째 날, 강사는 컴퓨터 프로그래밍을 요리에 비교했다. 그가 케이크 굽기를 예로 든 게 기억난다. 먼저 필요한 재료를 정리한다. 밀가루, 달걀, 설탕, 버터, 이스트가 필요하다. 그는 이 재료가 프로그램 실행에 필요한 컴퓨터 리소스와 같다고 했다. 그다음에는 명료한 선언형 언어로, 그 재료들을 케이크로 변신시키기 위해 수행해야 하는 단계들을 서술한다. 1단계: 오븐을 예열한다. 2단계: 가루 재료들을 체로 친다. 3단계: 달걀을 휘젓는다. 그는 그 과정에서 내려야 하는 결정들을 프로그램에서 if(만약)/then(그렇다면)/else(그렇지 않다면)에 따라 분기하는 논리문에 비유했다. 만약if 자동 믹서를 사용한다, 그렇다면then 3분 동안 젓는다; 그렇지 않다면else, 전동 핸드 믹서를 사용한다, 그렇다면then 4분 동안 젓는다; 그렇지 않다면else, (아마 거품기로 손수 젓는다면), 5분 동안 젓는다. 그런 다음 그는 일종의 서브루틴으로 "117쪽으로 가서 이스트의 다양한 종류를 알아본다"를 설명했다(이 비유는 'return here[여기로 복귀]' 구문을 암시했다). 심지어는 케이크 굽는 과정을 끝까지 보여주는 흐름도flow chart까지 그려 보였다. 맨 마지막 단계는 '식히기, 자르기, 내어가기'였다.

하지만 무슨 케이크였는지는 전혀 기억나지 않는다. 엔젤 푸드였나? 초코? 레이어? 당밀 케이크? 1979년 혹은 1980년 당시 나는 프로그래밍을 독학한 지 1년이 넘은 상태였지만, 요리 면에서는 수란 이상의 복잡한 음식을 만들어본 적이 없었다. 나는 케이크보다 코드에 대해 아는 게 더 많았다. 인간이 생존을 위해 반드시 해야 하지만 기계는 절대 하지 않는, '먹기'라는 활동을 비교 대상으로 삼는 것이 적절한가 하는 의문은 들지 않았다.

사실 나는 그 후로도 24년간 그 비유에 대해 별생각을 하지 않았다. 그러다가 샌프란시스코에 바람이 거세게 불던 어느 날, 나는 소고기 덩어리를 마주하게 된다. 당시 나는 요리를 배워야 했다(요리를 하지 않으면 피자, 포장 음식, 자판기에서 파는 간식 같은 프로그래머 식단을 먹고 살아야 했다). 소고기 덩어리를 파는 사람은 포터 패밀리 팜의 조라는 남자였다. 그는 새로 단장한 페리 빌딩 식품관 가판대에서 '가정에서 기르고 도축한' 고기를 팔고 있었다.

천장이 높고 아치 위로 창문이 난 그 식품관은 진정한 먹거리의 전당이었다. 현지의 소규모 업체들이 나와서 유기농, 천연, 방목 생산 식자재를 팔았다. 너무 여려서 '꽃잎'이라고 불러야 할 것만 같은 꼬마 상추를 파는, 그런 곳이다. 장을 보기 전에 나처럼 와인을 미리 한 잔 마셔두면 헉 소리 나는 가격에 대한 마음의 준비가 된다. 베이가 내다 보이는 자리에 앉아서, 파도가 일렁이는 바다를 떠다니는 선박과 페리 를 바라보며 피노 그리지오를 한 잔 홀짝여둔 덕분에, 포터 팜 정육 코너를 지나갈 때쯤 나는 가격에 대한 저항성이 떨어져 있었다. 조가 나를 보고 인사하면서 '걸작'이라는 커다란 고깃덩어리를 보고 가라고 붙잡았다. 내가 고기를 먹긴 해도 요리는 거의 안 한다고 마다해도 그 는 개의치 않았다. 그는 이 소를 (직접) 키우고, 도축하고, 발골한 사내 로서 그 자리에 서 있었고, 그 모든 게 나를 위한 일이었던 것 같았다. 나는 그 소고기를 들고 집으로 왔다.

이 벌건 고기를 어떻게 해야 할지 막막했다. 고기 자체의 물성에 는 뭔가 소름 돋는 구석이 있다. 이디시어*에서는 고기를 'fleishidik' 라고 부르기 때문에, 지금 먹고 있는 것이 살점flesh임을 인지할 수밖 에 없다. 그래서 나는 줄리아 차일드Julia Child가 루이제트 베르톨레 Louisette Bertholle, 시몬 벡Simone Beck과 함께 쓴 『프랑스 요리 기술The Art of French Cooking』 1권을 펼쳤다. 처음 요리를 배우기로 결심하고 이 책을 샀지만, 그땐 준비가 되지 않았었다. 먼저 등심, 포터하우스, 티본 부위가 나뉘어 그려진 소고기 그림을 보고 겁에 질렸다. 그다음 에는 불에 올리고, 와인을 붓고, 갈색이 될 때까지 익히는 과정이 나 왔다. 하지만 나는 어린 시절 텔레비전에서 줄리아의 요리 프로그램

---

* 유럽 중부 및 동부 유럽에 살거나 그 지역에서 미국으로 이주한 유대인들이 사용한다.

을 보던 추억에 잠겨 더이상 진도를 나가지 않았다. 주말 아침에 채널을 이리저리 돌리다가, 이 우람한 여성이 붉은 고깃덩어리를 철퍼덕 내려치는 장면이 나오면 시선을 고정하곤 했다. 나를 사로잡은 것은 그녀가 요리하면서 몸을 움직이는 모습이었다. 그녀가 음식을 다루는 모습은 뭔가 동물적이고, 손가락에 물감을 묻혀 그림을 그리는 것처럼 신나 보였다.

그리고 창밖에 비가 내리는 지금, 나는 줄리아가 공동 저자들과 함께 소개하는 레시피를 펼쳐 보았다.

소테 드 부프 알라 파리지앵
〔크림과 버섯 소스를 곁들인 소고기 소테〕

이 소고기 소테는 중요한 손님을 급하게 대접해야 할 때 유용하다. 얇게 저며서 잘게 썬 소고기를, 바깥쪽은 보기 좋은 갈색을 띠고 안쪽은 장밋빛을 띠도록 빠르게 볶아서 소스와 함께 낸다. …… 다양한 방식으로 조리를 마무리할 때 모든 소스의 재료는 미리 준비해두어야 할 것이다. 모든 음식을 미리 요리해두는 경우, 다시 데울 때 소고기가 너무 푹 익지 않게 유의한다. 여기에 쓰이는 크림과 버섯 소스는 프랑스식 비프 스트로가노프지만, 사워크림 대신 생크림을 사용하므로 소스에 물이 생길 염려가 없어 덜 까다롭다.

소고기를 냄비 채로, 또는 접시에 담고 밥, 리소토, 버터 소테 감자볼을 함께 올린다. 버터구이 완두콩이나 콩도 곁들일 수 있다. 맛있는 보르도 레드 와인이 잘 어울린다.

'맛있는 보르도 레드 와인'라는 구절을 보는 순간, 그 프로그래밍 수업이 생각났다. 칠판에 흐름도를 그리던 강사, 그의 질서정연한 절차들, '만약/그렇다면/그렇지 않다면'으로 이루어진 논리적 결정 분기, 서브루틴, 마지막 단계인 '식히기, 자르기, 내어가기'까지의 모든 여정이 떠올랐다. 옛날의 그 강사는 당시의 젊었던 나와 마찬가지로, 우스울 정도로 요리 자체에 대한 감이 없는 사람이었다.

중요한 손님을 대접해야 한다면.

바깥쪽은 보기 좋은 갈색.

안쪽은 장밋빛.

스트로가노프.

물 생김.

리소토.
버터에 볶은 감자볼.

맛있는 보르도 레드 와인.

이 레시피를 프로그램으로 짠다면 어떨까 상상해보자. 이 구문들
이 머릿속에서 폭발해버렸다. 컴퓨터에게 '중요한 손님'이 무엇인지 뭐
라고 말할까? 저녁을 대접'해야 한다'는 건 어떻게 설명할까('대접'처럼
지루하고 심오한 부분은 말을 말자)? '보기 좋은 갈색', '안쪽은 장밋빛'이
라? 이런 상태를 온도로 아무리 잘 번역한다고 해도, 이 단어들의 의
미를 알려면 입과 눈이 있어야 한다.

나의 컴퓨터를 지능이 있는 레시피 작가로 만들려면, 우리가 마음
속에 지닌 복잡하고 불안정한 시냅스 연결에 상응하는 코드를 재현해
야 한다. 레시피에 있는 명칭, 행위, 사물 각각의 연관성을 컴퓨터에게
가르쳐야 한다. 그렇게 해서 널리 울려 퍼지고 끝없이 확장되는 의미
의 어감을 컴퓨터에 장착시킨다. 그다음, '스트로가노프'는 어떻게 하
면 좋을까? 이 명칭은 그냥 소스가 아니라, 인간의 머릿속에서 러시아
역사의 7개국을 넘나들게 만드는 연상 작용의 사슬이 시작되게 하는
귀족 가문의 이름이다. 이런 사고방식을 버리고 크림으로 만든 소스
에 국한된 작은 세계에 집중하려 했지만, 이번에는 젖단백질의 화학적
성질과 우유에서 물이 생기는 이유에 대한 정보들이 펼쳐졌다. '리소
토'는 또 뭐라고 설명할까? 특수한 단립도 벼를 길러야 한다는 것, 지
구상에서 이 작물을 기르는 지역이 한정적이라는 것부터 농업에 관한
끝없는 질문, 인간이 쌀을 먹게 된 계기, 쌀이 지구를 변화시키는 방
식에 관한 질문들. 그다음은 잉카 제국에서 유래한 감자다. 이 감자가

유럽에 있는 어떤 여성, 우리의 주인공 파리지앵 앞에 놓인 어떤 접시에 도착하기까지 벌어지는 만행을 설명해야 한다. 감자가 동그란 공 모양이 되고 버터옷을 입는 과정을 풀어내야 하는 것이다(맙소사, 여기에서는 '볶는다'는 표현 대신 '소테'라는 불어를 쓰는 이유와 버터까지 다뤄야 한다. 어떻게 먹는 행위에서 이다지도 멀리 벗어날 수 있을까?)

하지만 지금까지의 고민들은 '맛있는 보르도 레드 와인'의 저주에 비교하면 애교에 불과하다.

이 레시피의 프로그램은 무한정 확장된다. 서브루틴에서 서브루틴이 열리고, 연관성이 폭발적인 연관성으로 이어진다. 이 모든 내용을 컴퓨터에게 설명한다는 생각조차 말이 안 되는 것 같았다. 아리따운 살코기가 나를 기다리고 있다.

나의 프로그래밍 선생이 코드 짜기를 케이크 굽기에 비교하던 당시, 컴퓨터과학자들은 지능이 있는 기계를 만들기 위한 여정에서 좌절해 있었다. 컴퓨터가 탄생한 거의 직후부터, 연구자들은 생각하는 기계를 만들 수 있다고 믿어왔다. 그 후로 30년이 넘도록, 그들은 위대한 희망과 열정을 품고 연구를 계속했다. 1967년에 영향력 있는 MIT 컴퓨터과학자 마빈 민스키(인간이 고깃덩어리 기계라고 말한 사람)는 "한 세대 안에…… '인공지능'을 만드는 문제가 상당히 해결될 것"이라는 낙관적 선언을 했다. 그러나 1982년에는 그 전망에 대한 낙관을 한 수 접고 이렇게 말했다. "인공지능은 지금까지 과학계에서 연구해온 문제 중 가장 어려운 주제 중 하나다."

컴퓨터과학자들은 인간과 세상에 대해 인간이 알고 있는 지식을 컴퓨터에게 가르치려고 애써왔다. 그들은 컴퓨터 안에, 인간의 존재를 비추는 동시에 컴퓨터가 직접 조작할 수 있는 형태의 거울 같은 것을 구축하고자 했다. 인간의 뇌에서 지식이 배열된 구조에 대한 하나의 이론을 바탕에 둔 추상적이고, 상징적이고, 체계적인 거울이다. '마이크로 월드', '문제 공간', '지식 표현', '등급', '틀' 등으로 다양하게 불리는 이 추상적인 우주에는 사실의 체계화된 배열, 그 배열에 따라 작동하기 위한 원칙들이 들어 있다. 이론적으로는, 그 배열과 원칙만 존재하면 컴퓨터가 지능을 가질 수 있다. 당시에는 이렇게 규정되지 않았지만, 현실을 상징적으로 표현하려는 이 노력은 기묘하게도 컴퓨터 과학자가 생각하는 순수함에 대한 이상, 실제 세계의 무질서 뒤에 숨어 변치 않는 형태를 추구하는 정신적 동기를 품고 있다.

그러나 연구자들은 결국, 소테 드 부프 알라 파리지앵을 요리하는 컴퓨터 프로그램을 상상하는 나와 같은 처지에 놓이게 된다. 한 대상과 다른 대상의 연관성 네트워크가 폭발적으로 확장되는 것이다. 우리가 사는 실제 세상은 경이로울 만큼 너무나도 다채롭고, 어지럽고, 너무 많이 얽히고설켜 있어서 어떤 틀이나 등급으로도 분류할 수 없다. 우리가 머릿속에서 떠올리는 생각은 추상적이지 않다. 이는 존재를 이상적으로 비추는 거울이 아니라, 복잡한 세상을 돌아다니면서 체화된 경험과 떼어놓고 생각할 수 없는 무언가인 것으로 밝혀졌다. 휴버트 드레이퍼스가 '의자'라는 단어가 내뿜는 수많은 연상 작용을 줄줄이 읊은 예문이 다시 한번 이 문제를 잘 설명한다.

우리 문화권의 사람이라면 누구나 식탁 의자, 회전의자, 접의자, 안락의자, 흔들의자, 캠핑 의자, 이발 의자, 가마, 치과 의자, 그네 의자, 리클라이너 등에 앉는 방법을 이해한다. …… 의자의 종류와 그런 의자들에 성공적으로 앉는 방식(우아하게, 편안하게, 안정감 있게, 아슬아슬하게 등)은 무수히 많기 때문이다. 나아가, 의자를 이해하는 것에는 만찬, 면접, 사무 처리, 강의, 오디션, 콘서트에서 적절하게(차분하게, 점잖게, 자연스럽게, 편안하게, 대충, 도발적이게 등) 앉을 수 있는 사회생활 기술도 포함된다. ……

중요한 손님을 …… 급하게 …… 프랑스식 스트로가노프와 …… 버터 감자볼을 …… 맛있는 보르도 레드 와인을 함께 내서 대접해야 하는 식사 자리다.

책을 따라 소고기 요리를 하고 몇 주 뒤, 나는 식탁에 의자 12개를(식탁 의자, 접의자, 사무용 의자) 놓으면서 드레이퍼스가 아닌 우리 어머니를 생각했다. 젊은 시절에 호화로운 만찬을 열곤 하셨던 어머니는, 그날 밤 차리는 저녁 식사에 필요한 모든 물품을 내가 전부 가지고 있을 거라고 고집(사실은 명령)했다. 나는 어머니가 결혼 선물 목록에 추가하라고 닦달하셨던 근사한 스테인리스 제품('안 그러면 쓰레기 같은 선물이나 잔뜩 받는다'라고 하셨다), 또 다른 선물인 리델 와인잔, 마지막으로 아버지가 돌아가신 뒤 어머니가 여름 별장을 처분하면서 주신, 흰 바탕에 파란색 수레국화를 손으로 그려 넣은 간결한 도자기 세트

(어머니는 '시골집 그릇'이라고 불렀다)의 상태를 살펴보았다.

그러다가 식탁에 포크를 놓기 시작하고서야 드레이퍼스가 떠올랐다. 샐러드 포크, 생선 포크, 게살 포크, 전채 포크, 디저트 포크가 줄줄이 나왔다. 그 당시에는 인공지능에 대한 패러다임이 바뀌어 있었지만, 컴퓨터가 지각력을 발휘하게 하려면 무엇을 가르쳐야 하나라는 골치 아픈 문제는 미제로 남아 있었다. 드레이퍼스가 책을 낸 이래로 컴퓨터과학자들은 지능을 추상적인 명제로만 보는 개념(작동 기준이 되는 지식 기반 및 원칙들의 집합)을 포기하고, 신시아 브리질이 만든 키스멧처럼 얼굴과 표정이 있는 '사회적 로봇'을 개발하고 있었다. 이런 로봇은 인간과 같은 방법으로, 즉 다른 인간들과의 교감을 통해 세상을 배우도록 설계된다. 이 사회적 로봇들은 세계에 대한 정보가 각인된 채로 태어나지 않고, 기본 지식과 기술만 가지고 삶을 시작한다. 아기들처럼 깜찍한 얼굴과 사랑스러운 표정으로 무장한 이 로봇은 인간을 감동시켜서, 이들로 하여금 자신에게 세상 사는 법을 가르쳐주게 만들어야 한다. 나는 드레이퍼스의 정신을 품고 자문했다. 그런 로봇이 식사를 하러 온다면, 나는 바람직한 인간 초대자이자 스승으로서, 오늘 밤 차려줄 모든 메뉴를 로봇에게 어떻게 설명할 수 있을까?

여러 개의 포크 옆에는 샐러드 나이프, 생선 나이프, 빵 나이프, 디저트 나이프가 있었다. 그 외에도 수프 숟가락, 뼈로 만든 캐비어 숟가락, 찻숟가락, 앙증맞은 커피 숟가락, 마지막으로 독일에서만 살 수 있는 삽처럼 생긴 아이스크림 숟가락(어째서 이런 아이스크림 전용 도구가 필요하다는 걸 아는 나라는 독일뿐인 걸까?)이 있었다. 나의 로봇 손님은 모든 은 식기의 명칭과 모양과 용도를 즉각 학습할 것이다. 금속은 어란이 닿으면 화학반응을 일으키기 때문에 캐비어 숟가락은 뼈로 만들어야 한다는 사실도 바로 이해할 것이다. 하지만 입은 기능적이지 않다. 입은 우리 인간의 편의를 위해서만 존재한다. 반면 나의 로봇 손님은 먹지 않는다. 그런 로봇이 도구, 음식, 입의 복잡한 상호작용을 어떻게 이해할까? 도구 각각이 용도에 맞는 생선, 채소, 액체, 곡물을 고정해주고, 받쳐주고, 보완해주는 방법은? 그리고 포크질이나 숟가락질 각각이 침 고인 입, 그러니까 이 모든 경험이 (부디) 혀의 즐거움으로 승화되는 지점을 향해 정확한 방향을 찾아가는 방법은?

이번에는 와인 잔이다. 길쭉한 샴페인 잔, 그보다 키가 작은 화이트 와인 잔, 배불뚝이 부르고뉴 와인 잔, 큼직한 까베르네 블렌드 잔이 있다. 이렇게 다양한 잔이 있는 이유, 잔별로 와인을 담아내고, 향을 형성해서 인간의 코에 전달하는 방식을 어떻게 이야기할까? 애당초 와인을 뭐라고 설명해야 할까? 남은 평생을 와인 시음에 바치더라도 모든 종류를 섭렵할 수 없을 만큼 와인은 다양하고, 모든 와인에는 저마다 포도, 흙, 기후, 효모균, 세균, 와인 통의 재료인 목재, 그 목재의 재료인 나무가 자란 흙과 기후가 어우러진 작은 생태계가 담겨 있으며, 이 변수들이 계속 교차하면서 와인 한 잔 한 잔이 특이점, 지상에서의 한순간에 도달한다. 무언가를 먹고 마시지 않는 생명체가 이 즐거움을 이해할 수 있을까? 맛있는 보르도 레드 와인의 즐거움을!

나는 그릇을 꺼내려고 장식장 앞에 섰다. 먼저 절대 쓸 일이 없는 담배 파이프 받침대, 작은 재떨이, 옛날에는 식탁에 올려놓아야 했던 당근, 셀러리, 올리브를 담는 피클 쟁반을 옆으로 치웠다. 그러자 커피를 내리는 게 아니라(커피는 커피메이커로 내린다) 따를 때 쓰려고 장만했던 커피포트가 보였다. 어머니가 수많은 만찬을 준비하고 지휘하셨던 기억이 난다. 식탁에 떨어진 음식 부스러기를 말끔히 치우고 디저트를 먹을 준비가 끝나면, 어머니는 커피 잔과 받침을 당신 옆에 두시고 한 잔씩 커피를 따라 차례로 돌렸다. 예전에는 여자가 따르곤 했지만, 내가 부른 손님은 직접 전기 커피포트를 가져다가 자신의 커피를 따라 마실 것이다. 우리 어머니는 이제 아흔 하나시다. 어머니가 초대자이던 과거로부터 내가 초대자가 된 현재에 이르기까지, 여성의 삶에는 어마어마한 변화가 있었다. 바로 그 지점에서, 손님에게 줄 커피를 누가 따르는가 하는 하찮은 사실에 그 모든 격변이 담겨 있다는 생각이 들었다. 나는 절대 1950년대의 관습으로 돌아가고 싶지 않으면서도 어머니가 만찬을 열던 세상, 손님들이 수다를 떨며 담뱃재를 털고, 어머니는 우아하게 차려입고 여왕처럼 커피포트 옆을 지키시던 모습, 자비롭게 식탁을 지배하는 원칙 같은 어머니의 손님 대접이 그리워졌다. 나는 커피포트를 장식장 구석으로 밀어 넣으면서, 로봇 손님에게 이 모든 정서를 설명하는 건 쓸데없는 노력이라고 생각했다. 고작 그릇 하나에서 출발한 연상 작용은 후회와 그리움, 나 자신에게도 설명할 수 없는 감정으로 나를 데려갔다.

로봇을 저녁에 초대할 때의 진짜 문제는 즐거움이다. 어떻게 해야 기계 손님이 즐거워할까? 인간은 생존을 위해 음식을 먹어야 하지만, 우리가 여러 음식 중 하나를 고르게 하는 원동력은 맛있음 때문이라고 생각한다. 자애로운 어머니인 진화 작용은, 우리를 독이 든 산딸기 대신 사과를 먹는 길로 안내해왔다. 이를 위해 우리가 사과의 기분 좋은 달콤함, 상큼하고 아삭거리는 식감, 절묘하게 균형 잡혀 입안에서 오묘한 맛을 자아내는 산미에 끌리도록 만들었다. 우리가 자연 선택을 통해 섬세한 미각적 분별력이 있는 생명체가 된 것에는 타당하고 합리적인 이유가 있다. 우리 스스로 몸에 무엇이 좋고 나쁜지 배울 수 있기 때문이다. 그러나 번식을 위해 성관계를 맺어야 하는 것처럼 실용적인 생존 필수 활동은, 아주 실용적이지만은 않은, 우리 본성의 더 큰 부분을 통해 성사된다. 그건 바로 즐거움을 향한 욕망이다.

로봇은 욕망할 수 있을까? 즐거움을 느낄 수 있을까? 우리는 다른 생명체에 지각력이 있다고 인정해야 할지 결정할 때, 주로 철학자 제레미 벤담Jeremy Bentham이 처음 제시한 질문을 불러낸다. 그 생명체가 고통을 느끼는가? 우리는 어떤 존재가 느끼는 고통을 직관적으로 알 수 있을 때, 그 존재를 의식이 있는 생명체라고 기꺼이 인정한다. 하지만 나는 반대편에 서서, 우리를 고통이 아닌 황홀경으로 데려가는 것이 무엇인지 보고 싶었다. 로봇은 즐거움을 느낄 수 있을까? 로봇과 얼굴을 마주 보고, 마음 깊이 내재하는 필요 때문에 이 로봇이 특정한 즐거움을 찾고 있다는 것을 이해할 수 있을까?

신시아 브리질에 따르면, 미래의 디지털 로봇은 생물학적 음식이나 섹스와는 관계없으면서도 인간과 비슷한 욕구를 지닐 것이라고 한다. 로봇은 기계에게 필요한 것들을 원할 것이다. 합리적인 실행 순서 유지, 물리적 항상성 유지, 로봇이 스스로를 돌볼 줄 알게 되기 전까지 의지

해야만 하는 대상인 인간의 관심 등. 돌고래가 똑똑하고 행복한 것처럼, 로봇도 아주 똑똑하고 행복할 것이다. 각자의 형태와 방식으로.

브리질은 아주 명석하고 생각이 분명한 사람이며, 그녀가 로봇 생명체의 존재를 옹호하는 것은 지각력에 대한 인간의 개념을 향한 심오한 도전이다. 그녀는 로봇이 결국 실제 생명과 너무나도 비슷해져서, 인간이 생득권과 존엄성에 대한 의문을 마주할 날이 올 것이라고 주장한다. "우리가 인간인 것은 사회가 우리에게 그 인간성을 부여했기 때문입니다." 그녀는 내게 말했다. "인간성은 다른 사람에게 부여하는 자격이지요. 탄소로 이루어진 생명체만 가지고 태어나는 것이 아닙니다."

너무도 큰 도전이기에, 나는 오랜 시간 로봇 생명체의 몸속에 대해 생각하고, 상상해보려고 했다. 전류를 맛있게 삼키고, 깐깐한 취향으로 전압을 음미하고, 전선을 흐르는 미세한 스파이크를 정교하게 감지하고, 담백하고 일정한 흐름을 즐긴다. 전류에서는 철사, 트랜지스터, 축전기, 저항기의 풍미가 느껴진다. 맛있는 부품도 있고 맛없는 부품도 있다. 흙과 물에 따라 와인의 향미가 달라지고, 맛있는 보르도 와인과 평범한 와인이 다른 것처럼. 내 생각에 로봇은 안목 있는 패턴에서 수학적 규칙성을 찾고, 신비롭지는 않지만 아름답게 자기조직화된 세상을 바라보면서 즐거움을 느낄 것 같다. 1조분의 1초 단위로 움직이는 시계, 오류 없는 우아하고 조밀한 알고리듬에 맞춰 콧노래를 부르고, 빠르게 효율적으로 작동하면서(중단 없이 실행되기 위하여) 느끼는 기쁨이란. 로봇들은 여러 부품의 경계면을 규정하고, 표준화하고,

모듈화해서 낡은 부품을 뽑아, 업그레이드하고, 다시 끼워서 언제나 새로운 몸으로 살아가길 원할 것이다. 빠르게, 효율적으로, 지치지 않고, 정확하게, 표준적으로, 조직적으로 살아가는 것은 우리 인간들이 추구하면서도 늘 달성하지 못하는 덕목이다. 우리가 기계라는 협력자를 발명한 이유도 바로 여기에 있다.

내가 주최한 저녁 만찬은 로봇 손님 하나 없이도 흥겁고 시끌벅적하게 진행되었다. 모두가 웃고 떠들었고, 딱 적당하게 먹고 마셨다. 손님들이 각자 커피를 따르려고 일어날 때마다, 오늘은 맛있는 브랜디로 마무리해야 하는 밤임을 알 수 있었다. 마지막 친구가 떠났을 때가 새벽 2시 반이었고, 식탁보는 얼룩투성이에, 지저분한 그릇이 여기저기 널브러져 있고, 빈 게딱지에서 냄새가 나기 시작하고, 부엌은 난장판이었다. 완벽하다.

이틀 뒤, 나는 세이프웨이에서 카트를 끌고 다니다가(내가 늘 꼬마 상추만 먹고 사는 건 아니다) 음식들이 참 정갈하고 가지런하다는 생각을 했다. 선반에는 바로 먹을 수 있는 상태로 포장된 식사류 상자들이 나란히 놓여 있었다. 규격화된 크기로 잘린 고기는 플라스틱 쟁반 위에 질서정연하게 배열된 채 랩에 싸여 있었다. 채소들마저 복제된 듯 똑같이 생겼다. 쌍둥이처럼 똑같은 시금치, 브로콜리 묶음들은 흙이 조금도 묻지 않은 완벽한 초록색이었다. 줄리아 차일드와 캘리포니아의 요리 전문가 앨리스 워터스가 미친 영향에도 불구하고, 유기농과 현지 생산을 추구하는 움직임에도 불구하고, 우리는 여전히 공장에서 제조한 효율적이고 표준화된 식품을 소비한다.

하지만 그것도 당연한 일이지 싶다. 모두가 식품관에서 파는 고급 식자재에 돈을 쓸 수 있는 건 아니니까. 설사 그럴 돈이 있더라도, 시장을 어슬렁거리면서 그날그날 싱싱한 재료를 사서 요리할 시간이 있는 사람이 어디 있을까? 비 오는 오후에 신선한 소고기를 부프 알라 파리지앵으로 변신시킬 수 있는 친구들도 있지만, 그들조차 요즘은 너무 빠듯한 일정에 쫓겨 산다. 그냥 아무거나 집어 들고, 병에 든 소스를 부어 먹는 것이 속 편하다. 일하는 시간이 길고, 집에 있는 동안에도 이메일과 휴대폰을 통해 일에 생활을 잠식당하는 우리는 모두 간편하게 체계적으로 장을 보고, 부엌에서의 시간을 효율적으로 쓰고, 허겁지겁 밥을 먹어야 한다.

멍이나 흠집 없이 매끈한 라임 6개를 골라 집다 보니 이런 생각이 들었다. 나는 로봇이 지각력을 가지고, 인간인 우리와 구별되지 않는 존재가 되는 것을 진심으로 걱정하지 않는다. 아이작 아시모프의 작품 속 '세계 조정자' 바이얼리부터 브리질이 만든 키스멧까지, 로봇이 우리를 속여 인간 행세를 하리라는 오랜 두려움이 불현듯, 거리에 버려진 낡은 컴퓨터만큼이나 쓸모없는, 옛날 옛적에 보던 불량 만화책처럼 느껴졌다.

이제는 완벽한 라임, 진열대에서 사라진 듯한 다섯 종의 사과, 내가 그날 밤 30분 만에 뚝딱 만들어 먹게 될 식사, 부엌을 욕망이 휩쓸고 지나간 난파선으로 만들어버리는 만찬이 점점 드물어지는 변화가 더 두려웠다. 계산대 줄은 길었고, 깔끔하게 포장된 식품들이 컨베이어

벨트를 타고 움직였다. 음식마다 기계 인식을 위한 상표와 바코드가 붙어 있기에, 스캐너 찍는 삑삑 소리가 여기저기서 들렸다. 인간이 로봇의 즐거움을 따라 살도록 삶이 우리를 강요한다는 생각이 들었다. 우리의 식도락은 로봇의 식도락에 자리를 내주었다. 섬찟했다. 로봇은 인간이 되어가고 있지 않다. 다만 우리가 로봇이 되어가고 있다.

4부

과거에 진 빚에 관한 세 가지 이야기

〈

내가 없는 동안[*]

2012년

〉

2006년 2월, 한 이야기가 나를 따라다니기 시작했다. 이런 일은 누구에게나 생길 수 있다. 무언가가 당신의 상상 속에 스스로 똬리를 틀고, 뇌리에 꽂힌다.

무엇이든 망령이 되어 당신을 따라다닐 수 있다. 컴퓨터 프로그래밍을 엉망으로 해놓아서 창피하다고 하자. 일단 실행은 되므로 아무에게도 말하지 않지만, 언젠가 누군가가 실수를 발견할 게 뻔하다. 그때 펼쳐질 장면, 수치심, 인생의 나락이 머리를 맴돌고, 당신은 상상의 나래에 갇혀버린다. 친한 친구가 다른 모든 친구에게 당신에 관한 거짓말을 해서 상처를 받을 수도 있다. 당신은 지금까지 그 친구가 여러분에게 못되게 굴어온 과거, 당신에게 했던 교활한 외모 평가("너는 발

---

[*] 이 장은 저자가 2012년에 출간한 소설 『바이 블러드By Blood』를 쓴 배경에 관한 이야기다.

// 코드와 살아가기

목이 그렇게 가늘지는 않구나, 그치?")를 떠올리며 친구의 목을 조르는 꿈을 꾼다. 가장 어처구니없는 일은, 품평회라도 나온 듯 평가를 해대며 당신더러 훌륭한 현 남편을 떠나라고 말하는 일이다("진짜 친구니까 네가 더 나은 사람을 찾길 바라는 거지"). 이제 그 친구 생각은 떨쳐버리고, 그 이야기의 비닐 포장을 뜯어버리고(질식 주의!) 행복한 추억으로 넘어간다. 화창한 토요일에 페어리랜드라는 놀이공원에서 내가 회전목마를 타는 모습을 지켜보시던 아버지에 대한 기억 같은 것. 하지만 이 추억도 치워버리고 싶다. 당신이 회전목마 타는 모습을 아버지가 지켜본 건 그때 한 번뿐이었으므로, 행복한 추억조차 끔찍하다.

앞서 말했듯, 어떤 기억이든 떠오를 수 있다.

2월에 나를 따라다닌 이야기는 암울했다. 홀로코스트, 유기, 광기가 뒤섞여 나를 괴롭혔다. 그 이야기의 그림자는 모두 내 개인적 정서에서 너무 큰 부분을 차지했다. 물론 홀로코스트는 내 개인적인 경험이 아니지만, 유기와 광기는 그랬다. 그러므로 이 심해 괴물이 내 상상 속을 헤엄쳐 다니지 못하게 하는 편이 나았다.

이 이야기를 알게 된 건 우연이었다. 『뉴욕 타임스』에 실린 짤막한 기사에서 읽었다. 이래서 신문이 위험하다. 원래 관심 있던 주제들로만 피드를 구성하는 것이 좋을 텐데. 그러면 소말리아의 굶주림, 브롱크스에서 벌어진 살인, 이라크에서 폭탄에 희생된 사망자 26명, 당신이 알았거나, 존경했거나, 사랑했거나, 증오했던 누군가가 세상을 떠났음을 알려주는 부고에 시선을 빼앗길 위험이 없다.

페이지를 넘기자. 오른쪽 아래로 눈이 간다. 정장에 오버코트를 입은 부유해 보이는 남성들의 사진이 있다. 이야기는 이렇다. 제2차 세계 대전이 끝나고 베르겐벨젠 난민 수용소에서 태어난 사람들이 서로 연락하고 지내면서, 매년 시간을 맞춰서 만나기도 했다. 그들 사이에는 유대감이 있는 것 같았다. 하지만 아무리 생각해도 그 유대감의 본성이 이해되지 않았다. 난민 수용소에서 태어난 사람이 왜 그런 과거를 기념하고 싶어할까? 그들은 돌아갈 나라도, 그들을 받아줄 나라도 없이 가시가 박힌 철사로 둘러싸인 수용소에서 살았다. 옛 강제 수용소에 발이 묶여 있었던 것이다. 어쩌면 그들에게는 수용소에서 자란 이야기가, 도무지 떨쳐낼 수 없게 뇌리에 꽂혀 있는지도 모른다.

나는 그 기사를 내 작은 사무실 벽에 붙여놨다(아니! 심지어는 핀으로 꽂아놨다!). 종이가 누렇게 바래고 번질번질해졌다. 그런 기사는 치우고, 인터넷의 새로운 도약, 전 세계의 코드를 둘러싼 다음 이야기를 생각했어야 했다.

같은 2006년에 알게 된 다른 이야기는, 내 개인사마저 잊게 만들었다. 또 한번 신문을 보다가 감정을 장악당했다. 여행 중 내 호텔 방문 밖에 『USA 투데이』가 있길래 조식을 먹으며 읽기로 했다. 미국 국가안보국이 미국 시민들을 대규모로 무단 감시하고 있다는 기사가 보였다.

이 기사는 국가안보국이 "미국인 수백만 명의 전화 통화 기록을 몰래 수집해왔다"는 내용을 상세하게 밝혔다. AT&T, 버라이즌, 벨사우스Bell-South 통신사가 고객들(시민 2억여 명)의 통화 관련 정보를 제공했다. 이들은 국가안보국에 전화번호, 통화별 날짜와 통화 시간이 담긴 데이터를 넘겼다(퀘스트Qwest만 협조에 불응했다). 아마도 "전 세계에서 역대 최대 규모일 데이터베이스"에는 방대한 정보가 저장되어 있다고 익명의 제보원이 말했다. 미국 국경에서 '발생하는 모든 통화 내역이 담긴 데이터베이스를 구축하는 것'이 목표일 거라고 그는 말했다.

이 이야기는 수십 년 전 연합 조직 결성의 필연적 결과 같았다. 우리 건물 앞 도랑에 묻혀서 AT&T 개폐소를 향해 이어진 광섬유 케이블이 생각났다. 이제 그들이 보유한 대역폭은 전 세계의 수많은 전화 통화와 이메일 내역을 추적하기에 충분했다! 팀 버너스리 같은 인터넷 발명가들이, 정부가 인터넷을 감시에 활용할 수 있다고 오랫동안 두려움에 떨어온 것, 내가 1980년대 중반에 몸담았던 데이터베이스 시스템, 서버에 저장된 정보에 접속하는 속도가 빨라지고 있다는 사실 등이 떠올랐다. 이제 국가안보국은 수십억 개의 데이터 요소를 면밀히 살필 수 있는 강력한 알고리듬 도구를 갖췄다. 미국과 영국의 정보기관들은 인터넷 자체의 척추를 이루는 대서양 횡단 케이블을 도청했다. 내가 1999년에 인터넷을 보고 느꼈던 설렘이 뭐였든, 이제 그 설렘은 사라지고 없다.

미국 지방 법원에서 감시 프로그램은 헌법을 위배하는 불법 행위라는 판결을 냈을 때는 약간의 희망이 보였다. 하지만 법무부 장관 앨버토 곤잘러스Alberto Gonzales가('발전된 심문 기술'을 '고문'과 혼동하면 안 된다고 한 장본인이다) 그 판결을 뒤집었다. 그는 외국 정보 감시 법원에서 '테러리스트 감시 프로그램'을 감독할 것이라고 말했다. 이 기관은 의사록이 공개되지 않는다. 정부는 검은 커튼을 치고 인터넷을 함락시켰다.

이 이야기는 뉴스에서 잊혀 갔다.

베르겐벨젠 아이들의 이야기에 등장할 인물들이 떠오르기 시작했다. 벨젠에서 태어난 젊은 여성은 입양되기 위해 이 집 저 집을 전전했지만, 어느 집도 그녀를 원하지 않았다. 한 독일인 정신과 의사는 그녀가 정체성을 찾도록 도와준다. 이 의사는 본인의 가족이 홀로코스트에 관여했다는 사실에 힘겨워한다. 그 젊은 여성을 낳고 입양 보낸 어머니는 베를린 사회에 동화되어 살아가는 부유한 유대인 가정에서 태어났지만 결국은 자신이 '혐오'하는 나라인 이스라엘 텔아비브에 살게 된다.

시간 설정도 명확해진다. 이 이야기의 '현재'는 1974년 샌프란시스코이고, 모든 등장인물이 1945년과 그 이전의 과거를 회상하고 있었다.

이들은 저마다 배신자, 내 삶의 일부를 훔쳐간 도둑(입양, 부모의 파양, 치료, 나에게 뭔가를 숨기는 치료사), 사라지지 않을 내면적 이야기의 단편들이었다. 이들을 전면에 내세우면 이들이 내 마음에서 사라질지, 더 단단하게 자리 잡을지 알 수 없었다. 어쨌든 꼭 필요한 등장인물들인 것 같았다.

1년이 흘렀다. 200페이지를 쓰고, 버렸다.

다시 한번 충격적이고 저항할 수 없는 방해거리가 나타났다. 때는 2007년 1월, 애플이 최초의 아이폰을 출시했다. 내 손 안의 컴퓨터. 애플은 제삼자가 만드는 애플리케이션을 지원했다. 수천 명의 개발자가 아이폰용 프로그램을 만들기 위해 모여들 것이 눈에 선했다. 컴퓨터의 모든 것이 송두리째 바뀌었음을 알 수 있었다.

내가 사는 건물에서 몇 블록 건너편에 자리한 모스콘 센터에는 대규모 기술 학회를 여는 넓은 회의장이 2개 있다. 4만5000명이 참석하는 오라클 행사가 열리면 건물 주변 거리가 봉쇄되고, 우회하는 차량들이 무의미하게 경적을 울려댄다. 게임 개발자 회의Game Developers Conference에는 검은 가죽 재킷과 정장 차림이 섞여 있고, 반항적이고 소년스러운 관람객들이 흥에 겨워 있다. 애플 세계 개발자 회의Apple Worldwide Developers Conference는 스티브 잡스를 무대에서 실제로 볼 수 있는 기회다. 그가 관중 앞에서 어떤 새로운 마법을 선보일까?

인도를 가득 채운 젊은 남성(대부분 백인과 아시아계 젊은 남성)들의 목에 걸린 플라스틱 배지가 빛을 받아 반짝였다. 그들이 대화를 나누고, 몸짓하고, 에너지를 발산하는 거리에는 이지적 불꽃이 튀었다. 페어리랜드에서 파는, 판지 손잡이에 신기하게 휘감긴 분홍색 솜사탕보다도 유혹적인 세계다.

나는 가끔씩 그들을 동경하듯 우두커니 서있었다. 나는 낄 수 없는 세계였다.

———

애플이 아이폰을 공개하고 여섯 달쯤 지난 어느 날 밤, 나는 마켓에서 가까운 뉴몽고메리가의 낡은 건물에 마련한 아담한 작업실에서 글을 쓰려고 앉았다. 마크 트웨인도 여기에 사무실이 있었다. 전부 떠나고 없다. 밖에서 들리는 자동차 소리와 복도 형광등의 신경질적인 전기 소리 외에는 정적이 감돈다. 어떤 목소리(정신분열 증상으로 들리는 목소리가 아니라[병적인 무언가가 내 의식을 지배하긴 했지만], 글을 쓰게 하는 목소리)가 들려왔다. 그 목소리의 주인공은 남자 교수였고, 아마도 무슨 규정을 위반해서 잠시 대학을 떠나 있다. 얼마나 중요한 규정이 었는지 그는 말해주지 않는다. 그는 샌프란시스코에 혼자 있으면서, 그의 설명에 따르면, "어린 시절부터 끈질기게 나를 따라다닌 신경 질환"을 겪고 있다.

그 목소리는 위험했다. 내 자신의 목소리와 지나치게 비슷하면서 더 어두웠다. 내 존재가 낯선 남자로 바뀌어, 나처럼 사무실에 앉아서, 얇은 문을 통해 옆 사무실에 있는 젊은 입양아 여성이 받는 치료를 엿듣는다. 나는 썩 내키지 않아도 그가 이야기 전체를 지배하게 해야 한다는 것을 알았다. 그가 자신이 들은 내용을 말하는 것으로만 내용을 전개할 수 있다. 광기! 이 이야기는 나를 쫓아왔다. 세상에 알려져야 하는 이야기이지만, 문 뒤에, 그리고 교수의 말 속에 몸을 숨기고 내게 모습을 드러내지 않았다.

바로 그날 밤, 그의 목소리를 들으면서, 나는 앉은 자리에서 이야기의 도입부 20쪽을 썼다. 여기에는 달변의 올가미가 놓여 있었다. 이 신경 질환을 앓아온 남자, 낯선 교수의 입을 빌어 말하는 것만이, 지금껏 나를 쫓아 다녀온 이야기를 떼어낼 유일한 방법이었다.

좁은 작업실 밖 세상이 점점 멀게 느껴졌다. 내 눈에 보이는 건

// 코드와 살아가기

1970년대 샌프란시스코였다. 연쇄 살인마 조디악Zodiac이 여전히 활개치고 다니던 시절이다. 자칭 죽음의 천사Death Angels라는 흑인 이슬람교도 단체가 저격으로 혁명을 일으켜서, 백인들을 무작위로 쏘고 한 명을 죽일 때마다 '날개'를 얻으며 도시를 공포에 몰아넣었다. 대부분이 백인인 좌파 혁명 운동가들로 구성된 지하 조직 웨더맨Weathermen은 밥 딜런이 쓴 가사 '일기예보관weatherman이 없어도 바람이 어디서 불어오는지 알 수 있다(You don't need a weatherman / To know which way the wind blows)'에서 이름을 따왔다. 이 조직은 폭력성이 강했고, 경찰은 그들을 잡기 위해 미션 지구를 걸어 다니는 멜빵바지 차림 여성을 일일이 세워서 심문했다. 당시 선머슴처럼 하고 다니던 나도 예외는 아니었다. 그런가 하면 심바이어니즈 해방군Symbionese Liberation Army은 허스트 신문의 상속인 패티 허스트를 납치해서 그녀를 몇 주 만에 전혀 다른 사람으로 바꿔놓은 사건으로 유명하다. 그녀는 이름을 타냐로 바꾸고, 경찰을 돼지라고 부르고, 경비원이 살해된 은행 강도 사건을 도우며 카빈총을 자랑스럽게 내보였다. 한편, 샌프란시스코는 육체적 욕망으로 뜨겁게 달아올랐다. 카스트로 지구 거리는 게이바에서 나온 남자들로 넘쳐 흘렀다. 그들은 대중목욕탕에 가서 좋아하는 성행위를 닥치는 대로 실천했다. 온순하다는 평을 듣는 레즈비언 여성들은 전용 술집에 모였고, 가끔은 그 안에 마련된 비밀스러운 공간에 들어가서 마약과 섹스를 일삼았다.

나는 기억을 더듬어갔다. 그 시절의 무모함, 공포와 흥분. 제2차 세계대전이 발발하기 전의 베를린은, 샌프란시스코와 불운한 자매지간

같은 존재일 것 같았다. 베를린에도 그 나름의 광기와 무모함, 바이마르 공화국*의 광란이 들끓었고, 주민들은 앞으로 어떤 참상이 벌어질지 알지 못했다.

현대의 인간은 20만 년간 존재해왔다. 현대의 웹을 사용하는 인간은 20년 동안 존재해왔다. 그러므로 나는 2007년 1월에 아이폰 공개와 함께 제안된 앱, 스타트업, 모바일 컴퓨터 등에 잠식되어버리는 글을 쓸 수 없었다. 하지만 정부의 감시, 기술 기업(구글, 페이스북)이 사용자들의 웹 활동을 추적하고, 그 활동 정보를 광고주들에게 판매하는 사찰 활동에 관한 이야기가 계속 떠들썩했다. 구글은 세계 최대 광고 판매 기업이 되었다. 유례가 없을 정도로 거대한 규모다. 나도 이 현상을 모두 무시할 수 있는 것은 아니었지만(짧은 글을 몇 편 썼다) 2008년부터 2012년까지 일어난 사건들은 거리에서 아우성치는 군중 같았다.

　나는 유혹을 뿌리치기 위해 창문을 걸어 잠근 다음, 블라인드를 내려야 했다. 인터넷이 존재하기 전에 살았던 많은 인간에 대해 생각하고 싶었다. 내가 만든 인물 몇 명이 좁은 작업실에서 나를 기다리고 있었다. 앞서 말한 것처럼 밤이 되면 도로의 자동차 소리와 복도의 형광등이 지직거리는 소리밖에 나지 않는 조용한 공간이다.

---

* 1919년에 성립되었다가 1933년에 히틀러가 나치스 정권을 수립하면서 소멸된 독일 공화국.

과거. 몇 가지 과거:

1974년 샌프란시스코. 그 시절의 무모함.

1975년 이스라엘 텔아비브. 욤 키푸르 전쟁(제4차 중동 전쟁)이 있고 나서 두 국경에는 기습이 난무했고, 이스라엘국은 전쟁으로 거의 소멸할 지경의 상태였다. 나라가 사라질 수 있음을 갑자기 깨닫게 된 국민의 불안.

1945년 독일. 독일 항복 후 베르겐벨젠 수용소. 강제 수용소 사람들은 해방된 다음에도 매일 수천 명이 굶주림과 발진티푸스로 죽어갔다. 포로들은 폴란드나 러시아에 있는 '고향'으로 돌아가지 못했다. 돌아가는 유대인에게는 대학살이 기다리고 있었기 때문이다. 그들은 대신 팔레스타인으로 간다는 희망을 품었다. 그러나 영국이 팔레스타인을 지배하면서 유대인 입국을 거부했다. 수용소에서의 삶이 그나마 최선이었다.

1930~1940년대 유럽. 전쟁. 홀로코스트.

1930년대 베를린. 이름만 유대인이지, 자칭 '히브리인의 유산을 계승한 독일인'이라는 부유하고 세련된 가족들.

설정한 시대마다 인물들의 실제 모습을 상상해보려고 했다. 그들이 입는 옷은 무슨 소재였을까? 그들이 신는 신발은 발이 아팠을까(사소하게 넘길 문제가 아니다. 발이 아픈 게 심신에 얼마나 큰 영향을 미치는지 생각해보라)? 주변의 냄새와 소리는 어땠을까? 인물의 생모는 자동차가 말을 대체하고, 말똥 냄새 대신 매캐하고 숨막히는 배기가스 냄새가 공기를 메우고, 다그닥거리는 말발굽 소리와 겨울의 썰매 방울 소리 대신 엔진의 정신없는 끽끽 소리가 울려 퍼지던 시절을 기억할 만큼 나이 먹었다.

등장인물들은 자신의 과거를 어떻게 이해했을까? 책, 미술, 음악을 통해서? 그들의 선조와 선생님과 식사 중의 대화를 통해서?

1938년, 1945년, 1974년을 하나의 관점으로 볼 수는 없었다. 등장인물들은 각자의 순간, 과거, 부모님에게 들은 이야기, 조부모님들로부터 이어진 이야기에 대한 모든 경험과 기억 속에 고여서 살아간다. 생모의 어머니가 1886년에 베를린에서 열렸던 대 시너고그Great Synagogue*를 설명한다. 이 행사는 오스트리아헝가리제국 황제였던 프란츠 요제프가 참석할 정도로 성대했다.

과거는 과거 속으로, 더 먼 과거 속으로 뒷걸음질 친다. 오스트리아헝가리제국까지 거슬러 올라갔을 때 나는 현재로 돌아갈 시간이 되었음을 깨달았다.

* 유대교의 종교 회의.

2012년에 이야기는 마무리되었다. 이제 세상에 나가 박제되었다. 이제 내가 더하거나 뺄 수 있는 여지는 없다. 오류와 결함이 있긴 해도 이야기는 나를 풀어주었다.

다시금 인터넷이 내 눈에 들어왔다. 대중은 자신을 향한 감시와 추적을 어쩔 수 없는 삶의 일부로 받아들이는 것 같았다. 기술이 우리의 사생활에 개입할 줄은 몇 년 전부터 알았다. 하지만 수많은 사람이 그런 존재 상태의 변화를 기쁘게 받아들일 줄은 몰랐다. 이들이 대기업과 정부의 감시를 동시에 받는 줄 알면서도 감내하고 계속 자신을 드러내리라고는 상상도 못 했다. 내게는 이런 현상이 우리 시대의 광기로 보인다.

독자들은 내게, 왜 인터넷 이전 시대의 이야기를 선택했냐고 물었다. 타당한 질문이다. 나는 오랫동안 기술에 대한 글을 써왔으니까. 하지만 이 질문은 끝도 없이 반복된다. 왜 인터넷 전이죠? 왜 인터넷 전이죠? 왜 독자들에게 이야기가 직접 와닿지 않게 벽을 치신 거죠? 인터넷이 없는 시대라는 거대한 장벽을?

내 대답은, 인터넷이 인간 경험의 절정은 아니라는 것이다. 웹은 지구에서 인류가 살아온 20만 년 역사 중 또 하나의 빛나는 순간일 뿐이다. 불을 길들인 것, 페니실린을 발견한 것, 『제인 에어』가 출간된 것 등 무엇이든 빛나는 순간이 된다. 전과 후는 중대한 의미를 지닌다. 삶과 의식 면에서, 전과 후를 가르는 경계선 양쪽으로 서로 다른 세상이 펼쳐진다.

세상은 인터넷이 있기 전에도 존재했고, 인터넷 후에도 여전히 존재할 것이다. 인터넷은 언젠가 종말할 것이다. 인터넷이 어디에나 존재하는 감시 조직이 된 것을 고려하면, 우리가 아는 인터넷은 이미 죽었는지도 모른다.

이 이야기의 등장인물들은 과거의 진실을 찾아 헤맨다. 구글 검색의 단편적인 정보들에서 벗어나서 검색, 즉 '찾기'의 개념을 되찾아야 한다는 생각이 들었다. 찾기는 아주 오래된 비유다. 호메로스Homer의 작품, 고대 그리스어, 먼 과거의 인간들이 우리에게 남긴 글귀들만큼이나 오래되었다. 우리는 되돌아보기를 멈추지 않는다. 찾기는 우리의 일부다. 찾기는 우리의 삶의 일부, 인류가 생존할 수 있도록 진화 과정에서 부여받은 욕구다.

그리고 서사가 있다. 우리는 서사적 생명체이자 시인이다. 인간은 이야기, 노래, 리듬을 통해 기억을 만들고 회상의 근저를 다지며 역사를 전해왔다. 우리는 이야기를 풀어내는 행위를 절대 멈추지 않는다. 인간의 마음이 진화하는 과정에서, 이야기를 필요로 하는 성질이 우리 몸에 새겨졌다. 우리는 잠을 잔다. 그동안 뇌는 몸을 돌보면서, 오늘의 경험을 그 전날 일어난 모든 일의 시냅스 연결에 함께 엮는다. 기억이 이동하는 순간이다. 경로가 강화되기도, 약화되기도 한다.

한편, 우리는 잠을 자면서 거짓말을 하고, 우리에게 일어난 모든 일을 이해하려고 노력한다. 우리는 우리 마음속에서 무엇이 깜박거리고 있는지 이해해야만 한다. 선택의 여지가 없다. 우리는 사건들 사이의 연관성을 찾기 위해 처절하게 노력한다. 화학적 흥분을 이야기로 치환하고, 꿈을 통해 스스로에게 이 이야기를 들려준다. 이야기는 실패하

// 코드와 살아가기

고, 뇌에 들러붙지 못한다. 꿈에 대한 기억은 잠에서 깨는 순간 사라진다. 우리는 실패하고, 실패한다. 그럼에도 밤마다 다시 시도한다. 우리를 이루는 육신에서 벗어나는 방법은 없다. 잠에는 앞으로 펼쳐지기 위해 꿈틀대는 이야기가 가득하다.

<

중앙처리장치에 다가가다

2014년

⟩

1981년, 나는 중앙 컴퓨터를 다뤄보기 전까지는 진짜 개발자가 될 수 없다고 생각했다. 막연하기 그지없는 생각이었다. 나는 중앙 컴퓨터를 프로그래밍하는 방법을 전혀 몰랐기 때문이다.

한 헤드헌터가 내게 전국구 규모의 백화점 면접을 잡아주었다. 하지만 내가 그 채용의 적임자는 아니라고 했다. 중앙처리장치를 다뤄본 경험이 없어서였다. 그 회사는 구체적으로 CICS와 함께 MVS SPF JES2가 실행되는(뭐라고?) IBM/370을 다뤄본 경력자를 원했다. 나는 그들이 사용하는 프로그래밍 언어인 코볼을 가지고 코드를 짜본 적이 없었다. 여자인 것도 도움이 안 됐다. 헤드헌터가 면접을 잡을 수 있었던 건, 내가 채용되어 1년 동안 그 회사에 다니면 내 첫해 연봉의 20퍼센트를 자신이 받을 수 있다는 사실에 의욕이 충만해져서 끈질기게 영업을 한 덕분인 것이 분명했다.

// 코드와 살아가기

면접 자리에는 어깨가 넓어 보이게 패드가 들어간 바지 정장에, 운동화가 아닌 신발을 신고 갔다. 처음 샌프란시스코에 왔던 1970년대 중반의, 짧은 머리에 고양이를 기르며 임시직을 전전하던 내가 아니었다. 이번에 지원한 자리 전에도 정식으로 일한 경력이 있었다. '리얼리티'라는 뻔뻔한 이름의 운영체제를 돌리는 중형 컴퓨터를 사용하는 개발직이었다. 그리고 이제는 심지어 더 큰 컴퓨터를 다루는 자리에 정식으로 취업할 마음을 먹었다. 게이 혁명이 맹위를 떨쳤다. 레즈비언 술집들도 성황이었다. 나는 여전히 여자를 만나고 다녔다. 하지만 이 자리에서는 이성애자처럼 보여야 했다.

이 회사의 데이터 처리 센터는 샌프란시스코에 있는 대형 백화점 9층에 있었다. 그 층은 존재하지 않는 것처럼 보였다. 엘리베이터는 8층까지밖에 올라가지 않았다. 내려서 주위를 둘러보니 쌍여닫이 문에 적힌 '직원 전용' 팻말이 보였다. 나도 직원이 될 수도 있다는 가정 아래 그 문을 통과하자, 이번에는 '9'라고만 적힌 표지판이 나왔다. 화살표가 가리키는 좁은 층계 천장에서 어둑한 불빛이 내려와 계단을 비추고 있었다.

위층으로 올라가자 굳게 닫힌 유리 벽이 나왔다. 조명은 께름칙했다. 여성들이(전부 필리핀 사람인 것 같았다) 천공기에 머리를 파묻고 일하는 중이었다. 그들은 지나가는 모든 이의 시선에 노출되어 있었고, 두꺼운 유리 벽 덕분에 소리는 전혀 새어 나오지 않았다. 보는 사람들에게는 덜컹거리는 기계 소리가 전혀 들리지 않아서, 가상의 과거 시대의 정신 없는 쇼윈도를 팬터마임으로 표현한 것처럼 보였다. 나는 천공기가 존재했다는 사실 자체를 잊고 살아왔다. 내가 알기로 데이터 입력은 단말기에서 컴퓨터 시스템으로 직접 타이핑을 하는 것이었다. 요상한 계단이 나를 존재하지 않는 층으로 데려온 것은 물론, 시간도 10년 전으로 되돌려놓았나 보다.

유리 벽 너머로 난 짧은 복도를 지나면, 거리 블록의 반 정도는 차지할 것처럼 드넓은 방이 나왔다. 파티션이 어쩌나 높은지, 사람 머리가 전혀 보이지 않았다. 내게 인사하는 사람은 아무도 없었다.

그 광활한 공간의 천장은 낮았다. 천장에서는 30센티미터 간격으로 달린 형광등들이 지직거렸다. 파티션 끝 열에는 작은 아치형 창이 있었다. 이 창에는 덧문이 달려 있어 가느다란 빛줄기밖에 들어오지 않았다. 낮은 천장, 하나뿐인 창문, 숨어있는 꼭대기 층의 조합으로 마치 다락방에 올라온 기분이 들었다. 옛날 아파트 건물 꼭대기에 있던, 하인들이 사는 중간층 같기도 했다.

나는 무작정 돌아다니다가 우연히 서부 지역의 데이터 처리 책임자이자 내 상사가 될지도 모르는 피터 M씨의 넓은 구석 자리 파티션을 발견했다. 그의 명패가 파티션 바깥쪽에 비뚤게 걸려 있었다. 금빛 플라스틱 테두리를 두른 그 명패는 이가 빠져 있었다. 종이를 꽂아놓은 핀에는 종이 쪼가리가 그대로 매달려 있었는데, 그중 한 장은 두 달전 달력을 찢고 남은 조각이었다.

그는 전화 통화를 하다가 내게 손을 흔들었다. 나이는 마흔다섯쯤 되어 보였다. 하지만 잘못 봤을 수도 있다. 나는 서른이었고, 나보다 나이가 많은 것 같지만 그다지 늙어 보이지 않는 사람은 무조건 마흔

다섯이라고 생각했다. 머리는 뻣뻣하고 희끗희끗했다. 콧수염 역시 뻣뻣하고 희끗희끗했다. 얼굴색은 초록빛이 도는 형광등 아래에서 봐도 벌겠고, 찌그러진 코는 얼굴에 비해 너무 컸다. 그는 남색 바탕에 황동 단추가 달린 해군 스타일 재킷을 입었다. 왼쪽 소맷동은 단추가 떨어져 있었다. 옷깃을 보아하니, 드라이클리닝을 너무 많이 한 옷이었다.

40분 넘게 진행된 면접에서, 그가 주로 말을 했다. 그는 POS 시스템이 어떻게 업그레이드될지 설명(자랑)했다. 나는 지적으로 보이고 싶어서 고개를 끄덕였다. 내게 POS는 무슨 말인지 알 수 없는 알파벳 석 자일 뿐이었기 때문이다. 그는 30분 동안 그런 식이었다. 나는 그가 나에게 잘 보이고 싶어한다는 충격적인 사실을 깨달았다. 반대로 내가 면접관에게 잘 보이고 싶어 할 줄 알았기에 기이한 상황이었다. 나는 형편없는 면접관들이 자화자찬하고, 자신의 명석함과 우월함과 권위를 뽐내고, 남자다움을 과시하고 싶어한다는 사실을 깨닫지 못했었다. 내가 현혹되어야 했다. 피터 씨는 내가 자신을 원하기를 원했다.

　결국 그는 '포인트 오브 세일point-of-sale'이라고 말했다. 아하, POS가 그거구나. POS는 수천 대의 디지털 '계산대'를 말한다. 다섯 개 주에서 운영되는 서버 네트워크에 연결된 지능형 단말기다. 모든 서버가 텍사스 어딘가에 있는, 회사에서 가장 큰 중앙처리장치에 연결되어 있으며, 머지않아 이 장치에(내가 합류하고 싶었던 프로젝트에) 데이터 요소 수백만 개를 포함한 관계형 데이터베이스가 추가될 예정이다. 불현듯, 내가 그런 거대한 시스템을 다뤄보기 전까지는 스스로를 진짜 개발자라고 여길 수 없다고 생각한 이유를 깨달았다.

그는 자신의 성공, 나의 욕망을 본 게 분명했다. 나는 합격했다.

그로부터 3주 뒤 내가 출근을 시작했을 때, 지난번에는 200명의 영혼을 지휘하는 자리에 있던 피터 M은 개발자 5명으로 구성된 팀의 팀장으로 좌천됐다. 나도 그 일원이었다. 그는 자리에 앉아 나를 노려보면서, 나를 뽑은 게 후회되는 이유를 설명하는 것으로 환영 인사를 대신했다.

"나는 엘런 씨가 안 맞을 것 같았어요." 그는 웃으며 말했다. "하지만 피터슨 씨의 골칫거리가 되었어야 했죠." 피터슨은 그가 엿 먹이고 싶은 관리자이고, 내가 그 엿인 것이 분명했다.

M씨는 좌천과 함께 회사의 선행 개발 사업에서도 쫓겨났다. 나의 욕망에 불을 지폈던 POS 단말기는 다른 관리자들에게로 넘어갔다. 수백만 개의 데이터 요소가 포함된 방대한 데이터베이스는 로스앤젤레스에 있는 조직이 맡게 되었다. 고객 정보 제어 시스템Customer Information and Control System의 약자로 나에게 기억된 CICS여, 잘 가라, 나의 기쁨이여. 네트워크들의 네트워크. 거대한 텍사스주 어딘가에 있는 수뇌부. 내가 창피를 무릅쓰고라도 배우고 싶었던 그 모든 신기술을 나는 건드려보지도 못할 처지였다.

우리의 피터 M이 이끄는 소규모 만신창이 군단은 느려 터진 프로그램들, 재고, 상품, 구매 분석 시스템을 돌봐야 했다(적어도 총계정원장과 외상 매출금은 완전히 노후화되지 않았다). 우리가 맡은 따분한 업무는 테이프에서 파일 읽기, 데이터를 효율적으로 조직하기, 조직한 결과를 새 테이프나 디스크에 새 파일로 기록하기, 마지막으로 우리의 시스템들이 계속 존재하는 이유인, 보고서 인쇄하기였다. 우리 팀 남자 4명은 나이가 마흔 정도였고, 재킷에 넥타이를 매고 다녔다. 이들이 한때 무엇에 눈을 반짝이며 살아갔든, 1970년대 초부터 프로그래밍을 해오느라 그 빛을 이미 잃은 것 같았다.

나의 빛을 잃게 하는 건 부문/품목 재고 분석 시스템이었다. 테이프를 넣는다. 더하고, 빼고, 곱하고, 나눈다. 새 '마스터 파일'을 저장한다. 보고서를 출력한다. '시스템'에 설치된 이 4개 프로그램이 월요일부터 목요일까지 밤새도록 자동으로 실행되었다.

이 단출한 프로그램 세트는 오직 구매 담당자가 볼 보고서 1장을 만들기 위해 존재했으며, 보고서 제목은 반전 없이 '부문/품목 재고 분석 보고서'였다. 여기에서 '부문'이란 여성화 부문 같은 것을 뜻했다. '품목'은 그 부문에서 구매 담당자가 조회하려고 하는 제품 종류를 가리켰다. 여성화 부문의 샌들, 남성화 로퍼, 숙녀복 중 파란색 드레스, 화장품 중 에스티 로더 등이 해당된다. 구매 담당자들은 계절 변화, 신제품 입고 일정 등에 맞춰 관심 품목을 변경할 수 있었다. 하지만 어째서인지 일부 품목은 몇십 년째 변경할 수 없는 상태로 남아 있어서, 구매 담당자들은 남성용 이브닝 케이프, 여성용 꽃무늬 실내복 등 특정 품목의 판매 수치는 외면할 수밖에 없었다.

나는 선임 구매 담당자들을 매주 만났다. 게이 남성 6명에 매력적인 여성 2명이었는데, 모두 기분 좋은 향수 냄새를 풍기며 8층의 작은 사무실에 모여 있었다. 판매 공간으로부터 감춰진 지저분한 공간이었다. 구매 담당자들은 버그 목록을 제대로 쳐다보지 않고, 수정 요청도 하지 않았다. 그리고 회의 시작 5분 만에 그만 돌아가라는 눈치를 주기 시작했다. 탁자 밑에서 발을 끌고, 의자 팔걸이를 손으로 누르고, 시선을 바닥에 내리꽂는 것이었다. 그러면 민망해진 나는 30초 정도 웅얼거린다. 이제 그들이 몸을 일으켜 세우고, 방향을 돌려 문밖으로 나간다.

———

나의 무능을 어떻게 숨길 수 있을까? 코볼 배우기는 그다지 어렵지 않았다. 사무 지향 보통 언어Common Business Oriented Language의 줄임말인 코볼이 로켓 발사에 쓰이는 언어는 아님을 미루어 짐작할 수 있다. 하지만 나는 SPF와 JUS와 JCL을 다루면서 운영 환경과 씨름해야 했다. 내가 쓰던 기종들에 비해 투박하기 그지없는 이 낯선 단말기를 어떻게 사용하는지, 라이브러리에서 코드를 어떻게 가져오는지, 작업을 프로덕션으로 어떻게 이동하는지 배웠다. 개발자가 새 시스템을 접하면서 로그인 방법을 모르는 것만큼 창피한 경우도 없다. 나는 코드를 짜는 방법은 밑바닥부터 독학으로 익힌 데다가 개발자로 일한 경력까지 있으니, 이 새 시스템도 배울 수 있을 게 분명했다. 그리고 다행히도 내 프로그램들은 쓸모없는 코드를 별 탈 없이 실행해주었다. 내게는 시간이 있었다. 남의 눈에 띄지 않을 수 있었다. 나는 CICS 프로젝트에 참여해본 적 있는 운 좋은 직장 동료와 친해져서 기본기를 다졌다.

하지만 내가 배운 것은 대부분 다들 '노인네'라고 부르는 베테랑 개발자가 공짜로 하사한 것이었다. 그는 나이가 쉰이고 몸이 구부정했다. 흰 반팔 셔츠에 보타이를 매고 다녔으며, 내가 쓰는 시스템보다도 더 낡은 총계정원장 시스템을 담당했다. 2주간 그에게서 교육을 받았다. 나는 가끔씩 설명서 수백 권이 꽂힌 서가에 가서 자료를 읽어보려고도 했다. 이 베테랑은 팔꿈치로 나를 찔러, IBM 편람이 가득한 그 어두운 동굴에서 나를 꺼내오고는 말했다. "가서 버그나 고칩시다."

나는 시키는 대로 했다.

버그 3개는 어렵지 않게 찾았다. 그중 둘은 변수가 초기화되지 않은 게 문제였다. 하나는 0으로 설정되지 않았고, 다른 하나에는 공백 문자가 입력되지 않아서 기억장치 내 해당 위치에 있는 아무 값이나 변수로 사용될 수 있었다. 나머지는 순환(반복되는 코드 블록)이 잘못 구성되어 있어서 프로그램이 잘못된 위치로 돌아가서 순환되는 버그였다. 나는 노인네 덕분에 코드를 고쳤다.

구매 담당자들과의 다음 회의에서 코드를 고쳤다고 보고하자, 한 명만 대답했다. 샬리마르 향수의 향이 코를 찌르는 그녀는 이렇게 말했다. "그래요, 잘하셨네요."

다음날에는 우리 팀과 M씨의 정기 회의가 있었다. 그는 한동안 출장으로 자리를 비웠더랬다. 나는 기분 좋은 예감에 발가락을 튕기면서, 갈라지고 휘어진 그의 파티션 명패를 향해 다가가서 앉았다. 그가 나를 바라보자 나는 버그 목록을 내밀었다. 목록이라고 할 수도 없었다. 남은 버그는 하나뿐이었으니까.

"나머지는 어디 갔죠?" 그가 물었다.

"고쳤죠." 내가 답했다.

M씨가 가만히 앉아 나를 바라보는데, 어쩌나 오랫동안 침묵을 지키는지 나의 행복이 날아가버릴 정도였다. 그러더니 까칠한 콧수염을 들어 올리고 치아를 보였다. 나는 이 남자로부터 도망가야 한다, 그만 둬야 한다고 생각했다. 그래도 이력서를 생각하면, 한 군데에서 적어도 1년은 버텨야 했다. 여기 남아 성공하면서 어떤 복수를 할 수 있을까?

아직 복수할 거리가 남아 있었다. 마지막 버그, 0들로 이루어진 열이었다. 구매 담당자들은 특정 품목의 판매 현황을 파악해야 했다. 이를 테면 이번 주 샌들 매출이 지난주 대비 2퍼센트 올랐는지, 3퍼센트 떨어졌는지 확인하는 것이다. 보고서에는 이런 정보가 나와 있지 않았다. 각 주의 변동 값은 "%0."이라고 표시되어 있었다.

나는 구매 담당자 한 명에게 가서(샬리마르 향수의 주인공) 누락된 수치에 대해 물어봤다. 그녀는 보라색 립스틱을 바른 입술로 웃으며 말했다. "아, 그건 제가 입사했을 때부터 0이었어요. 피터 씨 말로는 그 버그는 우리 프로그램에 있는 게 아니래요. 회사에서 구매했는지 대여했는지 한 무슨 시스템에 버그가 있다고 하던데, 모르겠어요."

(M씨! 이 거짓말쟁이! 우리 시스템에는 외부 소프트웨어가 없다. 전부 우리 회사에서 한 줄 한 줄 짠 코드다!)

그녀는 이렇게 덧붙였다. "참고로 말씀드리면 연간 부문 총액도 쓰레기예요. 99,999달러 왼쪽에 있는 숫자는 전부 지워버리거든요. 보고서에 숫자 들어갈 자리가 없으니까요. 그래서 이 숫자가 999,999달러인지 9,999,999달러인지 알 수 없는 거예요."

"그게 말이 돼요?"(그런 보고는 아무도 안 해줬다!) "자기야, 그 프로그램은 아마 10만 달러도 큰돈인 시절에 개발되었을 거예요."

내가 보고서는 어디에 쓰냐고 물었더니, 그녀는 웃으면서 대답했다. "쓸모없어요."

그러니까 내 일은 이랬다. 엘리베이터 버튼만 보면 존재하지도 않는 층에 간다. 아무짝에도 쓸모없는 프로그램들을 다룬다. 어쨌든 그 프로그램들이 돌아가게 한다. 꽃무늬 실내복의 판매 현황을 추적한다. 일주일에 한 번씩, 나에게 인생에서 실패를 마주할 때 어떻게 처신해야 하는지에 대한 타산지석이 되어주는 남자 M씨와 팀 회의를 한다.

몇 주가 흘렀다. 쓸모없는 시스템이라면, 여기에 매달려 있을 이유가 무엇인가? 그냥 정해진 시간이나 채우자고 스스로 다짐했다. 부서/품목 재고 분석 시스템을 신경 쓰는 사람은 아무도 없다. 한밤중에도 문제를 일으키지 않고 알아서 잘 돌아갔다. 조작원은 테이프를 끼우고 빼고, 인쇄기는 아무도 읽지 않는 보고서를 뱉어내고, 코드는 좀비처럼 삶을 연명하고 있었다.

뭔가 해야 했다. 나는 사무실에 없는 존재나 마찬가지였다. 개인적으로도 삶이 순탄치 않았다. 내 파티션에 우울의 그림자가 드리워져서, 나를 옥죄려 위협하고 있었다(창문 없는 사무실에서 아무것도 안 하면서 오래 앉아 있으면, 사람이 살짝 미치는 감각 상실증이 올 수 있다). 어쩌면 맨 앞자리 숫자가 사라지는 버그를 내가 해결할 수도 있다. 내가 해낼 수 있을지도 모른다.

해결책은 기술적으로 볼 때 실소가 나올 만큼 간단했다. 지금까지 사라져온 십만, 백만 자리 숫자들은 마스터 파일 테이프에 버젓이 나와 있었다. 미리 인쇄된 문서 서식에 자릿수가 큰 숫자가 들어갈 공간이 없는 것이 문제였다. 보고서 서식을 바꾸는 건 지부에서 승인을 받아야 하는 불가능한 일이었다. 나는 M씨가, 자신을 쫓아낸 상사들에게 아무도 신경 쓰지 않는 제안을 올려보내는 모습을 상상해보았다.

그래서 장애물을 피해 해결 방안을 찾기로 했다. 마스터 테이프를 읽은 다음 판매 총액을 온전하게 나열한 별도의 보고서를 인쇄하는 간단한 프로그램을 개발했다. 구매 담당자들에게 이 보고서를 처음 공개하자, '우리 자기' 샬리마르 씨는 내 자리로 와서 양손을 맞잡고, "고마워요, 고마워요, 고마워요"라고 연신 인사하며 다정하게 사라졌다.

자랑스럽다. 내 시스템은 더 이상 쓰레기가 아니다.

아침 7시가 되었다. 에드워드 호퍼의 작품에 나올 법한 흰 빛줄기가 건물 외벽에 비스듬히 드리워졌고, 직원용 입구 앞에는 다리 없는 남자가 휠체어를 타고 앉아서 노란색 타이콘데로가 넘버투 연필을 팔고 있었다. 나는 항상 그 자리에 친근하게 있는 그를 보는 게 좋아서 매일 연필을 한 자루씩 샀다.

나는 이른 아침의 백화점 풍경이 좋았다. 아무도 신지 않고 오르락내리락하는 에스컬레이터, 텅 빈 판매 공간, 당장이라도 살아 움직일 듯 포즈를 취하며 당신을 기만하는 마네킹이 보인다. 이제 괴상한 계단을 올라와 유리 상자를 지나쳐, 우울한 다락방으로 들어간다.

몇 주, 몇 달이 흘렀다. 나는 9개월을 버텼다. 사무실 상자에는 연필이 270자루 있었다.

지루함을 견딜 수 없는 지경에 이르렀다. 나는 시스템을 만지작거렸다. 회사에서 친구도 사귀었지만, 그들의 일을 방해할 순 없었다. 매장을 돌아다니면서 이번 주 보고서의 부문과 품목들을 점검했다. 잡화 코너의 명품 선글라스, 여성복 코너의 끈 비키니, 남성 운동복 코너의 카키색 반바지가 보였다. 버그가 떠올랐다. 선글라스와 반바지가 인기 상품으로 등극해, 지난주 대비 수직상승한 이번 주 판매율을 자랑하며 빛을 낼 기회를 그 버그가 앗아갔다. 모든 상품이 내게 애원했다. "정말 최선을 다할게요. 매장 여기저기에서 열심히 할게요. 도와주세요. 저를 팔아주세요."

이제 때가 됐다. 0들이 모여 있는 저 열을 없애자.

그 "%0" 버그에는 수상한 과거가 있었다. 이 버그 아가씨는(화려한 구매 담당자 탓에 그 버그도 여자처럼 느껴졌다) 옛날부터 회사에 있었다. 처음 보고된 건 10년 전이었는데, 우연하게도 그날은 시스템을 개시한 첫날이었고, 이틀 뒤 완결 상태로 처리됐다. 다시 보고되고, 다시 완결 처리됐다. 가장 최근 보고된 건 5년인데, 그 구매 담당자는 퇴사했다. 개발자는 이 버그를 실제로 고쳤던 걸까, 아니면 그냥 외면하고 싶은 일 더미 사이에 묻어둔 걸까? 그녀가 나타난다. 그녀가 사라진다.

내가 입사하기 전의 코드 기록을 보면, 개발자 6명이 버그 수정에 실패했다. 이들 중 수정을 완료했다고 보고한 거짓말쟁이는 누구였을까? 전임자들이 거쳐갔을 게 분명한 단계를 따라가봐도 문제의 0들과 관련된 부분은 없었다. 오류 수정 절차를 다시 밟아보았다. 다시 시도했다. 매일 다시 시도했다. 할 일 없는 시간을 때우는 정도로만 하려던 일이 나를 옭아매더니, 결국은 M씨만큼이나 피폐해지게 만들었다.

8월 중순이 되었다. 백화점에서는 여름이 끝났다. 주력 상품 진열대에 밀짚모자 대신 캐시미어 스카프가 올라왔다. 메인 코너 옆 알짜 자리에는 고무 슬리퍼가 사라지고 우산이 등장했다. 바뀌어가는 품목들이 나를 비웃었다. 신제품들이 나를 꾸짖었다. 이들이 아직도 0인 건 내 탓이었다.

———

10개월이 흘렀다. 사무실 상자에는 연필 300자루가 쌓였다. 샌프란시스코의 9월은 25도 정도에 화창했다. 매장은 나뭇가지와 금빛 잎사귀, 빨간 크랜베리들로 가을맞이 단장을 했다.

11개월이 흘렀다. 11월이다. 캘리포니아는 본격적인 우기에 들어섰다. 다리 없는 남자는 자취를 감췄다. 그는 어디로 갔을까? 그가 추위와 비를 피해 따뜻하고 건조한 어딘가로 떠났기를 바라본다.

그 남자와 연필이 사라진 건 갑작스러운 상실감을 주었다. 그건 내 회사 생활의 하루하루를 연결해주던 일련의 다정함이었다. 하지만 그가 사라지고 일주일 뒤 나는 오류 수정 작업을 접었다. 나는 모니터 앞에서 도망쳤다. 나를 멸시하는 품목들이 늘어선 매장을 돌아다니지도 않았다.

　그날은 내 자리에 앉아 레이먼드 챈들러Raymond Chandler의 『골칫거리는 나의 일Trouble Is My Business』을 읽었다(이 책 때문에 버그가 요부로 보였다). 때는 늦은 오후, 보통은 창문 없는 사무실이 점점 어두워지며 밤이 되고 있으니 집에 갈 시간이라고, 내가 스스로를 설득하는 시간이다. 책은 책상에 두고, 코트를 입고, 세 발짝을 걸어 복도로 나섰다. 그러다가 갑자기 윙윙거리는 형광등 밑에서 걸음을 멈췄다.

　책. 글자. 읽기.

　코볼은 인간 독자를 위해 고안된 언어다. 읽기 쉽게 고안됐다. 영어처럼 주어, 동사, 절, 문장이 있었다.

이번-달-매출을 일-누계-매출에 추가.

명령어다. 주어는 '당신'이다.

동사: 추가

술부: 이번 달 매출을 일 누계 매출

마지막: 마침표

다음날 아침, 나는 핵심 모듈이다 싶은 부분들을 출력해달라고 주문했다. 시스템의 다른 부분들도 주문했다. 나의 요청에 따라 무릎 높이까지 올라오는 인쇄물 더미를 가져다준 필리핀 여성들은 내가 돌아버린 줄 알았다(내 주위 사람들이 모두 그랬다). 나는 자리에 앉아 코드를 읽었다.

책을 읽는 것처럼 등을 편안하게 기대고 편안하게 읽어 내려갔다. 종이는 단말기 화면처럼 날 재촉하지 않았다. 작은 창에 코드를 입력하지 않아도 됐다. 대신 콧노래를 부르면서 커다란 종이를 느긋하게 넘겼다.

그런데 코드는 페이지 순서대로 작성되어 있지 않았다. 한 모듈이 다른 모듈을 호출하고, 또 다른 모듈을 호출했다. 서브루틴 속에 서브루틴이 있고, 그 속에 또 서브루틴이 있었다. 결국 페이지를 이리저리 건너뛰어야 했다. 나는 목록들의 위치를 놓치지 않도록 매번 연필을 끼워 넣었다. 머지않아 내 좁은 자리에는 노란색 타이콘데로가 넘버투 연필로 된 굴이 여기저기 있는 산맥이 형성되었다.

0 버그는 이제 적이 아니라, 내가 풀어주기를 바라는 수수께끼, 나

를 농락하는 아름다운 여성이 되어 있었다. 나는 페이지 넘기기를 멈출 수 없었다. 계속 새 연필을 끼워 넣었다. 입사 1주년이 다가왔고, 지나갔다. 아가씨가 나를 유혹했다. 그녀가 어디 숨어 있는지 찾아내기 전까지는 회사를 떠나지 않을 작정이었다. 회사를 계속 다니는 날만큼 다리 없는 남자에게 빚을 지는 기분이었다.

할로윈이 지났고, 샌프란시스코의 거리에는 여전히 비가 퍼붓고 있었다. 백화점은 이제 눈 내리는 크리스마스다. 마네킹들은 산타 모자를 썼다. 가짜 팝콘 장식과 눈사람도 있었다. 한편 나는 자리에 앉아 코드를 읽었다. M씨는 나를 귀찮게 하지 않았다. 그는 내가 자포자기했다고 생각하며 기뻐하는 것 같았다.

새해가 하루 지난 이른 아침이다. 거리는 썰렁하고, 백화점은 개점 전이다. 나는 일찍 출근했다(내 사생활에서의 성가신 아가씨가 사라져서, 1년의 마지막 날을 그다지 잘 보내지 못했다). 데이터 처리 부서는 아직 닫혀 있었다. 천공원들이 일하는 유리 상자는 어두웠다. 청소가 마무리되고 있었다. 나는 진공 청소기가 돌아가는 굉음을 들으며 코드를 읽었다.

특이한 건 아무것도, 아무것도, 아무것도 없었다. 읽을거리로서의 코드는 시스템 자체만큼이나 지루해졌다. 이게 뭐 하자는 짓이냐고 자문했다. 컴퓨터의 어두침침한 구석에서 자고 있는 이 좀비 프로그램들을 깨워, 작업 마무리 단계에서 지하실로 돌려보내야 했다(그런 기분이 나를 엄습했다).

하지만 그날, 그날 아침, 1982년 새해의 둘째 날, 내 옆을 지나가던 피터 M이 이를 드러내며 웃어 보였다. 얼마나 훌륭한 혐오 유발 방식인가. 분노! 나를 몰아붙이라!

내 코드, 단어, 숫자, 문장으로 돌아왔다. 콧노래를 흥얼거린다. 그러다가 M씨가 내게 유발하는 저속하고 결연한 기분 외에, 지금껏 한 번도 눈치채지 못했던 무언가를 발견했다. 두 문장이었다.

작기-품목-변동-백분율은 작기-이번주-품목-매출을 작기-지난주-품목-매출로 나눈 값이다.

작기-품목_변동-백분율을 영저-품목-백분율로 옮긴다.

첫 번째 문장: 해당 품목에 대해 이번 주 매출 ÷ 지난주 매출을 통해 주간 변동 백분율을 정확하게 계산한다.

두 번째 문장: 품목-변동 백분율을 프로그램의 내부 작업 기억 장치('작기')에서 영구 데이터 저장 장치('영저'), 즉 새 마스터 테이프로 옮긴다.

코드에는 전혀 이상이 없어 보였다. 녹색과 흰색 줄무늬 종이에 쓰인 점 행렬 앞뒤로 훑어보았다. 그런데 눈으로 보니 뭔가 잘못되어 있었다. 일부 공간이 일그러졌다. 자간과 행간이 너무 넓었다.

그제야 악당의 정체가 보였다. 하나의 문자만 쓰여야 할 자리에 두 가지 문자가 번갈아 쓰이고 있었던 것이다. 그 악당은 바로 시프트 키였다.

밑줄
대시

작기-품목-변동-백분율 ← 대시
작기-품목_변동-백분율 이동 ← 밑줄

대시 버전: 실제 연산 값.

밑줄 버전: 뭔가를 테이프로 이동시키는데, 대시 버전에 있는 실제 값은 아니다.

이게 무슨 헛소리인가? 밑줄 표시 요소에는 대체 뭐가 들어 있단 말인가? 과거 기록을 찾아본 결과, 밑줄 표시 버전에서 이동되는 것의 정체는 전임자 중 한 명이 정의해놓은 변수였다. 오류 수정을 하다가 실수해놓고 삭제하지 않은 것이었다.

이 멍청이. 그는 밑줄 표시 버전의 변수를 0으로 초기화했다. 그 이후로 그는 이 버전을 한 번도 사용하지 않았다. 값은 초기화될 때의…… 0으로 남아있었다. 그래서 밑줄 표시 버전이 마스터 파일 테이프로 이동시키는 값은 0이 되었다!

아.

나는 실제 값을 나타내는 대시 버전의 변수를 이동시키도록 구문을 수정했다. 이제 보고서에는 주간 품목 변동 백분율이 정확하게 나온다. 더 이상 우산과 스카프와 신발이 나를 질타하지 않을 것이다.

나는 넓은 사무실의 낮은 천장 아래 우울하게 앉아 있었다. 지금껏 나는 환상 속의, 사악하고 아름다운 우리 아가씨를 처리하며 희열을 느낄 줄만 알았다. 상상 속 그녀는 근사한 드레스를 입고, 담배를 피우며, 내게 말한다, 기어이 날 찾아냈군.

그 아가씨 대신 내가 찾아낸 건 자기가 하는 일이 뭔지도 제대로 모르는 개발자가 남긴 쓰레기, 그 코드를 만지작거리고 버그를 고쳤다고 보고한 위선자였다. 그를 용서하기에는 나의 분노가 너무 컸다. 몇 년 뒤 나 역시 멍청한 코드를 짠 다음에는 용서할 수 있을지 모른다.

연필을 전부 빼서 도로 상자에 넣어뒀다. 그 다리 없는 남자에게 감사하며 그가 잘 지내기를 바랐다. 봄이 오면 그가 다시 직원용 출입구에 나타나서, 빛줄기가 비스듬하게 내려온 이른 아침에 출근하는 직원들에게 웃으며 인사하기를 바라본다.

이제 피터 M씨에게 보고하기 위해, 그의 자리로 가서 시간이 있냐고 물었다. 그는 그렇다고 하며 자리에서 일어났다. 나는 부문/품목 재고 분석 보고서를 내밀었다. 그리고 정확한 백분율이 입력된 열을 가리켰다. M씨는 눈을 가늘게 뜨고 이를 갈기 시작했다.

나는 의기양양한 기분일 줄 알았다. 피터 M씨를 무찌르고 맛볼 달콤한 기쁨을 상상했다. 하지만 나날이 희끗해지는 꺼칠꺼칠한 머리와 콧수염에, 세탁소를 너무 많이 들락거린 또 다른 운동복 재킷을 입은 그의 모습을 보았다. 나는 그가 처참히 무너졌던 이유를 알지 못했다. 무슨 실수를 한 걸까? 아니면 그저, 어느 누구도 고무시킬 수 없는 그의 아둔함과 평범함 때문이었을까?

우리는 서로 말없이 서 있었다. 그가 이를 갈며 표출하는 분노는, 자신의 나이로는, 좌천으로 파국을 맞이하면서 다시는 넘볼 수 없게 된 다음 직책 때문임을 알았다. 그는 은퇴할 때까지 재고, 상품, 구매 분석 시스템이나 돌봐야 했다. 하지만 나는 그가 있던 중앙처리장치 구석에서 알아야 할 것을 배웠다. 이제 그 경험을 가지고 떠날 수 있었다.

〈
공동 회선
2015년

〉

1970년에 나는 뉴욕주 이타카에 있는 코넬 대학교 학생이었다. 나는 캠퍼스를 벗어나 동네 외곽의 오래된 농가로 이사 갔다. 평소에는 차로 15분 거리였고, 날씨가 안 좋으면 시간이 더 걸렸는데 이타카에는 매섭게 춥거나 눈이 몰아치는 날이 많았다. 그 지역은 마일 단위의 정갈한 격자 형태로 도로가 난 시골길이었다. 낙농업이 주를 이뤘고, 번창해 보이는 농장, 허름해 보이는 농장, 버려진 것 같은 농장이 있었다.

　나는 농가를 이 사람 저 사람과 함께 사용했다. 그중 내가 아는 사람은 낭만 시 수업을 함께 듣는 남자 한 명뿐이었다. 나중에 알게 된 바에 따르면 또 다른 입주민으로는 그의 여자 형제, 그리고 세상을 구하겠다는 성향이 있고 쉽게 흥분하는 예술가인 그녀의 남자친구, 부엌 뒷방을 쓰며 나와는 끝까지 모르는 사이로 지낸 주황색 머리의 남자가 있었다. 그 밖에도 이 집에 들락거리면서 평소에는 비어 있는 거

　　　　　　　　　　　　　　　　　// 코드와 살아가기

실 소파에서 지내는 사람들이 있었다. 우리는 엄밀히 말해서 같이 산 게 아니라, 냉장고에 보관하는 달걀에도 각자의 이니셜을 붙여놓고 살았다.

할시빌가에 있는 그 집에는 뜨거운 물이 가끔씩만 나왔고, 난방이 되지 않았다. 내 방은 지붕 창이 있는 위층 다락방이었다. 작은 창으로 내다보이는 도로에는 차가 별로 다니지 않았다. 날씨가 맑은 밤에는 몇 킬로미터 밖 도로를 조용히 달리는 자동차 바퀴 소리도 들렸다.

나는 1년간 방랑하다가 이타카로 돌아왔다. 그동안은 코넬을 떠나 결혼을 하고, 이혼을 하고, 정신병원 생활을 벗어났다. 친구와 차를 몰고 나라 곳곳을 쏘다니고, 작은 텐트에서 자고, 우리 캠프가 어디냐고 계속 묻는 징그러운 남자의 위협을 피하고, 히치하이킹하는 남자들을 태워서 함께 놀았다. 나중에는 친구와 함께 차를 버리고, 새벽 완행열차에 몸을 실어 멕시코에 갔다. 거기에서는 (닐리리야) 대마초를 피우고, 남자들을 만나고, 테킬라의 참맛을 배웠다. 겨울에는 꽁꽁 얼어붙은 버펄로에 있는 유대인 커뮤니티 센터에서 전화 교환원으로 일했다. 하루는 교환대의 전화기로 코넬 교무 처장님에게 전화해 학교로 돌아가도 되냐고 물어봤다. 이런 떠돌이 생활이 나를 시골 농장으로 이끈 것 같다.

시골의 목가적인 생활은 결코 아니었다. 겨울이면 농장 개들이 집을 떠나 무리 지어 다녔다. 그래서 정신 나간 사람이 아니고서야 누구도 집 밖으로 멀리 나가지 않았다. 집주인이 주변 밭을 근처에 사는 농부에게 빌려주었다. 덕분에 들판에 앉아 노을을 바라보며 생각에 잠기던 나의 저녁 시간은, 내쪽을 향해 언덕 꼭대기까지 올라오면서 땅을 갈아엎는 원반 쟁기를 바라보는 시간으로 바뀌었다.

그 지역은 주민이 적어 집이 듬성듬성 있었다. 우편함이 도로 양 끝에 하나씩 있을 정도였다. 그리고 몇몇 가정이 전화번호 하나를 함께 썼다. 이 전화선을 공동 회선이라고 불렀는데, 그 당시 기준으로도 구식 같았다. 걸려온 전화의 번호를 보고 자기 집으로 온 전화인지 확인한다. 하지만 공동 회선이라는 개념에 익숙하지 않았던 우리는 전화기가 근처에 있으면 무조건 전화를 받아서 이웃들로부터 단단히 미움을 받았다. 공동 회선 공유자들은 보통 이렇게 대답했다. "지긋지긋한 히피들 같으니, 끊어요." 전화를 걸려면 현재 통화 중인 사람이 끊을 때까지 기다려야 했기에 온갖 분노를 주고받았다.

게다가 항상 누군가가 통화를 듣고 있다는 의심을 거둘 수 없었고, 동시에 남의 통화를 엿듣고 싶다는 유혹이 끊임없이 밀려왔다. 나는 늘 통화를 엿듣곤 했다. 유혹을 뿌리칠 수 없었다. 모르는 사람들의 가십을 듣기도 했지만 대부분은 부부끼리 무슨 볼일을 봐야 하는지 알려주는 대화였다.

내가 가끔 엿들은 사람 중에는 목소리가 나긋나긋하고 영국 억양을 구사하는 여자가 있었다. 공동 회선을 같이 쓰는 다른 이웃들과 달리 항상 예의 바른 그녀는 "혹시 번거롭게 해드리는 게 아니라면, 제가 10분 뒤에 전화를 써도 될까요?" 같은 말을 했다. 통화를 엿들으면서 그녀에 대해 알아낼 수 있는 건 별로 없었고, 돈이 많지는 않은 것 같았다. 우리는 통화 시간만큼 돈을 냈는데, 그녀는 늘 1분 내로

요점만 간단히 말했던 것이다.

가을에서 겨울로 넘어갔다. 우리는 서로를 점점 더 싫어했지만, 나의 반 친구, 그의 여자 형제, 그녀의 예술가 남자친구는 층고가 낮은 부엌에 모여 앉아, 가스난로를 세게 틀고, 오븐을 연 상태로 세게 돌려 놓고(올바른 가스난로 이용법의 정 반대다) 몸을 녹이곤 했다.

어느 날 아침은 아침을 거의 다 먹어가는데 누군가 문을 두드렸다. 흔한 일이 아니었다. 사실 굉장한 충격이었다. 문을 두드릴 사람은 아무도 없었다. 그 집에 열쇠가 있었는지는 나도 모른다. 그래서 한 사람이 대답했다. "누구세요?" 영국 억양의 여자 목소리가 들려왔다. "저기요, 저기요. 길 건너편 아래쪽에 사는 이웃이에요." 나는 공동 회선의 여자라는 걸 단번에 알아챘다. 잠시 정체를 들켰을지도 모른다는 공포가 엄습해왔다. 그리고, 내가 자수하지 않는 이상 발각될 염려는 없다는 것을 알기에 그녀를 직접 보고 싶다는 호기심을 참지 못했다.

내가 다가가서 문을 열었다. 희끗희끗한 회색 머리를 엉성하게 쪽진 여자가 서 있었다. 나이는 50대인 것 같았다. 늘어나고 처진 데다 낡아빠진 남자 스웨터를 두 벌 겹쳐 입고, 맨 위에는 카디건을 걸쳤다.

그녀는 손을 내밀며 인사했다(여기에서는 리처드 아주머니라고 하자). 나는 들어오시라고 손을 흔들었다. 우리는 그녀에게 각자 이름을 소개했고, 그녀는 우리를 순서대로 보면서 말했다. "이 동네에 다른 분들이 여러분을 탐탁지 않게 생각하는 건 저도 알지만, 그래도 이웃은 이웃이죠."

우리는 (아마도 뒷방 사는 남자의 소유물일) 차, 커피, 주스 중 무엇을 마시겠냐고 물었지만 그녀는 모두 사양하며 그냥 '들러보고' 싶었다고 했다. 그리고는 자신의 농장으로 이어지는 비포장도로로 가는 간단한 길을 알려주면서 말했다. "언제든 편하게 들러요." 그녀는 식사를 함께하자는 우리의 제안을 거절하며(완벽한 영국식으로) 인사를 하고 떠났다.

차 소리는 들리지 않았다. 1킬로미터 못 되는 길을 걸어온 게 분명했다.

"완전 이상해!" 여자 형제가 말했다.

"와, 대박" 그녀의 남자 형제가 말했다.

예술가 남자친구는 식탁 맞은편에 서서 그 순간이 얼마나 기이했는지 넋이 나간 목소리로 말했다.

나는 그 방문이 이상하다고 생각했다. 그녀의 행동은 다정해 보일 뿐이었지만, 그 어떤 절박함이 서려 있었다. 그녀의 짧은 전화 통화를 엿듣고, 가녀린 어깨를 덮은 보풀이 일어난 낡은 스웨터를 보니, 시골의 빈곤한 실태를 처음으로 마주했음을 알 수 있었다.

나중에 우리는(주홍 머리 남자는 제외) 리처드 아주머니네의 생활에 개입하게 되었다. 아주머니가 부탁한 것도 아니고, 우리가 뜻한 바도 아니지만, 일이 그렇게 됐다.

시작은 초봄이었던 것 같다. 리처드 아주머니가 젖통에서 막 짜낸 우유가 든 원통형 스테인리스스틸 용기를 가져왔다. 살균이나 균질 처리는 되어 있지 않았다. 따뜻하고, 거품이 있고, 진하고, 고소하고, 뭐

// 코드와 살아가기

라 말할 수 없는 은은한 풍미가 번졌다. 클로버 향인가? 우리 조상들과 같은 방식으로 우유를 맛본 것이었다.

리처드 아주머니는 그녀와 남편이 어떻게 할시빌가에 살게 됐는지 이야기해주었다. 아저씨는 상선 선원이었는데, 아저씨가 은퇴할 당시 그들은 픽업트럭 앞 범퍼에 닻을 붙여놓고 어디든 그 닻이 떨어지는 지역에 정착하기로 했단다. 말도 안 되는 이야기 같았다. 여기에서 1킬로미터 남짓 떨어진 지점에서 정말로 닻이 떨어진 건가? 바로 그 농장이 마침 매물로 나와 있었나? 그래도 우리는 그녀가 몇 번이고 되풀이하는 이야기를 들으며 미소 지었다. 그런 사연이 두 사람의 삶에 흔치 않은 화려함과 뜻밖의 행복을 더해준다는 것이 느껴졌다.

알고 보니 리처드 부부의 삶은 현재 꽤 비참했다. 원래 살던 농가가 불타서 지금은 개조된 별채에 지냈다. 두 분에게는 열 살배기 아들이 있고, 제대로 된 침실이라고 할 수 있는 유일한 방에서는 시어머니가 자리를 차지하고 누워 마지막 날을 천천히 기다리고 계셨다. 리처드 아저씨는 60대 같아 보였지만 그보다 열 살쯤 젊었을 것이다. 화가 난 듯 찌푸린 얼굴에, 살면서 단 한 번도 속 편하게 살아본 적 없는 것 같은 남자였다. 아들은 그 시절에 '발달이 느리다'고 부르는 상태였다. 머지않아 그 아이가 농장을 돌볼 수 없다는 게 확실해졌고, 모든 게 지치고 피곤한 리처드 아주머니의 몫이 될 것이었다.

우리 농가 동거인들은 그 가족이 왔다 갔다 하지 않아도 되도록 시내에서 대신 장을 봐주기 시작했다. 봄이 오면 1년에 한 번씩 하는 집과 곳간 대청소를 도왔다. 여름이 끝날 무렵에는 그 가족을 도와 밭에서 건초를 수확한 다음, 그 건초를 엮어서 곳간 위층까지 연결했다.

그해 여름에 나는 트랙터를 운전해서 건초 갈퀴를 끌어모으기도 했다. 이렇게 하면 잘린 풀이 뒤집혀서 더 잘 마른다. 그런데 한두 줄 정도를 하다 보니 젖은 건초에 갈퀴가 막혀버렸다. 리처드 아저씨가 대검을 가져와서 엉킨 풀들을 베어냈다. 그러는 내내 찡그린 얼굴로 투덜거리고 욕을 내뱉었다. 내 쪽은 단 한 번도 쳐다보지 않았다.

그때 나는 스무 살이었고, 천방지축으로 이런저런 경험을 하고 다녔다. 온수가 나오지 않는 화장실과 미친 예술가 남자친구에 지긋지긋해진 나는 그 농가를 나와서 칼리지타운에 있는 저렴한 원룸으로 이사했다. 리처드 아주머니네와는 완전히 교류가 끊겼다. 그러다가 몇 달 뒤, 이타카 비디오 프로젝트Ithaca Video Project라는 미디어 그룹에 동참하면서 두 사람을 다시 보게 됐다.

이타카 비디오 프로젝트는 코넬 대학교 대학원에 다니던 필 존스가 구상한 조직이었다(필, 프레드 망고네스, 톰 댄포스, 제임스 리 셸던, 수전 글로우스키 존스, 로이 피텔베르크, 토드 허친슨, 그리고 내가 공동 설립했다). 우리는 새로 출시된 소니 포타팩Portapak을 손에 넣고 싶다는 욕망으로 뭉쳤다. 포타팩은 소형 영상 제작 장비라고 할 수 있지만, 이 정도로는 문화의 변화에 영향을 미친 이 장비를 제대로 설명할 수 없다. 우리는 포타팩의 등장이, 기술의 주도 아래 기존의 사회 질서가 파괴되는 순간이라고 믿었고, 나는 그 믿음이 옳았다고 생각한다.

우리는 연구 지원서를 제출해서 뉴욕주 예술 위원회로부터 1만 달러를 지원받는 기적을 이뤘다. 1971년에 그 정도면 포타팩 한 대(당시 1500달러로, 요즘으로 치면 8000달러 정도 가치다), 편집용 덱(더 비쌌다), 테이프, 케이블, 주변기기를 사기에 충분한 돈이었다. 필요한 걸 전부 장만할 수 있었다.

그전에는 영상을 만들려면 수만, 수십만 달러에 달하는 장비가 필요했다. 전 세계 가정에 문화를 전파하는 텔레비전에 나오는 영상들은, 방송사와 거대한 기업 광고주들의 손에 있었다. 포타팩도 개인이 사기에는 비싸지만, 전국 각지에 있는 단체들은 보조금을 받거나 공동으로 투자해서 이 장비를 사고 있었다. 그 작은 기계는 기업 통제자들의 지배력을 타파할 기회, 우리가 텔레비전으로 보는 영상을 재정의 할 기회를 선사했다. 수백만 명이 손에 영상 촬영 장비를 들고 다니는 것이 이제는 당연해 보이지만, 그 변화의 시작에는 포타팩이라고 부르는 대량 생산 영상 장비의 소매 유통이 있었다.

포타팩이 선사한 영광은, 한 사람이 개인으로서 영상을 만들 수 있게 해준 것이다. 사람들이 영상 제작 장비를 직접 손에 쥘 수 있게 되었다. 그들에게 무엇을 찍고, 무엇을 보여주라고 시킬 수 있는 사람은 없었다. 검열의 압제도 없었다. 정치물, 예술 작품, 성인물을 마음껏 만들 수 있었다. 어떤 프랑스 남자는 모로코에서 도피 중이던 흑표당Black Panther* 당원인 캐슬린 클리버Kathleen Cleaver와 엘드리지 클리버

---

* 1965년에 결성되었다가 1970년대 중반에 해산된 미국의 급진적인 흑인 운동 단체다. 캐슬린 클리버는 흑표당의 대변인이었고, 엘드리지 클리버는 흑표당의 지도자이자 캐슬린의 남편이었다.

Eldridge Cleaver의 영상을 몰래 찍어 오기도 했다. 그는 포르노도 찍었다. 요즘 기준으로 보면 고리타분한 동작이었지만, 프로젝트 동업자들과 동네 사람들은 그 영상을 굉장히 뜨겁게 즐겼다.

영화를 찍으려면 전문지식이 필요하지만, 포타팩을 잡은 사람들은 몇 분 만에 사용법을 배웠다. 이 오픈릴 식 레코드 덱에는 끈 달린 가죽 케이스가 함께 제공되었다. 무게도 가벼워서 어깨에 메고 다닐 만했다(50킬로그램이 채 안 되는 나에게도 괜찮았다). 카메라에는 줌 렌즈가 있었고, 윗면에는 마이크가 있었다. 카메라와 덱을 전선으로 연결한 다음 카메라 손잡이에 있는 버튼만 누르면 녹화와 녹음이 시작된다. 집중해야 한다. 카메라 줌인과 줌아웃이 자유롭다. 노출은 자동으로 조절되었다. 조도가 낮을 때도 작동했다. 어두운 실내에서 열린 국무회의, 담배를 피우고 마약을 하며 혁명을 이야기하는 사람들을 촬영할 수 있었고, 어두운 곳에서 노출이 부족한 상태로 촬영하면 검은색과 흰색으로 지글지글한 노이즈가 생겨서 비주류 영화 느낌을 흉내낼 수 있었다. 포타팩이 나오면서 시위, 행동주의, 예술, 게릴라식 방송 출연이 모두 가능해졌다(또는 그런 꿈을 꿀 수 있게 되었다).

나는 내가 기계를 무서워하지 않는다는 사실을 알게 됐다. 전선 뭉치를 어깨에 짊어지고 다니면 강하고 멋있어지는 기분이 들었다. 전선을 풀어 이리저리 연결하는 것도 재미있었다. 덱에서 출력되는 영상을 화면에 입력되게 하고, 화면에 입력된 영상을 옆에 있는 장비로 보내는 등이다. 편집 덱에서 버튼을 누르고, 테이프를 앞뒤로 돌려가며 정확한 지점을 찾고, 테이프를 비스듬히 잘라서 다음 지점과 연결하는 게 좋았다. 손재주를 발휘해 깔끔하게 처리해야 완성된 영상을 재생할 때 튀는 부분이 생기지 않는다. 나는 영상 신호를 텔레비전 신호와 조화시켜서 화면에 주사선이 나오지 않게 하는 동기 신호 발생기를 사용했다. 오마하에 있는 크레이턴 대학교로 영상 워크숍을 가기도 했는데, 알고 보니 그곳은 예술 영상의 온상지였다. 나는 오실로스코프 화면에서 카메라를 가리키면서 사인파를 조작하고, 이미지에 색을 입히고, 내 목소리를 직접 녹음한 다음 강하게 울리도록 변조했다. 영광스럽고 즐거운 시간이었다.

할시빌가 농가에서 도로를 따라 올라가다 보면 나오는 트루먼스버그라는 작은 마을에 로버트 A. 무그의 작업실이 있었다. 그는 색소폰 이후로 처음 탄생한 악기인 뮤직 신시사이저를 발명한 사람이다. 나는 비디오 프로젝트 동료들과 함께 무그의 작업실에 가곤 했다. 그에게는 마호가니 나무 케이스에 든 키보드가 있었는데, 케이스 위에는 전자장치와 내가 모르는 무언가(파형, 진폭, 진동수, 음의 지속)를 제어하는 다이얼들이 달린 금속 상자들이 쌓여 있었다. 신시사이저는 반은 진짜 피아노였지만, 반은 허접스러운 전자기기였다.

　우리 프로젝트가 포타팩을 지원받던 1971년에 무그는 미니무그 Minimoog를 공개했다. 우리 장비의 사촌격인 이 기기는 음악가 한 명이 휴대하고 다니며 조작할 수 있었다. 휴대용 영상 장비와 새로운 휴대용 악기가 나오고, 마약과 영상과 전자 음악과 미디어가 누구나 손에 넣을 수 있게 펼쳐져 있었다. 우리는 이렇게 강렬한 환경에 둘러싸여 있었다.

우리가 한 작업으로는, 심각한 마약 중독자가 헤로인이 멋있다는 사람들의 착각을 깨기 위해 주사를 놓은 자신의 모습을 동네방네 보여주고 다니는 영상이 있었다. 시러큐스시가 자신의 땅을 통과하는 도로를 닦는 것에 반대하는 오논다가족 원주민에 대한 영상도 제작했다. 이 작품은 뉴욕주 의회에서 상영되었다. 당시 커뮤니티 안테나라고 불리던 지역 방송에서 나는, 이타카에 살았고 전미도서상을 받은 위대한 시인 A. R. A. 아몬스의 시를 시각적으로 해석하는 (보나 마나 실패한) 영상을 만들었다. 우리는 사진 관련 일도 했다. 장비 사용법을 가르쳐주는 소규모 수업을 열었고, 나는 여성들을 가르쳤다. 우리는 TV 화면을 예술가의 캔버스로 재정의한 비디오 아트 예술가 백남준을 비롯해 매체를 실험해 모든 집안을 들여다보는 전자 감시로부터 통제권을 가져오려는 모든 사람, 문화에 파문을 일으키는 변화와 멀리서나마 연결되어 있음을 알았다. 여기에서 개인용 컴퓨터와 인터넷의 시대(한 손에 쏙 들어오는 기계, 기술로 세계를 바꾼다는 의기양양한 꿈)가 도래하고 있다는 느낌이 든다면, 맞게 본 것이다.

하지만 내 생각에 우리가 만든 최고의 작품은 집유 탱크를 맞이하는 리처드 가족에 대한 영상이었다.

안 본 지 넉 달 만에 리처드 가족의 상황이 더 나빠져 있었다. 농가의 우유를 시장에서 파는 지역 우유 협동조합이 옛날식 캔에 든 우유 수거를 중단하기로 한 것이다. 집유 탱크는 이름처럼 거대한 탱크로, 농가에서 생산한 우유를 채우는 설비다. 협동조합은 이 탱크를 도입한 농가의 우유만 구매하고, 이런 곳에만 방문해서 우유를 가져가기로 했다.

그 탱크는 수만 달러에 이를 정도로 비쌌다. 리처드 부부는 그럴 돈이 없고, 빚도 갚을 수 없었다. 탱크 도입은 리처드 부부만이 아니라 공동 사업에 의존하는 작은 농장 전체에 영향을 미쳤다. 한 농장에서 탱크를 적당한 수준으로(내 기억으로는 60퍼센트) 채우려면, 리처드네 농장보다 젖소가 두 배로 많이 필요했다.

대량 탱크를 이용하면 물론 캔을 하나씩 가져가는 것보다 효율적으로 우유를 수거할 수 있다. 생산비가 낮아지니 소비자들에게는 이득이기도 할 것이다. 이 기술은 판매, 시장, 유통의 표준화, 균질화, 효율성 강화에 최적화되어 있었다.

하지만 이것은 최악의 기술이기도 했다. 집유 탱크 도입은 사회 단절의 또 다른 예였다. 이 기술은 개인의 자유를 확장해주지 않았다. 이 탱크는 사실상 가족끼리 운영하는 작은 낙농장의 소멸을 불러왔다.

어느 날 아침, 토드와 나는 집유 탱크 도입을 받아들이는 리처드 가족의 상황에 대한 영상을 만들러 할시빌가로 운전을 해서 가고 있었다. 금발 머리를 바람에 흩날리는 토드가 촬영하는 동안(아주 능숙하게), 나는 리처드 부인과 함께 농장을 걸어 다니며 대화를 나눴다.

그날은 화창한 초봄이었고, 그루터기만 남은 밭에 빛과 그림자가 광채를 드리웠다. 리처드 부인이 곳간 문을 열자 소들이 거칠게 나오는 사랑스러운 순간도 있었다. "저는 소들이 껑충거리는 게 참 좋아요!" 리처드 부인은 이렇게 말하고 조금 있다가 덧붙였다. "물론 우유에는 나쁘지만요."

그녀는 집유 탱크가 자신의 농장에 미칠 영향에 관해 이야기했다. 그다음으로는 눈부신 밭과 행복한 젖소들이 감성적인 배경을 이룬다.

촬영이 끝나갈 때쯤, 리처드 부인이 일어나서 몇 초 동안 말없이 서 있었다. 그러더니 손바닥에 턱을 괴고 밭을 바라보며 말했다. "가끔은 모든 게 참…… 힘들어요."

정적이 길어지자 토드는 카메라를 그녀에게 고정시켰다. 정적이 이어지도록 나도 침묵을 지켰다. 이제 토드는 리처드 부인이 바라보는 곳을 향해 천천히 카메라를 돌리고 더 넓은 화면이 담기도록 초점을 조절했다. 리처드 부인이 여전히 턱을 괴고 서 있었고, 프레임 안에서 농장과 밭과 곳간이 그녀를 둘러싸고 있었다.

우리는 이 영상을 힘닿는 대로 다양한 사람들에게 보여주었다. 조합에 참여하는 농부들의 회의에까지 가지고 갔다. 회의실은 바닥에 울퉁불퉁한 마루가 깔린 작은 방이었다. 참석한 사람들은 영상을 별로 주의 깊게 보지 않았다. 험악한 얼굴의 농부들은 시큰둥했다. 상영이 끝난 뒤 질문을 하지도 않았다. 우리는 문화적 측면에서, 망한 농가에 싸게 세 들어 사는, 믿을 수 없는 대학생 히피 인간들이었다. 우리가 그들의 삶에 대해 무얼 알았는가?

결국 누구나 예상했던 대로 우유 조합이 이겼다. 그들의 거대한 파괴적 기계는 우리가 포타팩으로 만든 결과물을 압도했다. 우리에겐 집유 탱크 도입을 막을 힘이 없었다.

시간이 흘렀다. 나는 코넬을 졸업하고 샌프란시스코로 이사했다. 1979년 어느 날, 나는 마켓가에서 라디오섁Radio Shack을 지나가다가 윈도에서 TRS-80이라는 초소형 컴퓨터를 보았다. 그리고 샀다.

비디오 프로젝트를 통해 기계를 탐구하는 심오한 즐거움을 맛보지 않았다면 그런 선택을 할 일은 없었을 것이다. 나는 TRS-80이 전혀 두렵지 않았다. 내가 컴퓨터에 대해 거의 일자무식이라는 사실이 오히려 흥미를 자극했다. 나는 포타팩을 다루던 때처럼 컴퓨터를 가지고 놀면서 반응을 보았다. 내게 TRS-80은 새로 나온 또 하나의 개인용 기술 제품으로 (개인용) 전자 공학 세계를 향한 모험을 약속했다. TRS-80으로 뭘 할 수 있을까? 예술을 할 수 있을까? 포타팩, TRS-80, 내가 처음 짠 컴퓨터 코드가 실행되는 순간의 짜릿함이 나를 개발자라는 뜻밖의 직업 세계로 이끌었다.

그다음, 맥과 PC, 데이터베이스, 네트워크, 네트워크들의 네트워크인 인터넷이 도래했다. 머지않아 기계가 꿈을 꾼다. 기술이 세상을 더 나은 곳으로 바꾸리라는 믿음을 품는다. 그다음, 기업들이 네트워크를 통제하기 위해 움직인다. 민간인 사찰이 시작된다. 인터넷이 거대한 광고 판매 장치이자 국제적인 상점이 된다. 결국 에드워드 스노든의 폭로를 통해, 미국 정부가 인터넷을 사찰 도구로 삼아 자국민과 전 세계 시민들을 염탐하고 있었다는 사실을 대중이 이해하게 된다.

이 모든 과정에서, 나는 새로 나오는 기술을 받아들이면서도 날카롭게 바라보았다. 기술의 근본적인 이점을 무턱대고 믿을 수는 없었다. 마냥 빠져들기에는 미심쩍은 구석이 있었다. 인터넷이 최악으로 변질된 모습을 보는 것도 놀랍지 않았다.

리처드 가족 이야기를 회상해보니 내가 기술의 가능성을 망설이고, 의심하며 경계하고, 심지어는 두려워하는 진짜 원인이 무엇인지 이해됐다. 그건 집유 탱크였다. 육중한 기록 수거 장치, 작은 가족 농장의 종말, 사생활의 종말. 기술에 관한 나의 충고는 리처드 가족, 그들의 절망, 내 젊은 시절의 어리석음, 우리가 가진 기계로 그들의 삶을 바꿀 수 있을 줄 알았던 멍청한 믿음에서 비롯되었다.

5부

코드를 짜는 손

수백만을 위한 프로그래밍

2016년

1.

1980년 어느 날, 회계사인 아버지가 내게 '변동 금리 분할 상환 일정' 관리 프로그램을 만들어줄 수 있냐고 물으셨다. 당시 개발자로 정식 취업한 지 몇 주 정도 지난 나는 퀸스 플러싱에 있는 본가에 와 있었다. 분할 상환이 무슨 말인지, 금리가 뭐길래 변동이 되든 안 되든 해야 하는 건지 아는 게 없었다. 아버지는 여러모로 존경스러운 분이지만 남을 가르치는 재주는 영 아니었다. 나는 지하실에서 곰팡이 핀 회계 교과서들을 찾아내, 아버지가 말한 단어들의 뜻을 일일이 확인해야 했다(그땐 인터넷이 없어서 위키피디아의 편의를 누릴 수 없었다).

문제는 그뿐만이 아니었다. 그 프로그램은 고객사에서 쓸 것이라서 그 고객사에 있는 미니컴퓨터에서 실행되어야 하는데, 그 컴퓨터는 내가 일할 때 쓰는 기종이 아니었다. 나는 그 기종을 다뤄보기는커녕 구경해본 적도 없었다. 그들이 준 설명서에 따르면 베이직 버전 언어를 사용한다고 하는데, 내가 배운 두 버전과는 호환되지 않는 버전이었다. 나는 좀 불안하면서도 두렵지 않았다. 설명서를 읽으면 된다. 베이식은 베이직이고, 어차피 초보자용 언어다. 방법을 배우고 고객사 사무실에서 코드를 짜서 프로그램이 돌아가게 하면 된다. 이 계획에는 바람직한 부작용도 있었으니, 나는 유대교의 대제일을 맞이해 본가에 와 있는 동안 집에 붙어 있지 않을 핑계를 얻었다.

하지만 내 계획은 실현되지 않았다. 고객사 사무실은 대제일 열흘 내내 문을 열지 않았다. 사무실이 다시 열릴 즈음에는 내가 샌프란시스코로 돌아가야 했다. 이 프로젝트를 계속 진행하려면 내가 회사에서 쓰던, 앞에서도 언급했던 리얼리티라는 시스템에서 실행되는 프로그램을 짠 다음에 번역기를 써서 리얼리티 코드를 고객사 기종에서 실행되도록 변환해야 했다.

이 정도로 일이 꼬였으면 진작 아버지에게 안 된다고 해야 했건만, 아직 세상 물정 모르고 코드를 짠다는 새로운 행복에 취해 있었던 나는 산책을 나서는 강아지처럼 촐랑거리며 돌진했다.

이런 일을 겪어보면 나의 무지를 깨닫게 된다. 학교에 전혀 다니지 않고 독학으로 프로그래밍을 공부한 내가 분수에 맞지 않는 문제를 풀겠다고 덤비고 있었다. 두 언어 버전 사이에 존재하는 모든 미묘한 차이를 금방 배운다고 해도, 그 미묘한 차이가 미치는 영향을 내 프로그램에게 '이해'시켜서 두 버전이 똑같이 작동하게 만드는 고비가 남아 있었다. 이건 사소한 문제가 아니었다. 양쪽 컴퓨터에 다양한 값을 입력해보며 시험에 시험을 거듭해야 했고, 시험은 대부분(내 경우에는 아마도 전부) 실패할 것이었다. 게다가 4000킬로미터는 떨어져 있는 고객사 사무실 컴퓨터에서 코드가 정확하게 작동하는지를 내가 무슨 수로 알아낸단 말인가?

그래도 나는 개의치 않고 리얼리티 버전으로 코드를 짰다. 그 분할 상황 업무 때문에 충분히 짜증 나는 작업이었다. 하지만 번역기, 번역기… 서로 다른 운영체제, 언어, 컴파일러 간에는 미묘한 차이가 있었다. 컴퓨터과학 전공생들은 식은 죽 먹기라고 콧방귀를 뀔지도 모르지만 초짜인 나는 지금껏 경험해온 컴퓨터 세계의 음침한 구석으로 끌려 들어가고 있었다. 실로 매혹적이었다. 뚝딱 처리되는 일보다 좋고, 거부할 수 없게 짜릿했다.

아버지의 부탁을 받고 나흘째 되던 날, 나는 종잇장들을 내던져가며 어린 시절 쓰던 방 침대와 카펫을 난장판으로 만들고 있었다. 아버지는 그런 나를 물끄러미 바라보다가 말씀하셨다. "그냥 관두는 게 어떠니? 힘들어 보이는데."

나는 귀에 아버지의 샤프를 꽂고, 입에는 빨간 펜을 물고 있다가 시선을 올렸다. 펜을 빼고 아버지를 바라보았다. 당신이 방금 나를 제대로 한 방 먹였다는 사실을 전혀 모르시는 눈치였다. 나는 아버지를 안다. 아버지가 무슨 생각인지 안다. 내가 안쓰러우셨던 거다. 나는 실패했다. 뭐든 잘하리라는 기대를 받았지만 실망스러운 존재로 전락했다.

그날의 그 한방이 아직도 생각난다. 가장자리가 너덜너덜해진 소녀

취향의 알록달록한 줄무늬 벽지, 글씨를 휘갈긴 노란 종잇장들이 널브러진 시퍼런 카펫이 떠오른다. 그 일을 통해 버둥거리다가 실패하면 타인에게 망신을 당하고 굴욕을 맛볼 수 있다는 걸 배웠다. 하지만 그건 포기를 위한 핑계가 못 됐다.

포기한 쪽은 아버지였다. 나를 포기하신 거다. 아버지는 분할 상환에 대한 내 질문들에 손사래를 쳤다. 나는 이 프로젝트를 접고, 다시는 아버지와 그 이야기를 하지 않았다.

1979년에 라디오섁 윈도에서 본 TRS-80을 사면서, 나는 앞서 이야기한 것처럼 이 기계를 탐구해보면 재미있겠다고 생각했다. 정치 활동에 이용할 수 있을까? 예술 작품을 만들 수 있을까? 내가 전혀 모르는 일까지도 해줄 수 있을까? 이 컴퓨터는 포타팩과는 전혀 달랐다. 컴퓨터는 단추만 누를 줄 아는 사람을 일으켜 세워 달리기까지 하게 해주는 기계가 아니었다. 컴퓨터에게 일을 시키려면 컴퓨터 프로그래밍을 해야 한다는 건 알았다. 내가 해본 적도 없고 해보는 상상도 해본 적 없는 영역이었다.

하지만 나는 영상에 대한 소소한 지식, 기계를 두려워하지 않는 성향, 『맥베스』에 대한 독립 연구 경험을 무기 삼아 건방지고 용감하게 밀어붙였다.

당연히 시작은 험난했다. 프로그램 개발에 사용한 베이직 코딩 언어는, 쉬운 작업만 하면 배우기 쉬웠다. 흑백 텔레비전 화면에 글자를 띄우는 것 같은, 당시 기준으로도 구닥다리인 기술을 이용한 작업은 쉽다는 말이다. 하지만 실제로 프로그램을 짜서 원하는 작업이 수행되도록 구문들을 코드화하는 작업은 차원이 달랐다.

처음 두 달은 돌아버릴 것 같았다. 컴퓨터의 모호함에 분개하고, 나 자신의 무식함에 한탄했다. 밤을 지새우고 끼니도 거르기 일쑤였다. 오후까지도 잠옷 바람이었다. 그 시절에도 여전히 종이를 채우고, 전화 교환대에서 응답하고, 가스 전용 주유소에서 자동차에 가스를 채우고 앞 유리를 닦는 등의 아르바이트를 전전했다. 어떻게든 돈은 벌어야 했다. 하지만 정직원 제안은 모두 거절했다. 그럴 수 없었다. 복잡하게 꼬인 코드에 푹 빠져 있었기 때문이다.

나는 초기 베이직이 도처에 파놓은 함정에 빠져버렸다. 코드에 뛰어든다. 여기로 GOTO 하고, 여기로 GOTO 하고, 저기로 GOSUB 하다 보면* 자신이 어디에서 출발해서 어디고 가고 있는지 파악하기 힘들다. 블록으로 구분되지 않은 코드 형태로 모든 변수가 여기저기 '보이다' 보니, 자기도 모르게 변수를 망가뜨리기 쉽다. 나는 GOTO가 함정이라는 것을 이해하지 못했다. 초기 베이직이 복잡하게 엉켜 있다고 해서 스파게티 코드라고 불린다는 사실도 나중에야 알았다. 하지만 내가 처음 만난 베이직은 똬리를 틀고 혀를 날름거리는 뱀 무리처럼 다가왔다.

나는 내 무식의 장벽을 쪼아대기 시작했다. 실패에 실패를 거듭하는 과정은 엉뚱하게도 매혹적이었다. 내가 말하는 '엉뚱'이란 미지의

---

* 베이직 언어 중 GOTO ( )는 ( )로 이동하라는 뜻. GOSUB ( )은 ( )로 이동했다가 작업 완료 후 원래 위치로 돌아오라는 뜻의 명령이다.

세계에 끌려 들어가 버림받지만 모두의 예상을 뒤엎고 그 세계를 즐기게 되는, 그러면서 재미를 찾는 경험이다.

뱀처럼 꼬인 코드를 종이에 옮겨 적고 화살표를 그렸다. 언급된 코드 행 번호를 적어 변수들을 나열했다. 나는 『맥베스』에서 시간의 흐름을 따라간 경험이 있으니(이 작품에는 맥베스가 왕을 죽인다는 현재의 충격적인 사건이 하나 있고, 시간을 앞뒤로 왔다 갔다 하며 줄거리가 전개되기 때문에 과거와 미래가 자꾸 헷갈린다) 이 정도로 꼬인 코드는 일도 아니라고 되뇌었다.

단출하지만 괜찮은 프로그램을 처음으로 완성해서 실행해봤을 때(x값을 이용해서 튀어 오르는 공의 진폭 감소세를 보여주는 도표) 나는 등을 기대고 앉아, 내 손으로 기화기를 고쳤던 때를 떠올리며 뿌듯해했다. 성공이었다.

1970년대 말과 1980년대 초는 업무 전산화가 보편화되던 시기였지만, 코드를 짜는 개발자는 턱도 없이 부족했다. 당시 컴퓨터과학은 주로 전기공학의 하위 분야였고, 숙련된 공학자들은 코볼 프로그램을 가지고 손익 계산서를 만들 생각이 없었다. 코드 짜는 법을 알기만 하면 누구나 취업을 할 수 있는 것 같았다. 코드를 짜본 적이 있고 일자리가 필요하다. 그렇다면 취업 성공이다.

나는 평범한 개발자가 되었다. 내가 짠 코드는 현란한 휴먼 인터페이스와 운영 체제 핵심부의 중간 층위에서 실행됐다. 합창에서 알토는 노래의 틀을 잡아주는 역할을 하지만 그 멜로디를 따라 부르는 사람은 없는 음역이다. 내가 다룬 프로그램들이 바로 그 알토 같은 역할을 했다.

한번은 우리 회사 고객사의 시스템을 고치기 위해 남서부에 있는 작은 마을에 비행기를 타고 갔다. 사장은 땀이 많고 귓불이 축 처진 중년 남성이었다. 그는 내가 컴퓨터의 문제를 살펴보는 동안 축축한 손으로 내 등을 쓰다듬었다. 그의 컴퓨터 프로그램에, 내가 떠나고 1년 뒤에 그 시스템을 폭발시키는 폭탄을 심어두고 싶었다. 실제로 그러진 않았다. 최근까지도 내가 코드를 작동시키는 것에 대한 자부심이 너무 커서 그냥 왔다고 생각해왔지만, 지금 와서 돌이켜보면 겁이 많았을 뿐인 것 같다.

회의 시간에 동료 남직원에게 이런 말을 들은 적도 있다. "여자들은 뽑기 싫은데, 다들 참 똑똑하단 말이죠." 그는 종종 이런 말로 나를 귀찮게 했다. "와, 머리가 참 예쁘시네." 그럴 때면 나는 뻐딱하게 앉아서 대답했다. "이 거지 같은 머리카락 그냥 어깨 위로 나풀대게 두는 건데요." 하지만 그는 '너무 똑똑하다'는 여자들을 필수적인 기술직으로 채용했고, 나에게 전산에 대한 많은 것을 가르쳐주었다. 나는 초기 기업 간 디지털 전산 업무, 관계형 데이터베이스를 배웠다. 굉장한 기회도 얻었다. 픽Pick 운영 체제에서 실행되던 회사의 코드를 유닉스에서 실행되도록 옮기는 작업이었다. C 코딩 언어 실력이 늘어갔다. 프로그래밍에 더 깊이 들어가 운영 체제, 인간–컴퓨터 인터페이스 같은 차원을 이해하게 되기도 했다. 예쁜 머리를 가진 나는 어엿한 소프트웨어 엔지니어로 경력을 발전시켰다. 내가 컨설팅한 프로젝트가 성공할 때도 있었고, 실패할 때는 더 많았다. 한번은 나보다 훨씬 뛰어난 엔지니어, 컴퓨터과학자들과 일했다. 나는 굴욕을 견뎌가면서, 다른 곳에서는 절대 배우지 못할 지식을 쌓았다. 그 자리에 지원할 때 면접관은 확실하게 못박았다. "굉장히 똑똑한 사람들(면접관 본인 및 팀원들)과 적당히 똑똑한 사람들(그 우월한 사람들이 만든 것을 사용하는 소프트웨어 엔지니어들)을 이어주는 번역 업무를 하게 될 겁니다." 그들이 내게 준 번역가라는 직책은, 내가 기술 분야에서 해온 모든 일을 가장 정확하게 설명하는 단어였을 것이다.

기술 실무자로 20여 년간 일하면서, 나는 TRS-80을 가지고 씨름했던 것이 초보 시절의 경험으로 끝나지 않음을 깨달았다. 내가 하게 된 모든 일이 그런 식으로 흘러갔다. 항상 컴퓨터 기종을 바꾸고, 운영 체제를 바꾸고, 언어를 바꾸면서 언제나 '뭘 모르는' 상태에 있었다. 매번 새로 좌절을 맛봐야 했고, 중앙처리장치를 처음 마주할 때도 그랬다. 실패도 일상이었다. 프로그램은 늘 먹통이 됐다. 문제의 버그는 꽁꽁 숨어 있었다. 디자인은 막다른 길로 이어졌다. 목표는 틀어졌다. 마감일은 터무니없었다. 잘 고장 나지 않는 프로그램을 개발하고, 좌절했다가도 앞으로 나아가는 법을 배우고, 맹렬한 투지를 가지고, 열정에 가까운 집착으로 문제를 해결하면서도 사냥의 즐거움을 느껴야 한다.

내게는 쉽지 않은 일이었다. 나는 마음이 우울하고, 살면서 일어나는 사건들이 끔찍한 결말을 맞이할 수밖에 없다고 믿는 파국적인 사고방식을 가졌다. 예를 들면 직접 운전을 하면서도 차 사고가 나는 상상을 했다. 집에서 혼자 TRS-80을 가지고 씨름하는 건 그렇다 친다.

하지만 돈을 받고 일할 때면 항상 내 무능이 언제라도 들통날 거라고 확신했다. 나는 중구난방으로 독학을 했다. 일하면서 필요하거나 그때그때 관심 가는 분야를 공부했다. 내가 가진 건 암흑의 바다에 뚝뚝 떨어져 있는 지식의 섬들뿐이고, 주변은 온통 무지의 구렁텅이다. 나는 그 구렁텅이로 굴러떨어질 것이 분명했다.

중앙처리장치를 다룬 경험은 영예롭고 이례적인 시간이었다. 나 외에는 결과물을 중요하게 생각하는 사람이 없었다는 점에서 TRS-80 시절로 돌아간 것 같았다. 다만 TRS-80 시절에는 내가 그 작은 기계를 가지고 놀고 싶은 바람으로 결과물을 중요하게 생각했고, 중앙처리장치를 다루던 시절에는 다리 없는 남자와 아리땁고 성가신 버그 아가씨가 원동력이 되었다는 점이 달랐다. 그 외에는 구렁텅이들이 항상 내 경력을 쫓아다녔다. 래리 페이지와 세르게이 브린을 만나서 구글에서 일할 가능성이 생기자 깜짝 놀란 도마뱀처럼 줄행랑을 치던 밤에도 그랬다.

나는 혼자가 아니라는 걸 알게 되었다. 버클리에서 컴퓨터과학 박사후과정 학생을 만났다. 나는 내 안의 섬들, 암흑, 두려움에 관해 이야기했다. 그는 망설임 없이 대답했다. "어, 저도 항상 그래요." 이와 반대의 경우도 있었다. 스탠퍼드 대학교의 '전산과 사회'라는 소규모 강의에 초대받아서 내가 쓴 소설 『버그The Bug』에 대해 이야기하러 간 적이 있다. 이 책은 주인공을 1년 동안 괴롭힌 알쏭달쏭한 소프트웨어 버그에 관한 이야기다. 나를 실제로 공포에 떨게 했던 버그와 비슷한 결함이었다. 나는 문제 해결의 열쇠가 깊은 미지의 구렁텅이에 숨어있는 것 같을 때 찾아오는 두려움에 관해 이야기하고 있었다. 학생들은 한결같이 발을 구르면서, 내 말이 끝나기를 기다리고, 내 능력을 의심하고 있다. 젊은 남학생 한 명이 내 말을 끊고 씩씩거리며 말했다. "저는 1년씩이나 버그를 해결 못 했던 적 없는데요." 그러고는 교실을 나가버렸다.

2.

일반 대중이 코드 짜는 법을 배운다는 대범한 상상을 해본다. 언어, 문학, 역사, 심리학, 사회학, 경제학, 기초 과학과 수학 등 문해력을 쌓기 위한 기본 과목으로 프로그래밍을 추가해야 한다는 말은 아니다. 오히려 그 반대다. 인문학적 지식을 갖춘 사람들이 코드를 짜는 폐쇄적 사회에 쳐들어가는 것이 내 바람이다. 침략이다.

나는 샌프란시스코 사우스오브마켓에서 벌어지는 일들을 보며 내 바람을 가차 없이 시험했다. 2001년에 기술 업계가 처음 붕괴하면서 암흑으로 뒤덮였던 이 동네가, 인터넷의 재도약과 함께 스타트업의 거리로 다시 태어났다.

평일이면 기술 업계 군단이 어김없이 2번가를 가득 채웠다. 걸어오기도 하고, 자전거를 타고 오기도 하고, 스케이트보드를 타고 오기도 하고, 전동 보드를 타고 오기도 한다. 헬멧을 쓴 채 인도로 스쿠터를 끌고 올라오는 사람들도 있었다. 도로에서는 스쿠터를 타지 말라는 부모님의 말씀을 잘 듣는 아이 같다. 여전히 백인과 아시아인 남성이 대부분이었다. 그 중 90퍼센트가 22~34세였다. 그보다 나이가 많은 남자들은 쿨해 보이기 위해 머리를 밀었다. 흑인이 한 명이라도 보이면 깜짝 놀라곤 했다.

그들은 세일즈포스Salesforce, 옐프Yelp, 우버Uber, 링크드인LinkedIn, 깃허브Github, 드롭박스Dropbox, 스퀘어Square, 인스타카트Instacart, 이벤트브라이트Eventbrite, 스포티파이Spotify에 다녔다. 내가 사는 건물에서 세 블록 안에 있는 스타트업도 많았다. 야머Yammer, 젠데스크Zendesk, 플레이돔Playdom, 스크리브드Scribd, 플러리Flurry, 오픈DNSOpenDNS, 스트라이프Stripe, 랙스페이스Rackspace, 숍잇투미ShopItToMe, 레드버블Red Bubble, 옵티마이즐리Optimizely, 코트위트CoTweet, 크리플리Chriply, 큐뮬러스Cumulus, 크리테오Criteo, 드론디플로이Drone-Deploy, 포인트어바웃PointAbout, 클라우트Klout, 퀴키Qwiki, 플럼디스트릭트Plum District, 피플브라우저PeopleBrowsr, 유데미Udemy, 슬라이드쉐어SlideShare, 비주얼리Visually, 알디오Rdio, 앱하버AppHarbor, 톡박스TokBox, 짐라이드Zimride, 화이트트러플Whitetruffle, 드롭캠Dropcam, 런스코프Runscope, 매니지Manage, 마이타임MyTime, 사이버코더스CyberCoders, 데이터시프트DataSift, 트룰리아Trulia, 디스커스Disqus, 스킬즈Skillz, 매커니즘Mekanism, 트윌리오Twilio, 옥타Okta 등. 당신이 이 글을 읽을 때쯤에는 상당수가 사라져 있을 것이다.

이 기술 군단은 편안한 의자와 소파, 공짜 간식이 구비되어 있고 더러는 훌륭한 위스키까지 공짜로 주는 사무실에서 인간의 삶을 덮치는 코드 그물을 짜고 있었다.

한편 거리에는 다양한 인종이 섞여 있었다. 라틴계 여성들은 회의실에 샌드위치를 배달했다. 자선 단체가 고용한 흑인 남성들은 소마 거리를 깨끗하게 쓸었다. 버스 기사들의 피부색은 가지각색이었다. 라틴계 남성들과 노동자 계급 백인 남성들은 노란 양동이에 연장을 담아 들고 오후 3시에 공사장에서 퇴근했다. 마케팅 분야에서 일하는(보면 안다) 젊은 백인 여성들은 캐리어를 끌면서 하이힐을 신고 성큼성큼 걸어 다닌다. 라틴계 여성 보모(보모는 소마의 새내기다. 뉴욕 어퍼이스트 사이드에 있다가 소환되어 온 것 같다) 2명은 백인 아이들이 탄 유모차를 밀면서 스페인어로 대화를 나눈다. 뱅크오브아메리카 정문에는 권총을 찬 흑인 남성 경비원이 있었다. 교통정리를 하는 여성은 인터셉터 interceptor라는 브랜드의 소형 삼륜차를 타고 다니면서 주차 미터기를 찾아다녔다. 빨간 불, 빨간 불, 빨간 불을 찾아라.

인터넷에 접속하는 인구는 인류의 3분의 1 정도가 아닐까 한다. 그리고 3분의 2는 세계에서 손에 꼽히게 가난하고 정치적으로 혼란스러운 나라들에 대부분 모여 있고, 전자 기술의 혜택을 받지 못하는데도 똑같은 인터넷 코드의 지배를 받는다. 부유층을 위한 알고리듬이 그들을 둘러싸고 상업 활동, 자원 배분, 경제, 정치 활동, 사회 교류… 다시 말해 삶을 통제한다. 1994년에 컴퓨터가 우리의 모세 혈관에 침투하려 했다면, 2000년에 접어들어 사회는 우리의 기술 의존도가 얼마나 깊고 심각한지 깨달았다. 그리고 이제 기술은 인간 존재의 틈새에 침투하는 작업을 거의 마쳤다. 대중의 관점에서 코드는 우리를 완전히 에워쌌다. 바깥세상을 들여다볼 수도 없고, 밖으로 나갈 수도 없다.

그럼 우리는 이제 뭘 해야 하나? 여기서 '우리'는 3분의 1의 특권층을 말한다. 인류의 상당수가 알고리듬 안에 갇혀있는 동시에, 지구에 사는 인간 중 극소수만이 컴퓨터 프로그램의 실체를 아는 상황에서 우리는 무엇을 해야 할까?

내 생각에 우리는 개발실 문을 열고, 그 안에 존재하는 지식을 널리 퍼뜨려야 한다. 개개인이 코드를 어느 수준으로 습득하는지는 중요하지 않다. 코드 짜는 법을 안다고 개발자를 직업으로 삼을 필요는 없다. 일반 대중이 컴퓨터 세계의 장막을 찢는 것이 목표다. 일반 대중이 알고리듬을 알기 쉽게 설명하고, 코드 속에 편견이 존재하며 프로그램을 개발하고 수정하는 주체는 인간임을 이해하고, 개념, 사고방식, 코드를 통해 인간의 생각이 달라질 수 있음을 알게 하는 것이 목표다.

철학자와 영문학 전공자, 스페인어 사용자 모두 환영이다. 이민자, 사회복지사, 유치원부터 대학원까지 모든 기관의 교사까지. 개발자들이 사무실에 눌러살면서부터 거리를 배회하게 된 모든 이들, 출장 뷔페 배달부, 경찰관, 보모, 인터셉터를 타고 다니는 여성들을 모두 환영한다. 이 생각을 처음 한 건 2015년 프랑스 혁명 기념일이었다. 시민들이 들고일어나 기술 귀족들의 문을 두드린다는 나의 상상에 이날은 확실히 영향을 미쳤다. 내가 그랬던 것처럼, 당신도 프로그래밍을 일단 접하고 나면 코드 짜기의 매력에 빠질 것이다. 프로그래밍에서 열정을 발견하고 앞으로 나아가고 싶은 꿈이 생기는 것이다. 당신과 당신 집단의 사람들이 기술 세계의 닫힌 문 앞에 몰려든다. 그 문 건너편에 존재하는 단일 문화 사회에 들어가기 위해서다. 자기만의 시민 정신, 문해력, 다양한 삶, 다채로운 성별과 인종과 국적과 언어와 사회 계층을 가지고 그 안에 들어가는 당신의 모습이 보인다. 당신은 젊은 백인과 아시아인 남자들로 한정된 그 세계를 진정으로 통합할 것이다.

자칭 기술 선지자라는 벤처 투자자들은 사실 프로그래밍에 대해 아는 게 별로 없다. 창립자(코드를 잘 아는 사람인 경우), 프로젝트 책임자와 엔지니어 들이야말로 제품이 완성되는 방향과 세세한 부분에 영향을 미치는 장본인들이다. 배달 앱 디자인 프레젠테이션에 새 개발자로서 말하는 당신의 모습이 보인다. "'선택받은 동네(즉 부자 동네)'를 넘어서 서비스 취약계층에게로 우리의 배달 영역을 확장할 기회가 있습니다." 또 다른 프레젠테이션에서 당신은 앱이 공략하는 사용자층을 묻는다. "우리가 상대하는 '당신'이 정확하게 누구고, 그 부류는 어떤 성향이죠?"

당신은 실력을 더 쌓아서 데이터 과학자라고 불리는 새롭게 떠오르는 현인, 데이터 포인트 수십억 개를 감식하는 '전문가'에 맞선다. 당신은 말한다. "당신이 도출한 답은 과거의 편견으로 더럽혀져 있습니다. 당신의 정보는 과거의 일에 의거한 편견으로 점철되어 있습니다. 과거에 성공하지 못했던 우리 같은 사람들은 당신의 데이터베이스에 기록되어 있지 않습니다. 어쩌면 나쁜 위험 요인으로 등록되어 있을 수도 있지요."

내가 기대하는 새로운 개발자 군단에게 이렇게 말하고 싶다. 당신은 이 사회에서 우리를 둘러싼 코드의 족쇄를 풀어줄 최고의 희망입니다. 동지를 모으세요. 어림짐작을 뒤집으세요. 시간이 걸리고 끈기가 필요하지만, 당신은 할 수 있습니다. 기술 세계의 통념으로 채워진 반짝이는 비눗방울을 바늘로 찔러서 터뜨려 버리세요.

이제 불행한 현실로 돌아오자. 어떻게 해야 일반 대중이 프로그래밍을 배울까?

컴퓨터 활용 지식은 공립 학교, 유치원, 고등학교, 전문대학교, 주립대학교에서 가르치는 것이 이상적이다. 하지만 이 이상을 현실로 이루려면 사회적, 정치적 격변이 필요하다. 공립 기관에 새로 자금을 대고, 모든 동네와 사회 계층에 양질의 교육을 제공해야 한다. 다시 말해, 공공권과 시민 생활의 가치에 대한 믿음을 새로 다져야 한다. 이를 위해서는 집마다 다니며 그들의 마음을 바꾸는 길고 더딘 노력이 필요하다.

이 변화를 이루려면, 무료 공립 학교보다 사립 학교와 자율형 공립학교를 선호하는 현재의 정치 환경을 뒤바꾸는 막대한 노력을 해야한다. 자율형 공립 학교는 사실상, 학교를 공공 자금이 투입되는 영리기관으로 만든다는 취지의 교육 민영화 운동이다.

이렇게 교육 환경이 민간 기관의 지배를 받으면, 자율형 공립 학교에서는 저마다 교육과정을 마음대로 선택할 수 있다. 진화는 하나의 이론에 불과하고, 성경은 실제 역사고, 공룡과 인류가 지구에 함께 살았고, 남성이 여성보다 우월하고, 기독교를 믿는 백인이 다른 모든 사람보다 우월하다고 가르칠 수 있다. 사립 학교와 자율형 공립 학교는 웹사이트와 같이 아무 믿음이나 발전시키고, 진실이 있다는 생각을 무너뜨리고, 진실과 믿음의 차이를 지울 수 있다.

무엇을 해야 할까? 인터넷 신봉자들의 교리에 따르면, 기술이 불러온 해악은 더 뛰어난 기술을 적용해서 해결할 수 있다고 한다. 웹의 보안이 불안하면 암호화 기술을 더한다. 자율 주행 자동차가 다른 차들과 부딪치면 모든 차가 자율 주행을 하게 한다.

마찬가지로 공교육이 실패하면 온라인 강의로 문제를 해결한다. 일반 대중이 기술을 이해하지 못하면, 기술을 활용해서 기술을 가르친다.

나는 그런 순환론에 반기를 들기로 했다. 나는 무크MOOC, Massive Open Online Courses라는 개방형 온라인 강좌를 알아보았다. 강좌는 대부분 무료다. 아무나 가입해서 프로그래밍과 기술 관련 강의를 둘러보고 '청강'할 수 있다.

물론 컴퓨터와 인터넷이 있어야만 무크 강의를 들을 수 있다는 치명적인 단점이 있다. 인터넷의 빛을 받지 못하는 3분의 2는 어떻게 해야 할까? 시골 지역, 가난한 동네, 인터넷 요금을 내지 못하는 취약계층은 어떻게 해야 할까?

그래도 어떤 억만장자가 미국 전 국민에게 컴퓨터와 안정적인 인터넷을 제공하는 취미를 가진다고 상상해보자(전자 기술의 혜택을 받지 못하는 인류의 3분의 2는 개인이 감당하기에 너무 부담스럽다). 이 가상의 기부자가, 학생이 교육과정에서 합격점을 받았음을 증명하는 수료증을 받는 비용도 원할 경우 대준다고 하자. 이제 의문이 생긴다. 만약 이 기부자가 화성 여행 같은 다른 취미에 빠지지 않고 후원을 지속한다고 치자. 만약 그렇다면, 그 사람의 기부금이 진정한 의미로 대중을 가르치고, 사회 전체에 기술 관련 지식을 제공할 수 있을까?

나는 온라인에서 뭘 찾을 수 있을지 궁금했다. 그 강의를 들을 학생들을 생각해보았다. 강사들은 기존 컴퓨터 문화에 어떻게 뿌리내리고 있을지 생각해보았다. 무크의 프레젠테이션 상당수를 제공하는 코세라Coursera 사이트에서 프로그래밍 강의들을 살펴보고, 그중 세 강의를 수강했다.

3. 파이썬과 함께 하는 상호작용형 프로그래밍 1부

남자 넷이 온라인으로 프로그래밍을 가르치기 위해 카메라를 바라보고 반원형으로 어정쩡하게 서 있다. 전 세계 수많은 학생에게 제공되는 동영상 강의의 소개 영상이다. 강사들은 하얀 동그라미가 그려진 파란 티셔츠를 똑같이 맞춰 입고 간단하게 자기소개를 한다. 조 워런, 스콧 릭스너, 존 그라이너, 스티븐 웡. 모두 라이스 대학교에 재직 중이다. 워런은 컴퓨터과학부 학과장이다. 릭스너는 마른 체구에 안경을 썼고, 너무 넓적한 넥타이를 가랑이까지 내려오게 맸다.

워런이 영상에서 말한다. "강의를 시작하기 위해 가위-바위-보-도마뱀-스폭을 나타내는 티셔츠들을 입었습니다." 강사들은 각자 입은 티셔츠의 동그라미를 가리켰다. 그 안에는 게임 '캐릭터' 그림이 있는 것 같지만, 화면에 크게 비춰주지 않아서 확실치 않다.

워런이 다른 강사들에게 말한다. "자 여러분, 같이 게임을 해봅시다. 일종의 배틀로얄이라고 볼 수 있죠."

그리고 게임을 시작했다.

"가위-바위-보-도마뱀-스폭: 발사!"

그들은 동그라미 안에 그려진 손동작들을 뜯어보더니 웃음을 터뜨렸다. 워런의 손동작이 확실치 않았다. 그는 손가락 2개로 싹둑싹둑 자르는 흉내를 냈다. "저는 가위예요." 그는 말했다. 그들은 알 수 없는 이유로 낄낄거렸다.

워런은 나중에 가위, 바위, 보, 도마뱀, 스폭(이하 '가바보도스')이 「빅뱅 이론The Big Bang Theory」이라는 드라마의 주인공 셸던이 한 게임이라고 설명한다. '철없는 젊은 남성' 괴짜 기술 전문가의 전형적 이미지를 강화시킨다는 점이 끔찍해서 나는 이 드라마를 보다 말았다(워런은 가바보도스가 아이들이 하는 가위바위보에서 유래했다고 말하지 않는다. 전 세계 모든 사람이 이 놀이를 잘 안다고 믿어 의심치 않는 것이다). 놀랍게도 이 강의의 첫 '미니 프로젝트'는 「빅뱅 이론」 버전의 가위바위보를 프로그램으로 짜는 것이었다. 워런은 자기 아들이 이 과제를 제안했다고 말한다. 내게는 그 과제에 연루된 사고방식의 나이와 젠더 성향을 알려주는 일종의 경고였다.

뒤이어 그는 학생들에게, '파이썬'이라는 이름이 비단뱀을 뜻하는 영어 단어 'python'이 아니라, 「몬티 파이썬의 날아다니는 서커스Monty Python's Flying Circus」라는 멍청하고 허무맹랑한 코미디 방송에서 가져온 것이라고 설명한다. 그는 그 방송이 무엇인지 설명하지 않는다. 가바 보도스와 마찬가지로, 학생들이 그 방송, 「스타 트렉Star Trek」 같은 괴짜 문화를 이미 알 것이라고 가정한 것이다.

첫 코딩 과제는 간단하고 의무도 아니었다. "나는 관목을 원한다…"라는 말을 화면에 출력하면 됐다.

누가 왜 그런 말을 출력하고 싶어 하는지 이해할 수 없었다. 다들 쓰는 "안녕, 세상!Hello, World!"은 어디 갔나? 알고 보니 이 말은 「몬티 파이썬」 시리즈에 나오는 농담과 관련 있었다.

워런은 강의를 재미있게 진행하고 싶다고 종종 말한다.

"이 강의를 재미있게 진행하는 것이 목표입니다." 첫 강의가 끝날 무렵에 그는 말한다. "저희가 미숙할 때도 있다는 건 알지만, 지루하지 않게 하려고 노력합니다."

나는 파이썬을 배우려고 수강한 게 아니었다. 일하면서 파이썬 언어를 써본 적은 없어도 꽤 능숙하게 읽을 수 있었고, 굳이 필요하면 아주 거창하지 않은 코드 정도는 직접 짤 수도 있었다. 나는 다른 사람들이 파이썬을 어떻게 배우나 보기 위해 강의를 듣고 있었다.

파이썬은 초보자용 언어고, 입문 과정의 표준이자 웹 개발의 기초다. 파이썬 언어를 배우면 금방 일자리를 구할 수 있어서 이 언어를 배우려는 개발자 지망생이 많다. 하지만 이런 수업은 단순한 코딩 언어 소개가 아니다. 개발자 꿈나무들에게 프로그램 개발 현장을 처음으로 보여주고, 개발자들의 사회에 만연한 문화를 처음 소개하는 장이다. 내가 그 강의를 듣는 건 그 문화를 마주하는 학생들이 무엇을 보게 되는지 확인하고, 내가 그 세계에 들어가는 입구에 처음 도착했을 때 어떤 문지기가 나를 맞이했는지(또는 밀어냈는지) 되새기기 위해서였다.

이제 소개가 끝나고 프로그래밍의 기초로 넘어간다. 주로 워런이 수식, 변수, 변수 값 배정에 대해 가르친다. 그는 좋은 선생이다. 프로그래밍을 배우는 학생들을 진심으로 아끼면서, 막막하더라도 끝까지 수업을 함께 하라고 격려한다. 프로그래밍은 원래 막막하니까 난관에 부딪혀도 끈기를 가져야 한다고 말한다. 코드 학습서, 자료, 학생들끼리 도울 수 있는 온라인 게시판도 소개한다. 그는 학생들이 프로그램을 짜서 실행되는 모습을 확인하는 짜릿함을 느끼기를 바란다. 내 생각에 워런이 한 최고의 격려는 이 말이었다. "초급이라고 쉬운 건 아닙니다."

워런이 가장 열정을 보이는 분야는 분명 비디오 게임이다. 한 강의에서는 그가 동료인 존 그라이너와 게임을 하는 모습을 보여준다. 학생들에게 게임 화면은 보이지 않고, 두 사람의 얼굴과 키보드를 두드리는 손이 보일 뿐이다. 그라이너는 좋은 동료로서 게임에 임했지만, 워런은 전투적이었다. 시선을 화면에 고정시키고, 입을 굳게 다물고 손가락을 현란하게 놀리다가, 점수를 딸 때마다 '아싸!', '그렇지'하고 중

얼거렸다.

나는 워런 같은 사람이 익숙했다. 내가 어느 회사에 가든 동료로 만날 법한 사람이다. 말장난을 좋아하고, 뻔뻔하리만큼 철없고, 아이들의 유치한 말대답식 유머를 구사하는 사람이다. 그가 구사하는 유머는 확고부동한, 신이 난 아이로서의 마음가짐에서 비롯된다. 그 아이는 괴짜 친구들끼리만 몰려다니고, 그 무리 아이들은 모두 그런 말장난을 좋아하며 함께 키득거린다. 그 무리에 속하지 않은 사람은 그와 함께 있어도 별로 재미있지 않다.

한 강의는 워런의 교수실에서 촬영했는데, 그 안에는 기사의 갑옷이 서 있다. 워런은 말한다. "이 기사의 이름은 등심 경*입니다."

2주차에는 논리와 조건을 다루고, 기다란 넥타이를 맨 부교수 스콧 릭스너가 짠 상호작용 기능 라이브러리를 가르친다. 나머지 3명의 마음을 상하게 하고 싶지는 않지만 나는 네 강사 중 릭스너가 가장 마음에 든다. 그는 내가 수년을 경험하면서 즐기게 된 방식의 괴짜다운 면모를 보인다. 얼빠진 총기, 기이하게 유치한 모순적 언어, 뛰어난 지능을 숨기지 않으면서 순수하게 껌뻑거리는 눈을 가진 그는 너그러운 선생이다. 그리고 모든 영상에서 똑같은 넓적한 넥타이를 매고 나온다 (이 넥타이에도 가바보도스 기호가 들어가 있다). 이 넥타이는 매번 등장

---

* 소고기 등심에 영국의 기사 작위를 나타내는 경Sir을 붙인 농담이다. 소고기 등심 부위를 영어로 Sir Loin이라고 하는데, 원래는 그냥 'loin'이었다가 영국의 왕이던 제임스 1세가 등심 스테이크를 너무 좋아한 나머지 등심 부위에 기사 작위를 내려서 그때부터 소고기 등심을 Sir Loin이라고 부른다는 설이 있다.

하는 농담이자, 이 모든 기술 정보가 치밀하면서도 유쾌하게 엉뚱한 구석이 있음을 보여주는 시각 기호다. 하지만 나는 릭스너 같은 동료들을 좋아하게 되기까지 몇 년이 걸렸다. 그 모든 유치함을 감당하기에, 나는 다 큰 여성이었다. 모두가 그를 좋아하지는 않더라도 이해할 만하다.

한 주, 한 주가 흘러가면서 과제 마감일이 다가온다.

제출한 과제들은 동료평가를 통해 학생들끼리 서로 채점한다. 나도 평가 과정을 보고 싶어서 가바보도스 프로그램을 간단하게 만들어서 제출한다. 그런 다음 내가 다른 학생 5명의 과제 및 내 과제를 직접 평가해야 한다. 나는 동료평가가 걱정스러웠다. 내가 익히 겪어온 살벌한 코드 평가 때문이었다. 하지만 강사들이 명료하고 구체적인 채점 규정을 마련했다. 워런은 '나는 관목을 원한다'에서 일부러 오타를 내 '괌목'이라고 쓴 예를 보여줬다. 동료 평가자들에게 사소한 부분에 집중하지 말라고 알려주는 그만의 방식이었다. 중요한 건 배운다는 사실 자체다. 자동 채점 프로그램을 쓰면 글자를 곧이곧대로 받아들여서 단순 오타와 논리상의 실수를 구분하지 못한다. "코드를 컴퓨터로 채점하면 여러분은 죽은 목숨입니다." 워런은 말한다. 강의를 성공적으로 수료했는지 결정하는 최종 과제는 '스페이스 록'이라는 비디오 게임 개발이다. 화살표 키로 로켓을 제어해서 이리저리 움직이는 소행성들을 격파하는 게임이다. 소행성을 격파하지 못하고 부딪히면 죽는다. 간단한 게임이지만 프로그래밍을 처음 해보는 사람에게는 쉽지 않다.

강사들은 자기들 말로 유려하다는 음향 효과를 준비해놓았다. 로켓이 발사될 때 나는 소리다. 크추! 크추! 크추!

로켓과 소행성 자체는 문제가 아니다. 학생들도 그런 걸 좋아한다면 괜찮다. 하지만 컴퓨터 게임 세계는 역시 백인과 아시아인 남자들 천지고, 여자들에게는 보통 적대적이다. 2015년 SXSW 기술 콘퍼런스 주최 측은 행사 순서 중 게임 업계의 성차별과 성희롱에 대한 패널 토론이 두 차례 있다고 공개했다가, 두 토론을 취소하지 않으면 폭력을 쓰겠다는 협박을 받았다. 그들은 토론을 취소했다.

마지막 과제에 다다랐을 무렵, 전 세계의 수많은 수강생 중 아직 강의를 듣고 있는 사람 중에는 여성, 남성, 미국 시민, 다른 나라 국민, 대학을 갓 졸업한 학생, 21세기의 일거리를 배워보고자 하는 50대 실직자, 호기심 많은 노동자, 주어진 사회 계층의 한계를 벗어나고 싶어하는 학생들이 있었다. 그들에게 프로그래밍 세계를 소개하는 이 강의는 얼마나 매력적이었을까? 이 수업이 묘사하는 문화에 소속되고 싶은 사람은 얼마나 될까? 자신들의 현재 삶과 아무 상관 없는 이야기에 깔깔거리는 젊은이들의 아둔함에 불쾌함을 느낀 개발자 지망생은 얼마나 될까? 프로그래밍 세계는 초입부터 장벽으로 막혀 있었다. 「빅뱅 이론」, 가바보도스, "나는 관목을 원한다", 자기들만의 농담, 셸던과 스폭과 미국 방송이 난무한다. 그리고 수업 전체에, 학생은 미국의 괴짜 문화에 친숙한 백인 남성이라는 어림짐작이 깔려 있다. 여기에 중요한 질문이 있다. 이 질문에 대한 대답에 따라 그 사람이 프로그래밍 세계에, 아니 어떤 세계에든 얼마나 수월하게 진입할 수 있는지 결정된다. 그 질문은 이렇다. 초대받았다는 느낌이 들었는가?

이 수업 분위기가 실제 코딩 세계와 크게 다르지 않다는 아찔한 생각이 든다. 사실은 그 세계를 너무 정확하게 묘사했다. 이 온라인 강의가 이런 식으로 진행된 것이 잘된 일이라는 친구도 있었다. 개발쟁이 문화야 원래 그런 거니, 그 문화가 안 맞는 사람들에게 미리 경고를 해주는 편이 낫다는 것이다(이 말을 들으면서 내가 느낀 분노는 독자분들의 상상에 맡긴다).

그 친구의 말도 일리 있다. 하지만 초급 강의는 경고가 아니라 예방접종이어야 한다고 나는 생각한다. 온라인 강의를 들으면서 앞으로 마주할 세상의 분위기를 파악하고 마음의 준비를 하게 해주는 것이다.

개발자들의 세계는 저절로 바뀌지 않는다. 그 세계에 들어가는 사람들 대부분은 자기들과 다른 사람이 자신의 나무집에 기어 올라와 자신의 영역을 침범한다는 생각만으로도 발끈하는 덜 자란 남자들이다. 신입에게 굴욕을 주고, 신입의 작업물에서 오류를 이 잡듯이 찾아내고, 사람을 총알받이로 내세우고 사과도 하지 않는 남자들과 일해야 한다. 20년 전 메일링 그룹에서 그룹 이메일을 주고받던 내 삶처럼. 사용자 인터페이스 프로젝트에 함께 참여했던 동료처럼 의사소통을 안 하거나 못 하는 까탈스러운 남자들과도 일해야 한다. 하지만 그보다 더 자주 보게 될 남자들은 워런 같은 부류다. 자신이 마음속에 편견을 품고 있는 줄도 모르는, 참 정이 안 가는, 그런데 유쾌한 사람이 되어 도움을 주려고 애쓰는 남자들이다. 그러다가 릭스너 같은 개발자들을 만나기도 했다. 나는 흥미롭고 경쾌한 마음가짐을 지닌 그런 사람들을 아끼게 되었다.

흔한 정서는 아닐지 몰라도, 나는 개발자 지망생들이 그 기괴함을 어느 정도라도 인식했으면 한다. 그게 적어도 대놓고, 또는 은근하게 보이는 적대감과는 다르다는 것을 알았으면 한다. 말장난과 말대답이 짜증 날 수 있다. 그래도 그건 (앞으로 펼쳐질 모든 좌절과 불만으로부터) 프로그래밍의 재미를 지키기 위한 강사들의, (형편없지만) 노력이다.

22년 전에는 나도 절대 이렇게 말할 수 없었다. 그런데 시간이 지나면서 내 기억이 둥글둥글해졌다. 좋았던 부분, 예컨대 기술 부문의 고위직에 여성들이 있던 일터도 기억난다. 내게도 나름의 괴팍함이 있다. 그리고 일하는 내내 어떤 편견을 마주해야 했든, 아주 드물게 즐거운 순간들도 있었다. 등을 기대앉아 혼자 속삭이는 순간이다. 된다, 하고. 이 기쁨이 기억나지 않고 적대감과 굴욕만 떠올랐다면, 내가 다른 사람들에게 코딩을 배우라고 권할 리 없다.

파이썬 강의에는 온라인 게시판도 마련되어 있었다. 게시물이 백여 개 올라왔고, 글마다 타래가 수십 개씩 이어졌다. 주제는 그 주 과제부터 일반적인 코딩 관련 질문까지 다양했다. 자주 올라오는 질문은 이랬다. 이 수업 저만 힘든가요?

나는 그 게시판을 몇 시간 동안 둘러본다. 내가 보기에 이 강의의 핵심은 게시판이다. 영상은 죽었지만 게시판은 살아남았다. 이곳은 문외한들이 프로그래밍 세계에 들어가고 싶다는 결의를 표하는 열의의 장이다. 더러는 실패와 두려움도 표현한다. 대화는 정중하다. 악성 누리꾼들에게서 흔히 보이는 심술을 찾아볼 수 없다. 학생들은 열심히 노력해서 함께 문제를 해결한다. 나는 이 게시판이, 장님이 장님에게 길을 알려주는 격이 될까 걱정했지만(그런 면도 좀 있다), 보통 댓글이 많이 달리다 보면 그런 문제가 해소된다. 혹여 중요한 주제에 장님이 길을 막고 서 있으면 온라인 조교인 '커뮤니티 TA'가 나서서 도와준다.

가끔 어른으로 사는 삶이 바빠서 강의와 게시판에 발길을 끊었다가도 하루 이틀 뒤에는 돌아와 있다. 내 노트북 안에서 열면 대화가 오가고 있는 것 같으면, 나는 화면을 열어 게시판으로 돌아가고 싶다는 유혹에 빠지고 만다. 전 세계에서 모인 수천 명의 학생이 그 안에서 대화를 나누고 있고, 나는 그들이 그리웠다. 최근 본 게시물은 일반적인 질문이었다. 강의, 수업, 인생 등 온갖 주제가 있다. 그중 자신이 부족하다고 생각하는 한 남학생의 글이 인기였다. 그 학생은 자신이 제출한 과제의 점수를 확인하기 두렵다고 한다. 자신이 코딩에 맞지 않다. 수업을 따라갈 수가 없다. 수강을 포기하려고 한다고 말한다. 이 고백에는 실패의 쓰라림, 부족함에 대한 수치심이 담겨 있다. 나는 그 학생이 자신의 약점을 무방비로 드러낸 것에 경탄한다. 글을 읽다 보니 그가 걱정된다.

댓글들은 다정하고, 상냥하고, 든든했다. 게시판에는 여자들도 있었지만 주로 다른 남자들이 댓글을 달았다. 다들 그를 응원했다. 저도 고생하고 있어요. 걱정하지 마세요, 이 수업은 배우는 게 목적이잖아요. 저는 저번에 강의를 두 번이나 들었어요. 포기하지 마세요. 점수는 중요하지 않아요. 아직 프로그래밍을 못 한다고 하기는 일러요. 이제 겨우 한 번 해봤잖아요.

따스한 채찍질이다. 동지애가 울려 퍼진다. 학생들의 나이는 모르지만, 남성성을 갖추기 전인 열대여섯 살 무렵의 어린 남자가 가질 수 있는 다정함이 묻어나는 대화였다. 수업 자료가 온통 소년물-괴짜 분위기였음에도 그 문화가 게시판을 완전히 잠식하지 않았다는 사실이 놀랍고 기뻤다. 나는 학생들이 코딩 문화에 더 깊이 발을 들인 다음에도 이 개방적인 분위기와 친절함을 간직하기를 바랄 뿐이다. 우리를 둘러싼 알고리듬을 짜는 방에 들어선 다음에도 그들이 여전히 취약함을 드러내고, 자신의 두려움을 망설임 없이 표현하고, 다정함을 지켰으면 한다.

4. 알고리듬 설계와 분석, 1부

스탠퍼드 대학교 컴퓨터과학과 부교수인 팀 러프가든은 강의 소개 영상에서 카메라를 똑바로 바라보고, 외운 내용을 술술 말하다가 가끔씩 노트를 흘긋 내려다보았다. 리허설을 잘한 것 같았다. 서글서글한 인상에다 여유로운 태도였다. 파란 셔츠 소매를 팔꿈치까지 걷어 올렸다.*

러프가든은 이 강의가, 스탠퍼드 대학교에서 본인이 가르치는 10주짜리 컴퓨터과학 수업의 전반부와 동일하다고 말한다. 컴퓨터과학 학위를 따려면 학부생, 석사 과정생, 박사 과정생 모두 수강해야 하는 강의다. 온라인 강의와 현장 강의에서 모두 컴퓨터과학 분야에서 지난 50년간 탄생한 주요 알고리듬을 소개한다. 그는 이를 '최고 히트작들'이라고 칭한다. 도표에서의 최단 경로, 최근접 쌍, 결절점들 연결을 위한 정렬과 병합, 연산을 위한 알고리듬 등 존경받는 컴퓨터과학자들이 만들어낸 결과물들을 쭉 배우겠구나 싶었다. 이 알고리듬들은 웹의 구조를 비롯해 우리를 둘러싼 코드의 기반을 이루는 절차 중 하나다.

이후 러프가든은 이 주요 알고리듬을 이해하면 면접관에게 좋은 인상을 줄 수 있다는 장점이 있다고 말한다. "기술직 면접에서 고수가 될 수 있습니다." "진짜 컴퓨터과학자가 될 수 있습니다." "기술 업계에서 윗물에 낄 수 있는 언어를 가지게 됩니다." "더이상 컴퓨터과학자들의 칵테일 파티에서 누군가 다익스트라Dijkstra 알고리듬으로 농담을 할 때 소외감을 느끼지 않아도 됩니다."

파이썬 입문이 프로그래밍 세계에 발을 내딛는 첫걸음이었다면, 알고리듬 설계는 그 세계에 더 깊숙이 들어가는, 보초병이 서 있는 입구라 할 수 있다. 이 과정이 지나면 페이스북, 구글, 우버, 아마존, 골드

* 영상은 내가 2013년에 본 강의다. 당시 수강생들은 화이트보드에 러프가든이 글씨를 쓰는 등의 행동들을 볼 수 있었다. 그 이전의 영상 강의들은 즉흥적으로 촬영한 느낌이었는데, 러프가든이 오버헤드 영사기에 슬라이드를 끼우는 모습을 카메라가 밑에서 찍는 식이었다. 당시 그가 말하는 '지금'은 2012년이었다. 2015년 강의는 소리는 그대로지만 러프가든의 모습을 자주 보여주지 않는다. 화면 오른쪽 아래에 작은 상자를 넣어서 그의 모습이 머리부터 어깨까지만 나오게 했다. 전체적으로 파워포인트 슬라이드가 많이 나오고 그의 목소리는 배경처럼 깔려 있다. 좀더 전문적인 느낌이 나게 하려고 했던 것 같다. 화이트보드에 쓴 글씨도 훨씬 선명하게 보이지만, 2015년판 강의는 무크의 이질감을 한층 강화했다.—원주

먼삭스 같은 기업들이 수호하는 비밀을 배우는 단계다. 이 기업들은 알고리듬을 수정하고, 비틀고, 변경해서, 인간의 삶의 모세 혈관을 채우도록 내보낸다.

첫 영상에서 러프가든은 13분 동안, 수많은 온라인 수강생 가운데 준비되지 않은 학생들을 걸러내는 작업을 시작한다. 그는 익숙한 알고리듬 하나를 꺼내 든다. 3학년 때 배우는 곱하기 과정이다. 그는 곱하기가 몇 단계의 과정으로 이루어지고, 곱하는 숫자가 커지면 이 단계들이 어떻게 늘어나는지 보여준다. 그런 다음 학교에서 배운 버전과는 다른 절차를 분석하기 시작한다. 카라추바의 정수 곱셈법이다(아나톨리 알렉세예비치 카라추바Anatoly Alexeyevich Karatsuba가 1960년에 고안해서 1962년에 발표한 알고리듬이며, 이 수업에서는 그 역사를 설명하지 않았다). 이 알고리듬은 재귀(어떤 절차가 더 작은 입력값을 연산하는 서브루틴으로 다시 호출되어 작동한다는 개념인데, 그는 학생들이 이 개념을 안다고 넘겨짚는다)와 '분할 정복'(러프가든은 학생들이 아직은 이해하지 못하겠지만 나중에 가르쳐준다고 말한다) 개념을 이용한다. 그는 뒤에 있는 화이트보드에 수식들을 휘갈겨 쓴다. 고등학교에서 배운 수학을 기억하는 사람들에게는 누워서 떡 먹기지만, 기억이 가물가물한 사람이라면 떡에 목이 좀 막힐 것이다(당시 강의를 보던 나는 두 지점의 중간 지대에 있었다).

그는 우리가 아직 알고리듬을 직관적으로 이해할 단계는 아니라고 한다. 알고리듬에는 '문제 해결을 위한 휘황찬란하게 하는 다양한 선택지'가 있는데, 그것이 알고리듬의 흥미진진한 특성을 보여준다고 그는 말한다. 그는 우리가 '좌절과 흥미를 동시에' 느끼기를 바란다고 하는데, 내 경험상 이 말은 프로그래밍 학습에 대한 완벽한 표현이다. 좌절하다가도 흥미가 생기고, 분노하다가도 푹 빠져버리는 것이 프로그래밍이다.

러프가든은 화이트보드 앞으로 돌아간다. 그는 말이 빠르다. 화면에 숫자와 글자가 날아다닌다. 설명을 마무리하면서 이 과정에는 "숫자 2개를 곱할 때 재귀 방식을 이용하는 기초 대수학이 필요하며, 여러분이 원하는 프로그래밍 언어를 써서 제법 쉽게 코드를 짤 수 있습니다"라고 말한다.

그리고는 잠시 멈췄다가 이어 말한다. "이 부분이 이해되면 수업을 들으셔도 좋습니다."

숨 가쁜 설명과 판서는 수학 머리가 굳은 사람들, 프로그래밍, 수학, 논리 구성에 대한 배경 지식이 없는 사람들에 대한 경고다. 스탠퍼드에서 러프가든이 가르치는 학생들은 프로그래밍, 재귀, 이산 수학, 귀납법과 모순에 의한 논리 증명을 미리 배워온다. 이들은 러프가든이 말하는 정통파 학생들이다. 그는 카메라를 통해 정통파 스탠퍼드 학생들을 바라본다. 하지만 화면 맞은편에 있는, 그가 모르는 수만 명의 학생은 정통파로 받아들여질 자격이 안 될 수도 있다. 러프가든이 마음속으로 생각하는 학생들의 이미지에 부합할 수도, 부합하지 않을 수도 있다.

그렇지만 온라인으로 수업을 듣는 수천 명의 수강생 중 누군가를 내보낼 방법은 없는 것을 알기에, 모순적이게도 러프가든은 선행학습을 하지 않은 학생들도 수강을 포기할 필요는 없다고 말한다. "저는 여러분에게 알고리듬을 가르치게 되어 기쁩니다."

나는 프로그래밍 초보자들이 이 단계에서 자리를 지켰으면 한다. 프로그래밍에 대한 배경 지식이 있고, 증명과 수학적 분석에 어느 정도 능숙해야 한다. 하지만 완벽하게 준비되어 있을 필요는 없다. 편하게 앉아서 강의를 보면서, 말과 화면이 흘러가게 한다. 모든 내용을 이해해야 한다는 의무감에서 벗어나면 약간의 흥미가 느껴질 것이다. 그건 마치 누군가가 연주하는 아름다운 피아노 소리, 즉흥적인 재즈 연주에서 울려 퍼지는 색소폰 소리를 듣는 느낌이다. 어려움에 굴하지 않고 음악을 연주하는 법을 배우고 싶다는 당신 안의 열망에 불을 지피는 소리 말이다.

하지만 단단히 준비를 마친 사람들에게마저 힘든 순간이 찾아온다. 강의 소개 영상에서 러프가든은 카메라를 똑바로 쳐다보면서, 화면 맞은편 우리에게 이렇게 말한다. "저는 여러분에게서 뭘 기대할까요?" 그리고는 말한다. "솔직히 말하면, 아무것도 기대하지 않습니다."

지당한 말씀이다. 온라인 강의인 데다, 학생들은 각자 원하는 것 이상으로 시간이나 노력을 쏟을 의무가 없다. 그렇기는 해도 당신에게 아무것도 기대하지 않는다는 말을 들으면 맥이 빠지고 의기소침해진다. "아무 기대도"라니, 마음 상한다.

수업에는 성적 평가가 있다. 러프가든은 말한다. "이 수업은 수강생이 수만 명에 달하기 때문에, 자동으로 점수를 매겨야만 합니다. 우리는 이런 무료 온라인 강의 1.0세대입니다. 그래서 현재 나와 있는 자동 평가 프로그램은 원시적인 수준입니다."

그런 다음에는 더더욱 힘 빠지는 소리를 한다. "우리는 최선을 다하고 있지만, 솔직히 말씀드리면 현재의 프로그램들로는 알고리듬 설계와 분석을 얼마나 깊이 이해했는지 시험하기가 어렵거나, 어쩌면 불가능할 수도 있습니다."

다시 말해 우리가 과제를 아무리 열심히 해도, 알고리듬 설계를 얼마나 잘 이해했는지, 뭘 배우긴 한 건지 평가하는 방식은 엉성하다. 알고리듬에 대해 배우면서 부실한 알고리듬을 통해 실력을 평가받는, 얽히고설킨 코드 안에 갇혀버린 셈이다.

이쯤 되니 차라리 조 워런이 좋아진다. 그는 다른 강사들과 함께 성공적인 동료평가 방식을 고안했다. 오타가 있는 과제를 컴퓨터로 채점하면 '여러분은 죽은 목숨'이라는 그의 말이 생각난다. 러프가든의 자동 채점기 1.0에서 여러분은 정말로 죽은 목숨이다.

내가 가장 실망한 부분은 채점 프로그램 1.0의 부족함에 대한 러프가든의 설명이 아니다. 문제는, 그가 2013년과 2015년 강의에서 모두 2012년의 '최신판'을 소개한다는 것이다. 그는 처음 강의를 만든 이후로 요목을 손보지 않은 게 틀림없다. 러프가든과 동료들, 자동 채점기를 만든 사람들(그게 누구든)은, 잠깐이라도 시간을 투자해서 강의의 완성도를 높일 가치가, 온라인 수강생들에게 그들이 무엇을 배웠는지 알려줄 막중한 의무가 없다고 생각한 것 같다.

강의 소개 영상의 맨 처음 장면에서, 러프가든은 이 강의가 스탠퍼드 대학교의 강의와 동일하다고 말한다. 계속 듣다 보면 '동일'이라는 단어 선택이 무색해지는 장면이 보인다. 러프가든은 말한다. "이 온라인 강의 내용은 절대 스탠퍼드의 원래 강의보다 만만하지 않지만, 여러분에게 내드리는 과제와 시험은 현장 강의만큼 부담스럽지 않습니다."

우리는 스탠퍼드에 있는 게 아니다. 우리는 그의 수업을 들을 준비가 되어 있을 수도 있지만 그렇지 않을 수도 있고, 우리가 제대로 배웠는지 확인할 수 없는 덜 중요한 세상에 있다. 이쯤에서 강의 화면을 닫는 마우스 클릭 소리가 내 귀에까지 들리고, 조회 수가 줄어드는 침묵이 느껴지는 것 같다. 이런 강의를 계속 들을 이유가 있을까? 그래도 이유가 있다면, 컴퓨터과학 분야의 최고의 알고리듬들이 지닌 아름다움을 슬쩍 구경하기 위해서다.

강의를 계속 보고 있으니, 나의 뇌를 뒤덮었던 시간의 딱지가 떨어지는 기분이었다. 도널드 크누스Donald Knuth의 명저『컴퓨터 프로그래밍의 기술The Art of Computer Programming』을 보면서 알고리듬을 처음 공부하던 25년 전이 생각난다. 위대한 알고리듬의 논리적 아름다움, 생각의 기품, 알고리듬에 투영된 놀라운 지성과 창의성에 다시금 탄성이 흘러나온다. 러프가든은 이 알고리듬들이, '창의성과 정밀성의 보기 드문 조합'이라고 설명한다. 그는 무작위 추출을 위한 알고리듬이 '우아하다'고 말한다. 운전할 때 경로를 찾듯 두 점 사이의 최단 경로를 계산하는 다익스트라의 알고리듬은 '아름답'고, '우아'하고, '근사'하다.

나는 위대한 시와 소설을 읽을 때처럼 시냅스가 불타는 듯한 열기가 느껴졌다. 이런 때야말로, 기술 문외한과 초보자들이 이 단계까지 와서, 기술 세계에 들어와 자리를 차지하고, 논리의 아름다움이 인류의 다른 모든 창작품이 지닌 아름다움과 마찬가지로 강력하다는 것을 이해해주기를 내가 가장 간절하게 바라는 순간이다.

러프가든은, 자신이 분석 중인 절차가 새로운 것이 아님을 정확하게 지적한다. 그 절차들이 탄생한 시기들도 언급한다. 웹 하이퍼링크와 사회 관계망 서비스 '친구' 찾기의 기반을 이루는, 구글 검색 엔진이 너무나도 성공적으로 활용한 알고리듬의 탄생은 무려 1948년으로 거슬러 올라간다. 이 알고리듬은 컴퓨터과학자, 수학자, 철학자(그렇다, 철학자), 사회과학자, 스탠퍼드 대학교 학생이었던 래리 페이지와 세르게이 브린을 포함한 일부 박사과정 중퇴자의 기여로 완성됐다. 오랜 세월에 걸쳐 쌓인 노력과 협력의 결과다.

———

러프가든의 가르침에 따르면, 알고리듬 분석은 실행에 걸리는 시간, 즉 '시간 효율성'이 관건이다. 예를 들어 사용자가 5000명일 때 원활하게 실행되는 웹 애플리케이션이, 사용자 500만 명이 몰릴 때는 어떻게 실행될까? 이때 목표는 사용자에 따른 대기 시간이 상승하는 폭을 안정화하고, 적어도 성층권을 뚫고 올라가지는 않게 하는 것이다. 개괄적으로는 이런 질문이 필요하다. 어떤 알고리듬이 얼마만큼 완만하게 증가하는가? 반드시 수행해야 하는 기본 단계의 수가 마구잡이로 늘어날 때 알고리듬이 얼마나 원만하게 실행되는가?

분석 방법의 목표는, 특정한 전산 환경에 국한되는 특수한 요소들을 모두 제거하고 알고리듬을 추상적으로 평가하는 것이다. 어떤 기기(프로세서 성능이 좋은 기기)에서 빠르게 실행되던 코드가 다른 기기(프로세서는 같지만 네트워크가 훨씬 느린 기기)에서는 느리게 실행될 수도 있다. 따라서 벤치 마킹 대상에 환경을 포함시키면, 절대로 일반적인 상황에서의 알고리듬을 평가할 수 없다. 하지만 여기에는 운영체제, 칩, 네트워크, 심지어는 개발자의 실력까지, 고려하지 않은 요소가 많다. 수년 동안 시스템들 내부의 주어진 요소들(필수 하드웨어, 메모리와 저장 용량 부족, 고장 난 네트워크, 오류 난 소프트웨어 인터페이스, 먹통이 된 서버, 역량이 부족하거나 혹사당한 상태로 프로젝트에 참여하는 개발자들, 비현실적인 일정, 코앞으로 다가온 기한)에 휘말려서 일해온 사람으로서 나는 알고리듬 설계를 처음 탐구하던 날들, 뜻하지 않은 사고가 날 가능성을 배제하고, 물리적 현실의 진창으로부터 코드를 최대한 자유롭게 풀어주는 즐거움을 떠올린다.

하지만 추상적 관점에서 알고리듬을 평가하는 즐거움에도 불구하고, 내가 그 알고리듬 강의를 수강했던 2013년에 대중은 마침내 미국 국가안전보장국이 자국 시민들을 대대적으로 감시해왔다는 사실을 알게 되었다. 이 기관에서 요원으로 일하던 에드워드 스노든이 마침내 이 사실을 폭로했다(이미 2006년부터 상당한 정보가 드러나 있었기 때문에 나는 '마침내'라는 말을 썼다). 정치적 현실은 마음을 잠식한다. 우리의 알고리듬들이 어디에 쓰이는지에 대한 생각을 머리에서 지울 수 없었던 나는 강의 게시판 하나에, 알고리듬이 어떻게 이용되고 있는지에 대해 생각 중인 사람이 있는지 물어보는 글을 썼다. 댓글이 2개 달린다. 첫 댓글은 "흠"이다. 두 번째 댓글은, 정치적 고찰은 이 수업에 '부적절'하다는 일침이다.

그래도 러프가든 본인은 잠시 추상적 개념에서 빠져나온다. 그는 화이트보드에 판서를 하면서, 알고리듬의 단계를 이야기한다. 평소처럼 수학적, 논리적 분석을 하면서 수업을 진행하다가 갑자기 멈추고 카메라를 바라본다. 그는 알고리듬을 두고 이렇게 말한다. "여러분이 세운 스타트업의 미래가 이 코드에 달려 있다면, 가능한 한 가장 빠른 속도로 작동하게끔 만드십시오."

순수한 수학적 세계에서 문을 열고 나가, 현실의 진창에 막 들어서는 순간이다. 거의 모든 전산 시스템에서 이 과정을 반드시 거쳐야 하며, 내가 이야기했던 것처럼 기술 환경에 주어진 모든 요소를 고려해야 한다.

이제 '여러분'이라는 말이 가리키는 대상이 바뀌었다. 여러분은 더이상 컴퓨터과학 분야 입문을 위한 선행학습 강의를 듣는 사람이 아니다. 이제는 알고리듬 학습의 기쁨과 도전을 즐기기 위해 강의를 듣고 있는 게 아니다. 이제 여러분은 기업가다. 여러분은 홀로 서서, 스타트업을 차리고, 코드의 실행 속도를 높이고, 돈을 벌어야 한다.

나는 러프가든의 교습법에 이의를 제기하려는 뜻이 전혀 없다. 그는 훌륭한 교수이고, 자신이 가르치는 과목에 헌신적이고, 알고리듬의 원칙을 열정적으로 설명한다. 다만 그의 마음속에는 무의식적인 편견이 도사리고 있다. 그는, 극소수의 응석받이들이 모여 자기네들의 어림짐작으로 세계의 작동 방식을 넘겨짚고 그 생각을 고수하는 세계에 산다. 인터넷 세상의 공기는 기술을 가르치는 행위에 가득 담긴 가치들을 정화해주지 않는다. 우리의 사회적 편견을 걸러주지도 않는다. 인터넷은 사회적 맥락을 약화시키지 않고 오히려 증폭시킨다. 개인의 가치 판단이 들어간 메시지들을 전 세계에 널리 퍼뜨린다.

이쯤 되면, 컴퓨터과학자들이 모인 파티에서 두 점간 최단 경로를 구하는 다익스트라의 알고리듬에 대해 무슨 농담을 하는지 궁금해질 수 있다. 당신이 그 파티에 어떻게 초대받겠는가? 입문 강의를 떼고 알고리듬에 대해 더 자세히 배웠더라도, 도대체 어떤 농담이 나올 수 있는지 궁금할 것이다. '다익스트라의 알고리듬 농담'을 검색해보면 이런 결과가 나온다. "너네 엄마는 어쩌나 뚱뚱한지, 옆에 있으니까 나조차도 길을 못 찾겠더라."

러프가든의 스탠퍼드 현장 강의와 동일한 동영상 강의는 지금도 온라인에서 볼 수 있다. 2013년에 무크에서 제공되던 것과 같다. 이 영상은 교실 뒤편 카메라 1대, 러프가든이 쓴 마이크 1대만 가지고 만들었다. 그는 수업 중 이른 시간이라서 미안하다고 말하고, 피곤에 쩌들어 지각한 학생들이 화면에 잡힌다. 한편 그가 판서하고 칠판을 두드리느라 계속 분필이 닳아버린다. 영상에서는 말하는 속도가 빠른 정도였다면, 교실에서는 혼이 쏙 빠질 정도다. 나는 수면 부족에 시달리는 그의 학생이 아닌데도 그 속도를 버티기 힘들다. 강의를 보고 있으니 늘 잠이 부족했던 내 대학 시절이 떠오른다. 아침 8시에 시작하는 수업은 끝날 줄을 몰랐다. 러프가든은 계속해서 수료 조건을 설명한다. 시험과 과제 기한이 있다. 이 강의의 시험 일정은 기말 기간 마지막 날 마지막 시간으로, 악몽 그 자체다. 점수를 기다리는 긴장감도 떠오른다. 3학년생, 4학년생, 대학원생과 함께 이 수업을 들을 2학년 생들이 불쌍하다. 다들 참 안쓰럽다.

하지만 꼭 그렇지도 않다. 러프가든은 학생들에게 자신이 어떻게 도와줄 수 있는지 설명한다. 이메일을 보내고, 자신의 근무 시간에 찾아오고, 조교들에게 찾아오라고 한다. 우리 모두 여러분을 환영하니까.

그러다가 예정에 없던 장면이 펼쳐진다. 무크 강의용으로 준비한 영상에는 나오지 않는 즉흥적인 순간이었다.

러프가든이 칠판을 공격한다. 그는 어떤 수학적 가설에 관해 이야기하고 있다. 여러분이 이 주제로 책을 쓰고 가설을 증명하면 100만 달러짜리 상을 받을 것이라고 말한다. 온라인 강의에서는 상 이야기를 잠깐 언급하고, 파워포인트 슬라이드에서는 몇 마디 하다가 금방 다른 이야기로 넘어간다.

하지만 이곳 스탠퍼드에서 러프가든은 가설 이야기를 하다가 멈춘다. 그는 고개를 돌려 어깨너머를 바라본다. 잠시 학생들을 바라보다가 100만 달러 이야기를 꺼낸다. "여러분 대부분에게는 아무것도 아니겠죠."

나는 두 '아무것'에 대해 생각해보았다. 온라인 수강생들에게는 아무것도 기대하지 않지만, 모든 기대를 한 몸에 받는 스탠퍼드 학생들에게는 100만 달러가 아무것도 아니다. 그 둘의 간극을 좁히기가 얼마나 힘들지 생각해봤다. 초급 수준에서는 인터넷이 교사 역할을 할수도 있지만, 이 강의에서는 아니다. 온라인 수강생들은 자신이 알고리듬에 대해 얼마큼 배웠는지 알 수도 없다. 온라인 강의가 열망을 키워주고, 프로그래밍에 내재된 아름다움에 매료되게 하고, 열정에 불을 지펴줄 수는 있다. 하지만 학생들에게, 이 강의로 그 열망을 충족시킬 수 있다고 장담할 수는 없다.

스탠퍼드에는 교수들이 학생들을 기다리고 있다. 학생들이 강의를 들을 수 있게 준비시켜주고, 일류 대학이 동원할 수 있는 모든 자원을 지원해준다. 학생들은 부와 지식의 정점으로 들어가는 관문에 서 있고, 그 문은 이들을 위해 활짝 열려 있다. 다른 사람들에게는 경비가 삼엄하다. 그 온라인 강의를 소개하는 웹 페이지의 안내문에는, 웹 강의를 듣는다고 해서 스탠퍼드 시설 이용 허가를 받는 것은 절대 아니라는 사실을 명료하게, 당연한 말이라도 냉담하게 명시한다.

코세라에는 기술 관련 강의가 수백 개 있다. 인문학 강의들을 둘러본 결과 실제로 문학 작품을 읽는 수업은 딱 2개 나왔다. 하나는 소설, 하나는 시를 가르치는 펜실베이니아 대학교 수업이다. 시 수업 소개 영상에서는 강사인 알 필라이스 교수가 소박한 방에 앉아있다. 그는 펜실베이니아 대학교가 유명 시인들이 자신의 작품을 직접 낭독한 녹취본을 방대하게 보유하고 있다고 자랑스레 말한다. 그의 외로움이 느껴진다. 그는 학생들에게, 근처에 오면 들르라고 말한다. 도서관은 그들을 위해 늘 열려 있고, 학생들은 그 귀한 녹취물들을 '언제라도' 들어도 좋다고 말한다.

5. 모두를 위한 프로그래밍

내게는 수백만 인구를 향해 문을 열기 위한 마지막 희망이 있다. 코세라에서 '모두를 위한 프로그래밍Programming for Everyone'이라는 제목의 강의를 찾은 것이다. 강의마다 시작 페이지에, 강사가 수업에 대해 설명하는 짧은 영상이 있다. 나는 그 강사가, 내가 찾던 바로 그 사람이라고 생각했다.

미시건 대학교 정보학부의 부교수 찰스 세브란스가 그 주인공이다. 영상에서 그는 모두가 실제로 코딩 방법을 배우면 좋겠다는 바람을 표출한다. 학생들에게 프로그래밍을 가르치는데 그치지 않고, 자신의 교육 과정을 다른 강사들에게 무료로 공개해서 그들의 프로그래밍 수업을 도와주고, 물결을 일으켜 바깥세상에 전파하고 싶다고 한다. "저는 모두를 위한 프로그래밍 강의를 단순한 수업으로만 보지 않습니다." 그는 열정적으로 말한다. "이 강의가 운동이 되고, 확장되어서, 진정으로 모든 사람을 위해 프로그래밍이 이루어지는 세상에 함께 가까이 다가가는 생태계를 열어주었으면 합니다." 우승자를 찾은 기분이다. 프로그래밍 전도사! 수백만 명을 위한 코딩 전파자!

강의는 아직 시작되지 않았다(강의 페이지에 올라온 짧은 소개 영상은 아무 때나 볼 수 있다). 나는 수강 신청을 하고 몇 달을 기다렸다. 그런 데 강의 시작 예정일 두 달 전에 세브란스는, 특별 손님 콜린 반 렌트 와 함께 촬영한 최신 업무 시간 녹화본을 보라는 이메일을 보내왔다. 좀 어리둥절했다. 반 렌트가 누구라는 설명은 없었기 때문이다.

어쨌거나 나는 이메일에 나온 유튜브 링크를 곧바로 신나게 클릭했 다. 세브란스는 이 채널이 자신의 디지털 업무 시간이라고 설명한다. 그와 반 렌트는 자신들의 수업에 관해 이야기하는 한편, 트위터와 구 글 밋업Meetup을 통해 예비 수강들의 질문을 받았다. 라디오에서 청취 자들이 보내온 사연을 소개하는 코너 같았다.

영상을 보고 있으니 나는 좀 헷갈렸다. 세브란스는 아직도 반 렌 트가 누구인지 소개하지 않았다. 영상의 반은 보고서야 그녀가 '모두 를 위한 웹 디자인Web Design for Everyone'을 가르친다는 사실을 알게 됐 다. 구글을 검색해보고서야 그녀가 컴퓨터과학으로 박사 학위를 받았 고, 정보학부의 3급 교수임을 알 수 있었다. 그녀와 세브란스는 기술 분야에서 실력을 쌓으려면 끈기가 필요하다고 이야기한다. 그는 인내 심을 가지고 수년 동안 컴퓨터과학을 열심히 공부해야 전문 개발자가 된다고 말한다. "학교를 몇 년 다니셨어요?" 그가 반 렌트에게 묻는다. "10년이요." 그녀가 대답한다. 세브란스는 아무렇지 않게 그녀를 이겨 먹는다. "저는 20년이요."

두 사람은 탁자에 나란히 앉아 있다. 세브란스는 수염을 길렀고, 상 체만 보면 꽤 건장하다. 반 렌트는 금발에 날씬하다. 확실히 세브란스가 더 나이 들었다. 학부 과정 이후로 20년 동안 학교에 있었다는 것으로 보아 마흔은 넘었다. 마찬가지로 계산해보면 반 렌트는 30대가 확실하다.

그들의 대화는 허물없다. 반 렌트는 자신의 수업이 전문 웹 디자이너를 양성하는 목적이 아니라, 웹디자인의 표준 도구인 HTML5, 종속 스타일 시트Cascading Style Sheets, CSS, 자바스크립트JavaScript를 배워서 개인 웹 페이지를 만들고 싶어하는 사람들을 위한 안내서에 가깝다고 설명한다. 이 도구들이 쉽지는 않지만 생초보도 제대로 배울 수 있는 수준이다. 그녀는 활기차고, 사람들을 기술 세계로 초대해서 소속감을 안겨주겠다는 신념이 충만하다. 한 마디로 내 마음에 쏙 드는 여성이다.

세브란스의 차례에서 나는, 완벽한 줄만 알았던 '모두를 위한 프로그래밍' 강의(장차 거대한 물결의 씨앗이 될 강의)가, 전문 개발자가 되려는 학생들을 위한 4단계의 강의 시리즈가 되었음을 알게 되었다. 그렇다면 '모두'를 아우르는 생태계 확장은 어떻게 된 건가?

세브란스는, 이 시리즈를 들어보면 학생 본인이 프로그래밍에 대한 열정이 있는지 확인할 수 있다고 말한다. 여기서 열정은 더 수준 높은 강의들을 듣기 위해 필수적인 원동력이다. 처음에는 완벽한 생각 같았다. 학생들이 컴퓨터과학을 더 심도 있게 공부하고 싶은지 직접 알아보도록 수업을 구성한 다음, 그럴 의사가 있는 학생들에게 그가 명확한 진로를 제시한다.

세브란스는 강의 시리즈에 대한 설명을 이어간다. 4개 강의에서 학생들은 자유롭게 진도를 나간다. 온라인 게시판, 커뮤니티의 학습 도우미처럼 파이썬 강의에 활기를 불어넣었던 도구들은 지금 이 강의에 없다. 살아 숨 쉬는 인간을 만날 수 없는 것이다. 4개 과정을 마치고 통과한 학생들만, 정해진 일정을 따르고, 관련 도움을 받으며, 동료애까지 나누는 강의를 들을 수 있다. 학생들은 '익히 알려진 역량'을 갖춘 상태에서 고급 과정을 듣게 된다고 그는 말한다. 이게 세브란스의 걸러내기 과정인가 보다. 그렇다면 살아 숨 쉬는 동료들 없이 프로그래밍을 배워보려는 초보자들은 어떻게 해야 할지 궁금해진다. 프로그래밍의 현실적인 난관이 닥쳐오면 누가 이들을 격려해줄까? 포기하지 말고 계속 노력하라고 응원해주는 다정한 커뮤니티를 어디서 찾아야 할까? 혼자 앉아서 코드를 짜면서 얼마나 뜨거운 열정을 찾을 수 있을까?

영상의 중반부까지 세브란스는 반 렌트가 거의 말을 하도록 내버려두었다. 하지만 영상이 길어지면서 균형이 바뀐다. 그가 말을 더 많이 하기 시작한다. 그녀의 수많은 예비 수강생들이 듣고 있는 가운데, 세브란스가 그녀의 말을 끊고 그녀의 말을 다시 설명한다. 보고 있기 힘겨운 대화도 있다.

반 렌트는 태그 아이콘을 언급한다. 태그를 클릭하면 지도 가져오기 등의 기능이 수행된다. 태그는 그녀가 가르치는 수업에서 다루는 내용이다. 그녀는 화면에서 태그가 어떻게 보이는지 설명한다.

그녀: 저도 얼마 전에 안 건데, 웹사이트에 가면 메뉴는 안 보이고

짧은 선이 세 줄 보이잖아요, 그걸 햄버거라고 부른다고 하네요.

그(못 믿겠다는 듯): 그걸 햄버거라고 부르는 걸 모르셨어요?

그녀: 햄버거라고 부르는지 몰랐어요.

그(불쑥 그녀 쪽으로 몸을 들이대며): 짧은 선 세 줄이 있고, 그 세 줄 옆에 두 동강 난 인간이 있으면 뭐라고 하는지 아세요?

그녀: 아니요.

그: 맨버거라고 불러요.

그녀(피식 웃으면서 자신의 머리를 옆으로 뺀다): 아, 맨버거요.

그: 왜냐하면 사람 하나랑 그 옆에 햄버거가 있으니까요.

그녀: 맨버거요.

그: 맨버거요.

그(가르친다): 보세요, 인터랙티브 디자인을 하려면 햄버거 아이콘이 뭔지, 맨버거 아이콘이 뭔지 알아야 해요.

그녀(그의 말에 밀려서 나지막하게): 저도 다 배워야겠네요.

(또) 그: 햄버거 아이콘에는, 수명이 있는 걸 알아야 해요. 햄버거는 이제 한물갔죠. 학생들한테 햄버거를 막 최신 디자인인 것처럼 말씀하시면 안 돼요. 그러면 신뢰를 잃으니까요.

보고도 믿을 수 없는 광경이다. 저렇게 야만적인 모습을 무심코 내보이다니! 세브란스는 이 대화가 인터넷에 생중계되고 있다는 걸 잊은 걸까? 그는 교수실에서 반 렌트와 단둘이 얘기하는 게 아니다. 그는 수만 명 앞에서 그녀의 능력을 의심하고 있다.

세브란스는 반 렌트에게, 그녀의 몸이 거의 화면에 제대로 나오지 않을 정도로 고개를 들이밀었다. 이제 반 렌트는 세브란스의 우월감에 젖은 언어적 주먹질에 뒷걸음치듯 물러나서 말한다. "그런데 저는 컴퓨터과학자거든요."(자신의 정당성을 되돌려놓으며, 스스로를 변호하듯 말한다) "그래서 제 직무기술서가 화려하지는 않죠."

이런 면에서 세브란스 같은 남자는 개발실에, 또는 어디에나 항상 있을 것이다. 그래도 그와 함께 하는 바로 이 자리에서, 당신은 절대로 단념하면 안 된다. 이 영상은 유용하다. 그 장면의 흉측함은 프로그래밍 문화의 최악의 면에 대해 예방 접종을 놓아주는 완벽한 기회이자 선물이다.

그만두지 말고 이 교수의 온라인 강의를 들어보자. 어쩌면 좋을 수도 있다. 함께 들을 친구 두어 명을 구해서 당신만의 살아 있는 토론 모임을 만들자. 영상을 내려받아서 학교나 주민 센터에서 함께 봐도 좋다. 그리고 누구든 강의를 듣는다면(어떤 배경을 가진 누구든) 확신을 가지고 수업에 임하면 된다. 어느 누구도 당신에게 겁을 줄 수 없고, 당신도 이미 그 사실을 안다. 두려움을 거부할 때 힘이 생긴다. 기술에 대한 배짱을 가지는 것이다.

강의들을 찬찬히 들어보자. 영상을 앞뒤로 돌려 보다 보면 이 교수가 만화 주인공처럼 보이기 시작한다. 이 남자에게서 필요한 걸 취하자. 모든 편견은 당신을 후려치고 제자리에 머물게 한다. 당신의 분노를 연료 삼아 투지를 불태우자. 그런 편견을 마주하는 건 굉장히 힘들다. 하지만 이 강의 속 가해자는 화면 속 픽셀, 인터넷을 타고 오는 데이터일 뿐이다. 웹이 이렇게 유용하다! 영상을 잠시 멈추고 그의 눈을 손가락으로 찌르자. 그를 향해 메롱도 해보자. 그는 당신을 볼 수 없다. 그가 존재하지 않는 이 자리에서 여러분의 대처법을 연습하자. 편견을 똑바로 보면서 움츠러들지 않는 어려운 기술을 배울 기회다. 당신의 존엄성, 당신의 분노한 존엄성을 지켜나갈 방법도 배울 수 있다.

세브란스의 강의에서 당신은 기술 세계를 지키는 보초병 한 명을 만난다. 당신이 애쓰고 실패한다는 이유로 망신과 굴욕을 주는 사람들이다. 하지만 내가 아버지에게 수모를 당했을 때 그랬던 것처럼, 포기할 이유는 없다.

〈

두 번째 호황: 작별

2017년 1월

〉

1.

사우스파크에서 벌어지는 일을 보면 이제 슬슬 소마를, 어쩌면 샌프란시스코 자체를 떠날 때가 왔구나 싶었다.

몇 달 전까지만 해도 이 공원은 가지가 길게 뻗은 높다란 나무들로 둘러싸여 있었다. 풀밭에는 여전히 잡초가 무성했다. 피크닉 테이블은 색이 바래고 있었다. 겨울비가 내리면 흙길은 진흙탕이 되었다. 사우스파크에는 다듬어지지 않은 야생성이 남아 있었다. 나무가 제멋대로 자라고, 풀밭에는 민들레가 피었다. 2000~2001년에 기술 업계가 무너진 이래로 이 공원은 방치되어 있었다. 시끄럽게 통화를 하고 다니는 사람들이 사라졌고, 식당들의 불이 꺼졌고, 공원은 버려졌다는 사실에 안도의 한숨을 내쉬는 듯했다. 여기저기에서 새로운 호황이 시작

// 코드와 살아가기

되는 와중에도(스카이라인으로 치솟는 고층건물들이 정신없이 올라간다) 다행스럽게도 이 공원은 기분 좋은 적막을 유지하며 방치되어 있어서, 소마가 인터넷의 부흥을 맞이하면서도 이 자그마한 흙길을 숨겨놓을 것 같아 나는 안심했다.

나는 종종 이 공원에서 숨을 돌렸다. 해양 층이 물러가고 내륙 사막에서 바람이 불어와서 사막만큼 기온이 올라가고 햇살이 끊임없이 내리쬐는 초가을에는 시원한 공기를 마시러 공원에 간다. 내가 이사 온 1996년에 소마는 아직 동네라고 할 만한 모양새가 아니었다. 공장 지대였다가 방치된 이곳에는 대지진에서 살아남은, 한때 노동자 계층이 살았던 낡아빠진 빅토리아 양식 주택이 몇 채 있어서 여전히 허름하고 저렴한 집을 구할 수 있었다. 모퉁이에 가로수를 심어놓은 몇몇 거리를 제외하고는, 공원이 이 동네에 그늘을 드리워주었다. 나는 개인적으로나 코딩에 관해서나 고민이 생기면 공원 벤치에 나와 앉았다. 원반을 잡으러 다니는 개들을 구경하고, 공원 중간에 있는 작은 놀이터에서 노는 아이들의 꺅꺅거리는 소리를 듣고, 인간과는 상관없이 살아가는 새들을 바라보았다. 평생의 짝꿍과 함께하며 구구거리는 비둘기, 참새가 보인다. 내 마음속 뒤편으로 문제들을 가라앉힌다. 그곳에서는 신비한 백그라운드 프로세스가 진행되어서, 가만히 앉아서 말없이 빈둥거리고 있다 보면 해결책이 떠오른다.

올해 나는 몇 달 동안 샌프란시스코를 떠나 있다가, 안개가 끼지 않는 무더운 날씨에 돌아왔다. 나와 남편 엘리엇은 기술 업계가 초토화된 이후 새 주인을 만나 새롭게 단장된 사우스파크 카페에 가기로 했다. 2번가를 따라 걷다가 오른쪽으로 꺾어서 공원 동쪽에 있는 카페에 도착하기까지 도보로 3분 정도 걸린다.

그런데 뭔가 이상했다. 내 왼쪽 공간이 허전했다. 그림자가 져야 할 자리에 햇빛이 쨍쨍했다. 나는 이 카페에 생긴 변화를 느릿느릿 감지했다. 운전을 하다가 곧 사고가 나리라는 것을 알아차리는 순간처럼, 시간이 정지된 것처럼 느려지고 끔찍한 광경이 눈 앞에 펼쳐지는 그런 느낌이었다.

사우스파크 전체가 180센티미터 높이의 철조망 뒤에 갇혀 있었다. 모든 게 파헤쳐져 있었다. 풀밭도, 벤치도, 놀이터도 없고 흙더미와 돌무더기만 보였다. 굴착기가 가장 높다란 흙더미를 내려다보며, 입을 쩍 벌리고 또 한 입 베어 물 준비를 하고 있었다. 나무는 4분의 3이 사라졌다. 북쪽 가장자리는 벌거벗겨졌다. 먼지를 뒤집어쓴 나무들도 나처럼 허탈하고 처량해 보였다.

몇 년 동안 알고 지내온 사우스파크 카페의 바텐더 마티로부터 자초지종을 들었다. "어떤 지역 단체에서 다 파내고 있어요." 그는 별일 아니라는 듯 말했다. "시작한 지 몇 달 됐어요."

공원 주변에는 주택, 아파트, 사무실이 있었다. 그 '지역 단체'가 주변을 돌아다니면서 이 계획을 알린 적이 있는지 물어보았다.

마티는 웃었다. "우리는 철조망이 쳐진 다음에나 알았죠."

그는 내게 엽서만 한 안내문을 보여주었다. 그 단체가 공사를 시작한 뒤 그 안내문을 문 밑으로 밀어 넣었다고 한다. 문제의 단체는 '사우스파크 연합The South Park Association'이라는 곳으로, '공원 채권 수취인'이라고 한다.

나는 마티가 준 안내문을 매일 자세히 들여다보고 있다. 보면 볼수록 내가 40년 동안 방랑하고, 정착해서도 오랫동안 살아온 도시, 20년도 넘게 내 집이 되어준 동네에 대한 희망이 사라진다.

안내문 앞면에는 공원 렌더링 이미지가 있었다. 디자이너들이 사람이며, 나무며, 자전거를 그려 넣어서 현실감 있게 꾸미는 이미지다. 보기 좋고 그럴듯한 환상을 심어줄 수 있는 소프트웨어들이 나오면서부터, 건축계에서는 이런 이미지를 만드는 게 표준 관행으로 자리 잡았다. 이렇게 해서 도시 기획자가 구상한, 활기 넘치는 사람들을 위한 훈훈한 분위기의 공원 이미지가 나왔다.

안내문과 이 단체의 웹사이트에 나온 렌더링 이미지에는 공원에 있던 나무들이 보였다. 하지만 가짜 이미지다. 나무는 대부분 잘려나갔으니 말이다. 그림 속에는 콘크리트 레일들을 깔아 만든, 유모차가 세대 지나갈 수 있는 너비의 산책로가 있다. 그 길에서 한 사람이 유모차를 끌고 간다. 그 사람은 남자다. 이 동네에 사는 젊은 남자 엔지니어들이 일주일에 70~80시간씩 일하는 점을 생각하면 실소가 나올 정도로 현실성 없는 그림이다. 정확한 부분도 하나 있긴 했다. 흑인이 한 명도 없다는 점이었다.

이 '지역 조직' 웹사이트에 따르면, 공원에 (배수 시설 보수 같은) 공사가 필요했다고 한다(실제로 했다). 그리고 새로 설계한 공원에는 앉을 자리가 많을 거라고 쓰여 있지만, 사실 렌더링 이미지를 통한 속임수다. 그림 속에서는 60센티미터 높이 콘크리트 벽의 튀어나온 부분에 여자들이 걸터앉아 있다. 철제 탁자가 있고, 그 주위로 철제 의자가 두세 개씩 있다. 여럿이 모이거나, 한두 사람이 왔는데 자리가 없을 때 나눠 앉을 만한 피크닉 테이블은 새로 놓지 않는 것 같다. 종이봉투에 술을 숨겨 마시던 고릿적 신사들은 이제 공원 아래쪽 피크닉 테이블을 다시는 차지할 수 없을 것이다.

위에서 내려다본 평면도를 보면, 공원의 중심축이 남은 풀밭을 다섯 구역으로 가르고 있다. 심지어 산책로는 삼각법의 사인 곡선처럼 생겼다. 이제 정처 없이 거닐 수 있는 길은 한 군데도 없다. 다듬어지지 않은 아름다움은 안녕이구나, 싶었다. 사람 손이 닿지 않은, 거칠고, 낡은 것 모두 안녕이다. 내 마음속의 떠들썩한 뒤쪽 구석에서 생각들이 마구잡이로 떠오르고, 부딪치고, 어우러지게 해주던 엉망진창 공원에 작별을 고한다.

안내문을 받고 이틀째 되던 날, 남서쪽에 거대한 고층 건물이 그려져 있다는 사실을 불현듯 발견했다. 실제 그런 건물은 없었다. 디자이너는 왜 없는 건물을 그려 넣었을까? 창밖을 내다보니 새 기중기가 보였다. 그 기중기는 그림 속 40층짜리 건물을 지을 수 있을 만큼 높아 보이지는 않았다. 그래도 주변보다 높은 새 건물이 하늘을 향해 손가락을 치켜세우려 하는 건 분명했다. 이 단체가 행복한 장면을 연출하고 싶었다면, 당연히 공원 서쪽 끝에서 40층짜리 건물이 불안하게 공사 중인 이미지를 만들지는 않았을 것이다.

이 '독립 단체'는 앞으로 무슨 일이 있을지(지금 당장은 아니라도 곧

// 코드와 살아가기

[그리고 감히 말하건대 앞으로 영영] 알고 있던 것이 분명하다. 항상 기술 업계의 이익을 따르는 샌프란시스코 도시 계획 위원회도 알고 있던 게 분명하다. 그들은 한참 전부터 이 일을 진행해온 것 같았다. 그들의 공모 관계가 느껴진다. 공원은 생기를 잃은 채 미화되고, 고층 건물은 하늘의 풍경을 집어삼킨다. 그들에게 공원과 고층 건물은 똑같은 가치를 지닌다. 공원 조성이 비인간 자연에게 장소를 내주기 위한 것이 아니라 동네 주변을 사회적으로 정화할social cleansing 기회였던 것처럼, 공원도 건물과 마찬가지로 개발하면 좋은 것으로 여겨진다.

2012년, 사우스오브마켓 기본 설계가 아직 완성되지 않은 줄 알았던 시절이 있었다. 어느날 저녁 나는 도시 계획 위원회 회의에 참석했다. 나는 사우스파크 주변 지역에서 살거나 사업을 하는 사람들의 조직에 참여하며 이 위원회와 샌프란시스코 관리감독 위원회를 꾸준히 방문해왔다.

도시 계획 위원회 회의가 열리는 작은 회의실 앞쪽에는 탁자 3개가 말발굽 모양으로 놓여 있었고, 30대 후반에서 40대 초반 사이의 남자 5명이 앉아 있었다. 탁자 맞은편에는 일반인이 앉아 참여할 수 있도록 의자가 20개 정도 놓여 있었다. 그날 저녁, 그 자리에 있던 일반인이 바로 나다.

위원회가 승인한 사우스오브마켓 지역 관련 계획에는, 머지않아 존재할 주거용, 사무용 건물들 1층에 생길 상점들이 차지할 공간에 관한 내용도 있었다. 내가 손을 들자 그들은 놀라움을 금치 못하면서 마지못해 알아본 척했다. 나는 자리에서 일어나, 그 1층 매장이 차지하는 공간이 너무 넓다고 말했다.

"너무 넓다고요?" 남자 한 명이 말했다. 내 의견이 터무니없다는 말투였다. 그들은 서로 쳐다보며 낄낄거렸다.

그 자리에서 나는 지금까지 수도 없이 맡아온, 기술 업계 남자들의 회의에 온 소녀 역할을 또 수행하고 있었다. 심지어 이번에는 형제애로 똘똘 뭉친 건설 업계 남자들이었으니, 그들에게 나는 그 자리에서 치워버려야 할, 뭣도 모르는 '듣보잡'이었다. 물론 그들은 내가 누군지 전혀 몰랐다. 내가 누구인지, 어디서 왔는지 소개할 기회가 없었다. 기회가 있었다면 나는 우리 아버지가, 1962년에 뉴욕 월스트리트에서 많은 동업자와 함께 C급 소형 건물을 여러 채 사들였고, 아버지가 돌아가시면서 그 건물들의 관리를 감독할 책임이 내게 떨어졌다고 말했을 것이다. 다시 말하지만, '떨어졌다'. 나는 월스트리트의 반대편 샌프란시스코에 살았고, 생전 아버지는 당신의 업무를 직접 처리하셨다. 이 업무를 배우는 건 프로그래밍을 위해 해본 어떤 공부보다도 학습 곡선이 가팔랐다. 다른 동업자들도 나이가 들면서 건물에서 나오는 소소한 수입에 기대 살고 있었다. 나는 아버지가 고용한 관리자를 믿을 수 없었다. 그는, 에둘러 표현하자면 우리의 이해에 어긋나는 거래를 한 사람이었다. 나는 선택의 여지 없이 배워야 했다. 그래서 건물주 지망생들이 상어 떼처럼 나를 둘러싸는 동안("저 여자는 회의하는 자리에 와서 뭐하고 있는 거야?") 나는 거리에 늘어선 작은 가게들이 건물의 주 수입원이라는 사실을 깨달았다. 가방 가게, 패스트푸드점, 보석상,

수제 사탕 가게 같은 가게들은 낄낄거리는 샌프란시스코 도시 계획가들 기준에서는 한없이 작은 존재였다. 그래도 나는 그 가게들의 주인이 누구인지, 그들의 열망이 무엇인지 알았다. 그들은 이민 1세대, 혹은 가게를 물려받은 2세대들이었다. 그들은 어머니, 아버지, 사촌, 삼촌이었다. 그들은 미국을 믿었다. 그들의 가게는 미국 문화에 동참하고 자손을 대학에 보내기 위한 길이었다.

나는 내 말을 무시하는 도시 계획가들에게, 그 작은 가게들은 미국에 이민 온 가족들이 집안을 일으키고 돈을 벌 기회라고 말했다. 그저 공실을 채우려는 용도가 아니라 동네를 이루는 세탁소, 구두방, 편의점이 들어설 공간은 어디로 갔나? 이제는 우리 모두 합리적인 가격대의 주택에 관해 이야기해야 한다고도 말했다. 비용을 감당할 수 있는 자본주의를 추구하려는 동력은 어디로 갔나?

그들은 귀 기울이지 않았다. 내가 말하는 동안 몇몇은 자기들끼리 수군거렸다. 희망이 없는 건 진작 알았다. 단체가 움직이고 있는 와중에, 그들 눈에는 어린 소녀로만 보이는 내가 헛발질을 하고 있었다. 맨해튼에서는 엄마, 아빠의 가게들이 사라지고 있다. 샌프란시스코에는 뉴욕 거리의 백미를 보존할 기회가 있었다. 2012년에는 동네를 지켜낼, 아니, 만들어낼 수도 있는 순간이 있었다. 부자를 위한 집이 들어서고, 1층에는 체인점과 프랜차이즈 직원들이 운 좋아야 최저 시급 이상을 받고 일하는 동네 풍경을 피할 수도 있었다.

내 사무실 아래층에는 편의점이 있다. 사람 3명이 겨우 끼어 들어갈 수 있을 만큼 비좁고, 뒤쪽에 작은 창고가 있는 가게다. 나는 위층으로 올라가기 전에 매일 그 가게에 들른다. 팔레스타인에서 온 기독교인 가족이 세 들어 있다. 가장은 10센티미터짜리 황동 십자가 목걸이를 하고 다녔다. 그는 나를 달링이라고 부르면서 '다-링크'라고 발음했다. 옛날 같았으면 그 소리에 몹시 분노했을 것이다. 나를 '자기', '여보', '이쁜이'라고 부르는 남자들은 끔찍했다. 하지만 세월이 흐르고 보니 그 말이 그의 애정 표현으로 느껴졌다. 오랫동안 가게 주인과 손님 사이로 지내온 일종의 친구로서 그를 보게 된 것이다. 내가 잔돈이 모자랄 때면 그는 손사래를 치며 내 지갑을 치운다. 내 바나나 취향까지 알고, 저기 푸르뎅뎅한 바나나를 가져가라고 말해주기도 한다.

나는 그 가게에서 큰돈을 쓰지 않는다. 다이어트 콜라, 요거트, 가끔 와인 한 병을 사는 정도다. 그 가게는 탄산음료와 과자를 주로 팔고, 와인, 맥주, 복권, 담배와 시가에서 이윤을 좀더 남긴다. 마침내 주류 판매 허가를 받으면서 수익이 늘었다(주인은 그 허가를 받는 과정이 얼마나 골치 아팠는지 내게 계속 알려주었다). 길 건너 팰리스 호텔 숙박객들이 사악한 미니바 대신 이 가게를 찾아올 것이었다. 이 작은 가게는 거대한 경제 계획에서 큰 부분을 차지하지 않았다. 하지만 가게 주인은 그와 그의 아내, 쌍둥이 아들과 딸을 부양한다. 그는 예전에는 노동에서 가장 대수롭지 않게 취급되던 목적을 위해 일했다. 예전에는 그 목적을 '생계'라고 불렀다.

2.

내가 2000년에 호황 정도를 측정하기 위해 사용했던 기중기 지수는 쓸모없어졌다. 이제 소마에는 하늘로 치솟은 기중기가 보이지 않는 방향, 기중기를 피해 다닐 수 있는 거리가 없다. 소마에서 베이 가장자리까지 이어지는 근사한 구역, 부동산에서 사우스비치라고 부르는 지역도 사정은 마찬가지였다. 주차장은 건축지로 바뀌었다. 빈 건물은 철거되었다. 건설 중기가 다닐 수 있도록 차선이 폐쇄됐고, 차가 막혔다. 성난 운전자들이 경적을 울려댔다. 트럭들은 거인용 욕조처럼 생긴 트레일러에 베이의 모래흙을 잔뜩 퍼 담았다. 이 트럭 행렬은 교차로를 완전히 가로막고도 남을 만큼 길었다. 그 거대한 트럭들은 땅을 메우러 가는 길에 굉음을 내면서 우리 집 창 밑을 지나갔다. 원래는 천으로 내용물을 덮어야 했지만 그런 운전자는 거의 없었다. 메마른 만 바닥에서 퍼낸 입자들이 소용돌이치며 일어나, 먼지 안개처럼 공기 중으로 흩어졌다.

땅파기 작업이 계속되면서 새들의 터전도 달라졌다. 구구거리는 비둘기들이 가장 먼저 사라졌고, 그다음은 참새였다. 땅을 파면서 쥐들과 그 밖의 맛 좋은 간식거리가 나오자, 까마귀가 그 지역을 접수했다. 까마귀는 덩치가 크고 날렵하며, 검은 깃털에 윤기 흐르고, 총명하다. 녀석들은 종종 우리 집 창문 옆 전신주에 앉아서, 눈을 한쪽씩 돌리면서 우리를 바라본다. 그 태도는 차분하고 두려움이 없다. 까마귀는 이 사단을 완벽하게 상징하는 '포식자'다.

그렇지만 생동하는 도시는 반드시 변해야 한다. 방치되어 있던 지역으로 경계를 확장하지 않는 도시는 죽은 도시다. 그렇다면 문제는, 어느 경계를 향해 가야 하며, 어떤 변화를 주어야 하는가다.

소마는 전형적으로 방치된 지역이었다. 한때는 샌프란시스코의 노동자 계층(인쇄소, 강철 롤러, 채석장, 자동차 수리소, 전기 관련 업체, 창고)의 활동 무대였다. 2번가와 사우스파크에는, 윌리엄 헨리 강철 회사 바로 앞까지 기차를 데려다주던 철로가 아직도 있다. 벽돌로 된 외벽에 적힌 이름은 점점 희미해져서 이제는 은색 페인트의 흔적이 귀신처럼 남아 있다.

미국에서 제조업이 쇠퇴하던 1980년대에 공장들이 버려지고, 창고는 텅 빈 상태로 1990년대 초까지 남아있었다. S&M 중심으로 가죽옷을 즐겨 입는 게이 바들이 폴섬가 남쪽 끝을 점령했더랬다. 이제는 그중 소수만 살아남았다. 자동차 수리소와 주유소, 사회복지센터, 소마에서 미션 지구까지 늘어선 무료 급식소들은 여전히 자리를 지키고 있다.

기술 기업들은 방치되어 있던 유서 깊은 건물 중 가장 좋은 곳들로 옮겨왔다. 트위터는 퍼니처 마트 도매상이 쓰던 아르데코 양식의 아름다운 건물을 임차했다. 옐프 본사가 자리한 건물은 원래 벨 시스템이 있던 곳으로, 당시 샌프란시스코에서 가장 높은 건물이었다. 외벽에는 영원히 시장을 지배하리라는 독점 기업의 확신을 보여주는 휘장이 조각되어 있다. 로비는 어둡고, 1930년대에 나온 영화 「플래쉬 고든Flash Gordon」과 「드라큘라Dracula」를 섞어놓은 분위기다. 천장에는 검은색,

붉은색, 금색으로 불사조, 구름, 유니콘(수십억 달러 가치의 스타트업이 들어설 것을 미리 알았다는 듯이), 상상 속 동물들(마찬가지다)이 스텐실로 표현되어 있다.

물론 유서 깊은 건물은 무한정 있지 않으므로 새 사무용 건물들이 떼 지어 들어섰다(지금도 공사는 끝나지 않았다). 한동안 건설사들이 건축용 유리를 충분히 구하지 못한 적도 있다. 제조업체들은 재고가 없어 유리 주문을 이월시켜야 했다. 세일즈포스는 1번가와 미션가가 만나는 지점에서 공사 중인 트랜스베이 타워*에 입주할 예정이다. 아르데코 양식의 버스 및 전차 종착역을 허문 부지에 짓고 있는 이 건물은 샌프란시스코에서 두 번째로 높은 타워가 될 예정이다. 하지만 세일즈포스 직원을 모두 수용하기에는 이마저도 공간이 부족해서 길 건너편에 두 번째 건물을 올리고 있다. 2번가와 하워드 거리가 만나는 위치의 주차장이 있던 부지에는 다스베이더 같은 형상의 검은색 유리 건물이 링크드인을 맞이하기 위해 지어졌다. 이 건물은 거리 위쪽에 있는, 알루미늄 갑옷을 입은 AT&T의 비디오게임 전사와 잘 어울린다. 두 건물 사이에는 (내 바람대로 아직 자리를 지키고 있는) 대리석으로 뒤덮인 해상 소방관 조합의 직업소개소가 있다. 입구 위에는 근육질 노동자들이 사람 키만 한 지레를 당기는 모습의 원형 돋을새김 조각이 있다. 이 직업소개소가 살아남아서 나는 신난다. 창문에 붙어 있는 '노동조합을 지지하는 집Proud Union Home' 팻말 옆을 걸어 지나치는

---

* 이제 이 건물은 세일즈포스 타워라고 불린다.

게 좋다.

누군가는 기술 노동자들과 샌프란시스코에 오는 수천 명의 구직자를 위한 아파트와 콘도를 지어야 했다. 콘도 가격은 수백만 달러에 달한다. 내게 아파트를 팔라고 하면서, 말도 안 되게 높은 가격을 약속하며 연락해오는 부동산도 아주 많았다. 2015년까지 소마/사우스비치에서 5000호가 넘는 임대용 주택이 승인되거나, 검토 과정에 있거나, 이미 건설 중이었다. 질로우*에 따르면 샌프란시스코의 임대료 중간값은 2900달러에 육박해 맨해튼을 간신히 밑도는 수준이었다. 소마, 그리고 인접 지역인 도그패치는 샌프란시스코 안에서도 임대료가 가장 높아, 전통적인 부자 동네인 퍼시픽하이츠, 로럴하이츠마저 웃돌았다.

이 동네에 살려면 연봉을 수십만 달러씩 받아야만 했다. 부동산 중개업자(이자 내 친구인) 앨런 모르코스는, 소마에 집을 사려는 고객 중 일부는 생활 환경을 고려하더라도 업자 같은 행태를 보인다고 설명한다. 콘도를 보면서 룸메이트가 몇 명이나 필요한지 계산하고 거액의 월세를 내게 해서 자신의 대출금을 감당하는 동시에, 본인은 유능한 직장인 겸 집주인이 되는 것이다. 그가 상대하는 고객은 대부분 남성 인구다. 여성과 남성 모두 30대 중후반까지도 진지한 연애나 결혼을 하지 않고 아이도 없는 상태로 있는, 어른이 되기를 미루고 있는 세대라고 모르코스는 말했다.

고급 콘도 근처에 있는 버스 정류장에는 구글, 마이크로소프트, 오

* 미국의 부동산 매물 정보 사이트.

라클 직원들을 실리콘밸리에 있는 사무실로 실어 나르는 호화 통근 버스들이 선다. 이 버스들은 시가 세운 정류장에 가만히 서서 승객들을 기다리는데, 공영 버스 기사 조합과는 배차 관련 상의조차 하지 않았다. 그래서 공영 버스 기사들은 정류장 자리를 차지하기 위해 집채만 한 고급 버스를 모는 민간 기사들과 경쟁해야 했다.

모르코스의 고객 한 명은 구글 정류장에서 두 블록 이상 떨어진 집은 거들떠보지도 않았다고 한다. 그는 성난 운전기사들이 싸움을 벌이는 지상보다 높이 올라가 있는 기술 세계의 요직에 앉아, 편안한 좌석과 무선 인터넷이 구비된 조용하고 개인적인 세계 안에 봉인되어, 소마 거리가 아닌 노트북 화면을 보면서 일, 일, 언제나 일에 몰두할 것이다. 직원들이 현관을 나서는 순간부터 일만 할 수 있도록 준비된 이 차량은 1960년대에 방영됐던 「죄수The Prisoner」에 나오는 마을처럼 피난처인 동시에 올가미다. 이들이 도착하는 회사 캠퍼스는 내가 1996년에 일했던 회사와 비슷하지만 더 호사스럽다. 운동 시설과 유기농 식사, 피곤할 때 낮잠을 자거나 노닥거리기 좋은 아늑한 구석 자리가 유치원처럼 마련되어 있다. 직원들을 둥개둥개 보살피면서 집에 가고 싶지 않게 만드는 공간으로 가장 유명한 곳은 구글플렉스다.

그 결과 개발자, 엔지니어, 기술 기획자 들은 저녁에 통근 버스에서 내리고 나면 잠만 자는 베드타운으로 샌프란시스코를 이용했다. 교외에 살면서 도시에서 일하던 옛날과 위치가 바뀐 것이다. 그들은 샌프란시스코에서 잠을 자고, 도시의 술집과 식당을 이용하고, 도시의 컨벤션과 행사에 참여하지만, 삶에서 가장 열정적인 시간은 다른 데서 보낸다.

새로 단장한 소마에 이사 온 사람들 대부분에게는 우리가 원래 알던 동네가 필요하지 않다는 생각이 들었다. 어쩌면 냉정하고 무관심한 도시 계획자들의 태도가 옳았을지 모른다. 새로 온 주민들은 도시를 다른 개념으로 바라본다. 이들은 괜찮은 가격대의 편안한 숙소를 찾을 뿐, 지역사회를 원하지는 않는다. 동네 세탁소나 약국, 편의점을 그리워하지도 않을 것이다. 본인이 직접 몸을 움직여서 가야만 하는 미용실, 요가원, 체육관은 이들에게도 필요하다. 그 외에 필요한 건 배달원들이 가져다줄 것이다.

1998년에 나는 사회의 양분화 현상에 관해 목소리를 냈다. 이 세상의 재화를 현관으로 배송받는 사람들과 그들에게 재화를 배송하는 사람들로 나뉘는 세상이다. 재화를 받는 사람들의 목표는 집에 있으면서 디지털로 세상과 연결되는 것이지만, 그들과는 다른, 더 낮은 사회 계층의 사람들은 실물 영역에서 일하면서 체육관의 아령을 드는 대신 택배 상자를 나른다.

그 시절 배달원들은 UPS, 페덱스, US포스탈서비스에서 일했고 대부분 노동조합에 가입했다. 그들의 일을 미화하려는 건 아니지만 그들은 복지, 의료보험, 산재보험 혜택을 받고 교섭권을 가졌다. 1997년에 UPS 기사들은 회사 창립 이래 처음으로 전국 규모의 파업에 돌입했다. 노동조합은 시간제 근무자들을 상근직으로 전환하고, 연금 통제권을 유지하고자 했다. 파업이 진행된 15일 동안 배송의 80퍼센트가 중단됐다. UPS가 미처 계산하지 않은 것은, 파업 기간 동안 자사 고객들이 회사에 보인 분노였다. 고객들은 몇 년 동안 배달원들을 보고 지내면서 인사를 하고, 안부를 묻고 감사를 표하는 사이가 되었다. 배달을 받는 사람과 하는 사람이 관계를 맺었다. UPS가 백기를 들었다. 새로 상근직을 만들었고, 노동조합은 연금 통제권을 지켜냈다.

이제 그로부터 19년이 흘렀다. 건물 현관마다 택배 상자들이 쌓여 있는 게 보인다. 받는 사람들은 대부분 집에 없다. 그들은 기술 스타트업 가마솥 안에서 절절 끓으며 주 70~80시간씩 일하고 있다. 그들이 집에 오면 블루에이프런*에서 온 상자들이 기다리고 있다. 그 안에는 몇 분 만에 조리해 먹을 수 있는 식재료가 담겨 있다. 줄리아 차일드처럼 물감 놀이하듯 신나게 재료를 장만하지 않아도 된다. 아마존은 따뜻한 음식까지도 보온 백에 넣어 배달해준다. 나는 먼체리**에서 식사를 시켜봤는데 그저 그랬다. 옷, 가구, 가정용품이 담긴 아마존 화살표가 그려진 상자들은 웃는 척을 하면서 친근해 보이려고 애쓴다.

이제 우리 동네 사람들은 배달원이 누구인지 모른다. UPS와 페덱스는 그대로 있지만, 배달은 대부분 긱 경제geek economy*** 시대의 노동자들, 대체 가능한 사람들, 삯일 노동자처럼 다른 사람으로 쉽게 교체되는 운전기사들이 맡는다. 이들은 건당 또는 시간당 돈을 받는다.

---

* 바로 조리해서 먹을 수 있도록 손질된 식재료와 양념으로 구성된 밀키트를 대중화한 미국 기업.
** 데우기만 해서 바로 먹을 수 있는 음식을 배달하는 서비스 업체.
*** 산업 현장에서 인력을 정규직으로 고용하지 않고, 필요할 때마다 임시로 고용하는 경제 활동 방식.

옆 블록의 열악한 공장에서 일하던 중국 여성들이 소마로 돌아온 느낌이기도 하다. 배달원들은 현관 앞에 물건을 두고, 얼굴 없는 종업원처럼 떠난다. 물건을 받는 입장에서는 어떤 사람이 들러서 자신의 욕구를 채워주고 가는지 알 길이 없다. 그저 집에 와서, 육신에서 분리된 천상에서 빌었던 소원이 마법처럼 실현된 것을 확인하면 된다.

나는 클락 타워 복도를 서성거리는 배달원들을 보곤 한다. 미로 같은 건물 구조와 형편없는 표지판 때문에 길을 잃은 것이다. 그들에게 방향을 가르쳐줄 수 있는 실제 인간을 보면 얼마나 안심될까! 하루는 내가 아마존 배달원이 쓰고 있던 작고 가벼운 짐수레를 보고 감탄했다. 스무 살도 안 되어 보이는 그는 짐수레가 늘 망가진다고 했다. 플라스틱 바닥이 갈라지거나 떨어져 나간다는 것이다. "회사에서 새 걸 줘야 하는데 말이죠." 그는 말했다. 몇 달 뒤에 본 아마존 배달원들도 바닥이 허접한 플라스틱으로 된 짐수레를 쓰고 있었다.

나는 장보기를 좋아한다. 브로콜리가 신선한지 시식해보고, 아보카도를 살짝 눌러서 오늘은 어느 것을 먹고 내일은 어느 것을 먹는 게 좋을지 확인하며 다니는 것이 즐겁다. 하지만 등이 아프거나 일이 생겨서 나갈 수 없는 날엔 인스타카트*를 이용한다. 나는 늘 배달원에게 이 일이 좋은지 물어본다. 학생인 배달원들은 수업 일정과 시험 시간을 피해 일할 수 있어 만족해한다. 어느 날 저녁 우리 집에 배달을 왔던 쉰 살 정도의 흑인 남성의 경우는 달랐다. 그는 시간제로 일하면서

---

* 식료품을 주문하면 1~2시간 이내에 마트에서 구매해 배송해주는 서비스.

받는 수입에 만족하는 학생이 아닌 게 분명했다. 무거운 봉투를 들고 오느라 얼굴이 땀에 절었고 시간에 쫓기는 듯 보였다. 나는 그에게 대우가 어떤지 물었다. "저는 주 70시간씩 일해요. 그래도 근근이 먹고 사는 정도죠." 그가 떠난 뒤 나는 생각했다. 연봉을 수십만 달러씩 받는 엔지니어와 개발자들의 주 70시간, 그리고 빛나는 기술 세계의 승자들을 응대하면서 생계를 유지하려는 남자의 주 70시간에 대해.

하지만 배달을 하는 사람과 받는 사람 사이에 격차가 벌어지는 이 순간은 노동자 계층을 완전한 허드레꾼으로 만드는 여정의 단편일 뿐이다. 아마존은 허접한 짐수레를 끌고 다니는 기사들을 없애고, 그 자리를 드론으로 채우려고 한다. 긱 경제의 압승과 보편화를 상징하는 결정판인 우버 기사들은 자율주행차에 자리를 빼앗기고 있다. 이 결정적인 순간을 가장 끔찍하고 냉혹하게 묘사한 인물은 미디어 및 기술 평론가 더글라스 러시코프였다. "우버 기사들은 우버의 기사 없는 미래를 위한 연구 개발 도구입니다. 이 기사들은 자신이 실업자가 될 미래에 스스로의 노동력을 소모하고 자본(자동차)을 투자하고 있습니다."

3.

스타트업 문화가 샌프란시스코를 덮쳤다. 예전에 샌프란시스코는 가출한 아이들을 위한 도시였다. 십 대 청소년과 이십 대 초반 청년 들이 주어진 삶에 순응하지 않고, 동성애나 양성애나 혹은 다른 성적 지향성을 찾아오는 곳이었다. 모두들 비트Beat족*, 히피, 자유연애, 게이 혁명을 꿈꾸며 거칠고 개방적인 샌프란시스코를 찾아왔다. 하지만 영원한 건 없다. 왕년의 정체성이 얼마나 신화적이었든, 우리는 이제 그 모습이 말끔히 사라져버린 도시에 산다. 그리고 샌프란시스코에 또 다른 신화를 찾으러 오는 젊은이들이 있다. 인터넷 스타트업을 세워 성공시키려는 꿈이 탄생하고 충족되는 도시, 샌프란시스코다.

인터넷을 통한 성공의 꿈은 새 이민자들에게 묵직한 짐을 지운다. 새내기들은 스타트업 생활의 끈끈이에 들러붙은 파리 같은 삶을 살게 된다. 그들은 성공적인 회사를 세우는 것(벤처 투자자들을 만나 설득에 설득을 거듭해서 스타트업의 가치가 수십억 달러에 이르게 하는 것)이야말로 개인이 세울 수 있는 최고의 업적이라는 정신에 둘러싸여 있다. CEO가 되는 것이 최고다. 초창기 직원이 되는 것도 괜찮다. 다섯 번째나 여섯 번째, 아니면 열 번째 직원 정도도 해볼 만하다. 아니면 구글이라는 수도원이나 다른 비슷한 곳에서 고귀한 알고리듬을 고안한 엔지니어가 될 수 있다. 그게 아니면 그냥 직원이 된다. 페이스북의 웹사이트 개발자는 특별할 게 없다. 마이크로소프트의 관리자는 아무것도 아니다. (아마도 여자일) 고객 상담사는 더더욱 별볼일없다. 기술과 관련 없는 인간과 직접 대화하므로 언제나처럼 밑바닥에 깔려 있는 존재다. 더 잘난 사람들이 그들을 앞지르는 동안 이들은 앞으로 나가

---

* 1950년대 중반에 샌프란시스코와 뉴욕을 중심으로 활동한 보헤미안 예술가 집단. 풍요로운 환경에서 자라 기성세대의 질서에 저항한 젊은 세대들이다.

지 못하면서 발버둥 친다(스타트업 문화가 그들을 이렇게 바라본다). 뒤처진 사람들은 자신을 평범한 사람, 더러는 낙오자라고 여기기도 한다.

수많은 꿈나무는 장차 자신의 몫이 되리라 믿는 역할에 자부심을 느낀다. 기존의 사회, 경제, 정치 구조를 파괴할 전초 부대의 대원이 되기를 꿈꾸는 것이다. 하지만 이 CEO 지망생들은 순응주의자라고 부르는 게 더 정확하다. 이들의 바람은 사회의 기대에 부합한다. 우리 시대 남자들이 회색 플란넬 정장을 입었던 것과 같은 의미에서 이들은 티셔츠에 청바지, 비즈니스 캐주얼을 입는다. 이들은 자유분방하지 않다. 이들은 스타트업이 늘어선 2번가 골목을 펑크족이 아니라 정예군 부대처럼 행진한다. 이들은 언제나처럼 극소수만이 이길 수 있는 전쟁터에 뛰어들어 돈을 쫓는다. 나는 이들이 안쓰러울 지경이다.

창업 지망생들이 꿈을 이루기 위해 무엇을 감행하는지 보면 놀라울 정도다. 이 사회에는 그들의 열망을 부채질하려는 단체가 많고, 그 단체들이 주최하는 행사도 얼마든지 있다. 그 행사에서 꿈나무들은 사업 계획을 알리고, 파워포인트 슬라이드와 그들의 '사업계획서'를 다듬어서, 첫 한두 마디로 투자자들의 관심을 끌고 궁극적으로는 투자받기 위해 분투한다. 어느 날 그런 종류의 행사에서 자리를 뜨던 나는 샌프란시스코와 실리콘밸리에 있는 수많은 회의실에 서 있는 노력가들의 욕망에서 뿜어져 나온 열기가 열대성 폭풍처럼 회오리바람을 일으키고, 평상시의 기류를 반대 방향으로 휘젓는 기운을 느꼈다. 탁월풍을 거스르기 위한 몸부림!

한 행사에는 「돌리고 돈 따고Dialing for Dollars」* 같은 옛날 예능 방송에서 쓰던 커다란 회전판이 등장했다(행사 진행도 옛날 방송과 똑같았다). 원래는 돈 액수가 들어갈 자리에 창업 지망생들의 이름이 붙어 있다. 이제 회전판을 돌린다. 100명 남짓한 참가자들이 휘파람을 불며 환호하고 꿈나무들이 기도하는 동안 회전판의 움직임이 느려지고, 이름들이 차례로 당첨 지점을 빠르게 지나쳐간다. 회전판이 멈출 때까지 함성과 고성이 난무한다. 운 좋은 꿈나무 한 명이 이겼다. 그가 받은 상은, 잠재 투자자가 있을 수도 있고 없을 수도 있는 청중 앞에서 1분 안에 자신의 사업을 발표하는 특전이었다. 이 중요한 순간을 미리 연습함으로써 다음에 더 잘할 수 있다는 자신감을 얻는 것이 보상이다.

내가 참석해본 가장 성의 있는 행사는 라이브 샤크 탱크®**다. 발표자를 포함한 모든 참석자가 22달러 정도 하는 입장권을 사야 한다. 입장권을 산 참석자는 307명이었다. 주최 측이 보낸 이메일 초청장에 따르면, 그날 밤에는 발표자 16명과 '공인 투자자' 7명이 자리한다고 한다. 다른 행사들도 그렇듯, 발표 시간은 2분 이내로 제한한다. 심사위원 7명이 그날의 샤크shark, 즉 '상어'로, 무대에 놓인 탁자에 앉아 발표자들에게 질문한다.

꿈나무들은 무진 애를 쓴다. 대부분 20대 중후반이지만 크리스마

---

* 1950년대부터 1990년대 초까지 미국과 캐나다에서 인기를 끈 지역 방송 포맷이다. 진행자가 시청자들에게 암호를 알려준 다음 무작위로 뽑은 번호로 전화를 걸어서, 받은 사람이 그 암호를 맞추면 상금을 준다.
** 샌프란시스코에서 스타트업 예비 창업자들이 투자자들에게 창업 아이디어를 홍보하는 대회를 열고 교류하는 월례 행사.

　　　　　　　// 코드와 살아가기

스 연극 배역을 따기 위해 오디션을 보는 고등학생 같다. 상어들이 가장 많이 하는 질문은 직설적이다. "제가 당신에게 투자하면, 어떻게 돈을 벌 수 있죠?"

이 발표들은 흔히 있는 배송 서비스, 보험 추천 서비스, 공예품을 모호하게 제시했다. 벤처 투자자들이 왜 쏟아지는 발표들을 냉소적으로 바라보며 지겨워하는지 알 수 있다. 그들의 얼굴에 서린 회의감의 깊이를 발표자들이 제대로 이해하는지 모르겠다. 그런 중에 눈에 띄는 남자가 한 명 있었다. 그는 시각장애인에게 대안적 세계를 보여주는 가상 현실 기기 개발을 제안했다. 주어진 2분 안에 이 아이디어를 어떻게 구현할지 이야기하기는 힘들었다. 그래도 심사위원들은, 가진 자가 아니라 도움이 필요한 사람들에게 혜택을 준다는 그의 발상을 좀 더 지켜보기로 했다.

상어들이 뽑은 최종 후보 5명이 무대로 나와 접이식 철제 의자에 앉았다. 하지만 상어들은 최종 우승자를 뽑지 않는다. 청중이 각 후보에게 얼마나 큰 함성을 보내는지에 따라 우승자가 결정된다. 텔레비전 방송을 보는 듯한 순간이 또 있는 것이다. 진행자가 후보자들의 머리에 차례로 손을 올렸다. 환호성, 고함, 박수, 휘파람, 함성, 탄성이 나왔다. 다음 후보자의 머리에 손을 올리니 아까보다 잠잠해졌다. 그다음 후보자에게 갔을 땐 더 잠잠해졌다. 그러다가 네 번째 후보자 차례가 되자 객석에서 함성이 터져 나왔다. 시각장애인을 위한 가상 현실 기기를 제안한 남자가 우승을 차지했다.

이제 다 끝났다. 무대는 텅 비었다. 실망한 자들은 내 예상처럼 어깨를 축 늘어뜨리고 투덜거리며 행사장을 빠져나가는 대신, 발표 1시간 전과 마찬가지로 맹렬한 네트워킹을 펼쳤다. 많은 사람이 남아서 노트북을 열고 자신의 작업물을 보여주었고, 다른 이들은 진심 어린 눈으로 데모들을 이리저리 살펴보며 반짝이는 눈으로 질문을 하거나, 시큰둥하게 지나갔다. 그 자리에 있던 300명의 참석자는 서로 교류하며 친구를 사귀고 싶어했다. 다들 행복하고, 즐거워 보이기까지 했다. 문득 그들에게 있어 발표 행사가 시험대에 올라 망신을 당하는 것만이 아니라는 사실을 알게 됐다. 그 모임은 비슷한 부류의 사람들이 모여서 서로 돕고, 스타트업 설립의 꿈이 이뤄지리라는 희망을 유지하는 장이기도 했다. 행운의 회전판이 돌아가면 함성과 고함이 터져 나온다. 그들에게는 이 시간이 광란의 파티였다. 그들은 엑스터시 대신 열정에 취했다. 그들에겐 그런 행사가 유희였다.

라이브 샤크 탱크 행사가 끝난 뒤, 나는 심사위원으로 나온 로저 킹과 이야기를 나눴다. 그는 예비 창립자들이 벤처 투자사 대신 부유한 개인에게 사업 계획을 발표하도록 하는 행사를 주최하는 베이 엔젤스의 창립자다. 나는 그날 저녁 행사에 대해 어떻게 생각하냐고 물었다. "광대 짓이죠." 그는 딱 잘라 말했다. "전문성이 없잖아요." 발표자들이 슬라이드를 보여주는 시간이 적어도 8분은 주어져야 한다는 말이었다.

나는 오늘 밤의 승자가 무엇을 받아가는지 궁금했다. 그는 말했다. "아무것도 없어요. 어디서 인터뷰 하나쯤은 하겠죠." 그는 그 '어디서'

가 머나먼 환상의 세계나 되는 것처럼 손사래를 쳤다.

킹은 샤크 행사의 우승자가 빈손으로 돌아갈 것이라고 했지만, 주최자인 호세 데 디오스는 내게 이메일을 보내, 우승자가 투자를 받은 비율이 100퍼센트에 가깝다고 주장했다.

로저 킹이 운영하는 베이 엔젤 행사는 엠바르카데로 원 타워 고층에 있는 근사한 법률 사무소에서 진행됐다. 창밖으로 남동쪽 샌마테오헤이워드 다리부터 북쪽 금문교까지, 베이 풍경이 한눈에 들어왔다. 이 높다란 요새, 하늘로 솟은 타워, 근심을 덜어주는 환풍기의 고요함이 스타트업 문화의 태생적 신념을 물리적으로 구현하고 있다는 생각이 들었다. 벤처 투자자들은 저 높이 서 있다. 스타트업 세계에서 벌어지는 일들은 땅에서 솟아나서 위로 올라가는 것이 아니라, 벤처 투자자들에게서 나와서 밑으로 내려간다.

나는 가만히 서서 베이 너머 오클랜드를 바라보았다. 낮에 내렸던 비가 그친 뒤, 거대한 아치 모양 다리 주변에는 구름이 떠다니고 있었다. 구글 X의 프로젝트 룬Project Loon이 생각났다. 하늘에 반짝이는 폴리에틸렌 열기구들을 띄운다는 계획이다. 성층권 바람을 타고 날아다니는 이 열기구들 안에 통신 장비를 넣어서, 열기구의 무선 인터넷 영역 안에 있는 지상의 사람들이 인터넷에 접속할 수 있게 해준다. 이 프로젝트의 목표는 네트워크를 구축해서 전자 기술의 혜택을 받지 못하고 있는 인류의 3분의 2에게 인터넷을 선사하는 것이다. 하지만 구글 X 웹사이트에는 지상에 있는 사람들에게 무엇을 주겠다는 말이 보이지 않는다. 안정적인 전력, 깨끗한 물, 민족 전쟁에 따른 약탈로부터 이들을 보호해주는 건 고사하고 컴퓨터와 휴대전화기, 소프트웨어를 제공한다는 말도 없다. 빌 게이츠마저 회의적이었다. "말라리아로 죽어가는 사람한테 고개를 들어서 열기구를 보라고 하는 게 얼마나 도움이 될지 모르겠네요." 그는 『블룸버그 비즈니스 위크』와의 인터뷰에서 말했다. "설사에 시달리는 아이를 치료해줄 수 있는 웹사이트는 없습니다."

베이 엔젤의 행사는 과연 라이브 샤크 탱크의 모임보다 전문적이었다. 입장료는 11달러 정도 되는데 발표자들은 내지 않았다. 그날 밤에는 5명이 발표를 했는데, 각자 8분씩 시간을 가졌다. 40석 정도 되는 좌석이 거의 다 채워졌는데, 참석자 중에도 발표자 중에도 흑인은 없었다. 그렇게 발표가 시작됐다. 또 여행 앱이다. 이 앱에는 개인 도우미가 딸려있다. 3D 인쇄기. 국립공원에 설치하는 전망경인데, 망원경과 비슷하지만 가상 현실을 통해 그 장소의 역사 등을 보여준다. 마치 그 역사의 현장에 몸소 존재하는 것만으로는 충분한 경험이 못 된다는 듯이 말이다. 부동산 검색을 간소화한 앱도 있다(여성에 대한 비방도 뒤따랐다. 발표자에 따르면 주 사용자는 〔그들이 보기에 기술과 친하지 않은〕 55세 여성이다. 흔한 혐오 표현이 따른다. "할머니도 쓸 수 있습니다." 할아버지는 신경 쓰지 말자.)

드디어 뭔가 흥미로운 게 나왔다. 또 의료 애플리케이션이다. 발표자들은 MRI 판독을 위해 개발한 알고리듬을 설명했다. 그중 한 여성

// 코드와 살아가기

은 수석 알고리듬 설계자였다. MRI 장비는 단면 영상을 연속으로 촬영하는데, 의사들이 이 영상을 보고 있기가 지루하고 이상이 있는 부분을 놓치기 쉽다. 발표자들은 그 탐색을 대신 해주는 소프트웨어를 제안했다. 내게는 그럴듯해 보였다. 컴퓨터는 지겨워하지 않고, 패턴을 잘 인식한다. 내게 투자할 돈이 있었다면 그들에게 다가가서 이야기를 나눠봤을 것이다.

MRI 발표는 이 힘겨운 걸러내기 과정에서 사회에 도움이 되는 무언가가 나올지도 모른다고 믿게 되는 순간이었다. 전 세계 인류의 삶을 개편하는 거대한 계획이 아니라, 기술의 손길이 필요한 사람들의 삶을 개선한다는 목표를 가진 애플리케이션이 나오리라는 것이다.

다음 순서는 피할 수 없는 네트워킹이다. 서른쯤 되어 보이는 키 큰 남자가 내게 다가왔다. 그는 자신이 만들고 있는 앱에 대해 신명 나게 설명했다. 이력서들을 판독해서 고용주들이 조직 문화에 적합한 지원자를 찾아내게 해주는 알고리듬이다.

나는 거두절미하고, '적합'이라는 말은 어떤 조직이 편안하게 받아들일 사람, 이미 잘 아는 부류의 사람, 다시 말해 '자신들과 같은 남자들'을 선택하겠다는 뜻의 다른 표현이라고 이야기했다. 그의 앱은 기술 업계에 이미 존재하는 차별적 문화를 유지하는 길이라고, 나는 말했다.

그는 순순히 내 말을 듣고 대답했다. "뭐, 다 맞는 말씀일 수도 있죠. 하지만 저는 사회를 위해 일하는 게 아니에요. 회사를 위해 일하죠."

4.

비싼 가격에 월세를 주는 집주인들 말고도, 콘도 구석구석을 활용해 돈을 버는 앨런 마르코스의 고객들 말고도, 입장료를 부과하는 발표 행사 기획자들 말고도 스타트업 지망생들에게서 돈을 뜯어내려고 대기 중인 사업의 고리가 있으니, 이름하여 공유 오피스다.

새내기들에게는 실용적인 이유로 공유 사무 공간이 필요하다. 스타벅스에는 안심하고 앉아 있을 수 있는 자리, 프린터, 회의실, 안전한 무선인터넷이 없다. 하지만 이런 실제적 필요를 넘어서, 공유 오피스의 매력은 그 분위기에 있다. 당신이 있어야 할 곳은 여기라고, 그들은 속삭인다. 여기에서 당신 같은 사람들과 함께 하라고. 여기가 당신이 가고 있는 여정의 다음 단계라고.

어느 날 나는 클락 타워 주변 거리를 평소처럼 걷다가, 비어 있던 건물들에 들어선 공유 오피스 기업을 세어봤다. 총 서른 곳이 있었고, 그 안에는 작은 공간들이 임대용으로 마련되어 있었다. 이 기업들은 기본적으로 임대업자이지만, 공간을 힙하게 꾸밈으로써 본색을 숨긴다. 대개 이케아 가구들이 여기저기 놓여 있고, 좀더 고급스러운 사무실에는 미드센추리 모던mid-century modern 스타일의 모조품이 있다. 보통 커피와 맥주, 와인이 공짜로 제공된다. 인테리어는 벽돌 벽과 노출 기둥이 주를 이룬다. 신축 건물에 들어선 공간들도 설비를 그대로 드러낸다. 노출할 기둥이 없으면 배관이라도 보여주는 식이다. 이 인테리어 자체가 앞으로 선망의 대상이 될 삶을 보여준다. 당신이 세울 스타트업 사무실도 이렇게 생기게 되리라는 듯이 말이다.

임대물은 공용 공간의 좌석 하나부터 전용 책상, 좁은 1인실부터 2인실, 3인실 등이 있어 스타트업이 돈을 벌어가며 사무실을 넓힐 수 있다. 가격은 몇백 달러부터 수만 달러에 이른다. 가장 비싼 공간을 제외하면 거의 모두 시야가 개방되어 있다. 일부는 유리나 플렉시글라스로만 구분되어 있어서 예비 CEO들에게 물리적인 모순을 선사한다. 혼자 있다는 것은, 애플의 스티브 잡스처럼 비밀스러운 문화를 따라가는 길이다. 함께한다는 것은, 이상적으로 받아들여지는 네트워킹 문화를 익히고 끊임없이 교류해야 한다는 의미다.

공유 오피스에서 시간을 보내는 것은 스타트업 세계의 공기를 들이마시고, 공짜 맥주와 와인에 코카인처럼 취하는 일이다. 수많은 새내기가 거쳐간다. 그중 상당수에게 이 공간은 부를 쌓기 위한 여정의 첫 정거장이다. 공유 오피스에는 새내기들이 진출하려고 하는 기술 사회의 규범을 그들에게 각인시키는 거대한 효과가 있다.

공유 오피스는 첫 세뇌자다. 같은 믿음을 가진 사람들과의 모임, 야망 있는 기업가들과의 대화는 모두 그들이 부와 성공을 거머쥐는 여정에서 성공을 이루리라는 믿음을 굳게 다져준다. 벽에 걸린 간판, 웹사이트에 반짝이는 배너, 창문에 그려진 구호는 이렇게 외친다.

"좋아하는 일을 하라." 마치 지구에 사는 수도 없이 많은 사람이 그런 선택을 할 수 있는 것처럼. "지금 하는 일이 마음에 들지 않으면, 직접 일을 만들라." 역시 대부분 인간에게 불가능한 도전이다.

"생계만 꾸리지 말고, 삶을 꾸리라." 마치 삶과 일이 불가분의 관계인 것처럼, '생계'를 꾸리는 것, 남은 인생과 가족을 부양하고, 문화를 지키고, 아파트 월세와 전기세를 내는 기본적 필요를 충족하는 것 자체는 우러러볼 삶의 목표가 아닌 것처럼.

그리고 중대한 모토가 나온다. 스타트업들이 외치고, 되풀이하고, 목표라고 선포하는 주문과 같은 한 마디다. "세상을 바꾸라!"

더 낫게 바꾸라는 말인 것 같다. 하지만 내가 만나본 예비 창업자 중, 그들이 그리는 '더 나은' 세상이 더 나쁜 세상과 얽힐 수도 있음을 염두에 둔 사람은 거의 없었다. 그런 자기 성찰이 없으면 세상을 바꾼다는 목표는 이기적인 동기로 넘어간다. 어떤 발전이 이뤄지면 삶의 일부분이 영원히 사라지거나 나쁜 방향으로 악화되기 마련이라는 진리를 깨우치지 않고, 과거가 이바지한 바를 멋대로 외면해버린다. 우리는 적어도 과거를 돌아보면서, 옛날에는 무엇이 있었고 무엇을 돌이킬 수 없게 되었는지 인지할 의무가 있다.

세상을 바꾸라! 우버는 세상을 바꾸고 있다. 아마존은 세상을 바꾸고 있다. 페이스북은 세상을 바꾸고 있다. 그들이 지나간 자리에는 발버둥 치는 운전기사와 배달원이 있고, 이민자들은 중산층에 편입할 기회를 잃어가고 있고, 가짜 뉴스가 활개를 치고, 사람들은 자기만의 방에서 믿음을 취사 선택한다. 이런 현상은 여기에서 계속 나열할 수 없을 정도로 많다. 하지만 스타트업들의 부화장 안에서 창립자와 엔지니어는 자신들의 아이디어가 온 세계를 밝힐 것처럼 설득하고, 돈을 벌 수 있다고 투자자들을 안심시켜야 한다.

벤처 투자자들을 안심시켜주는 것은 붕괴에 대한 약속이다. 기존

// 코드와 살아가기

구조를 깨부수고 그 자리에 민간 투자자들이 소유할 수 있는 새 구조를 채워 넣어야 돈이 벌린다. 작은 가게, 책방, 택시 기사, 기자, 편집자, 학교 교사 등 기존 질서의 다양한 영역에서 나오는 임금을 룰렛 테이블에 놓인 칩처럼 쓸어 담아 돈을 따가서 승자가 독식한다. 다수에게 분산되어 있던 풍요가 소수를 위한 부로 농축된다.

부를 쌓는 것이 동인이고, 그 뒤에 무엇이 따라오는지는 별로 중요하지 않다. "세상을 바꾸라!"는 한낱 광고, 작은 악마와 그로 인해 야기되는 분열을 가려주는 브랜딩, 젊은이들을 단결시켜서 그들에게 괜찮다고, 단순히 돈을 벌려고 나와 있는 게 아니지 않냐고 북돋우는 구호다. 당신은 고귀하다.

공유 오피스 임대업체의 선두주자는 국제적인 괴물 위워크WeWork다. 이 글을 쓰는 당시 이 회사는 미국을 비롯한 세계 곳곳에 137개 점을 가지고 있었고, 샌프란시스코에만 5개 지점이 있었다.*

나는 어느 날 위워크에 가보기로 마음먹었다. 이들이 샌프란시스코 미드마켓이라고 설명한 곳에 있는 지점이었다. 실제로 이 지점은 그 동네에서 가장 낙후되고 범죄율이 높은 텐더로인 지구에 있었다. 처절하리만큼 가난한 사람들이 사는 임대 주택 밀집 지역이다. 주민들은 대부분 흑인이고, 전쟁이 끝나고 미국에 온 베트남계 이민자 집단도 작게 있었다. 거리에는 알코올 중독자와 축 늘어진 부랑자가 있다. 이른

---

* 2020년 8월 현재 819개 지점이 운영 중이거나 개점을 앞두고 있다.

아침이면 사람들은 무료 급식소에 줄을 선다. 나는 위워크에 가는 길에, 남자 4명에게 총을 겨눈 경찰 2명을 피해 길을 건너 맞은편으로 걸었다.

나는 공유 사무 공간을 간단하게 둘러보고 나가는 길에, 여기에 입주한 스타트업의 CEO를 만났다. 그 CEO와 잠시 이야기를 나누면서, 그 회사의 목표는 실외 및 실내에 휴대용 무선 인터넷 장비를 설치하는 것임을 알게 되었다. 남자 7명으로 구성된 이 회사는, 동네 축제나 행사에 필요할 때마다 설치했다가 철거하는 와이파이 네트워크를 구상했다. 이를 쇼핑몰에서도 설치해서, 쇼핑을 하다가 원하는 상점을 찾을 때 인터넷을 이용할 수 있도록 계획했다.

대화 중 내가 물었다. "밖에 있는 것들은 어떻게 하실 생각이세요?" 새 CEO는 이미 답을 가지고 있었다. 그는 텐더로인을 첫 와이파이 시험 무대로 삼을 계획이었다. 그는 일종의 상공회의소 같은 단체인 미드마켓 사업 개발 조직과 협력하고 있다고 말했다. 이 조직은 마켓가의 넓고 침체된 거리로 가게들을 불러오기 위해 노력한다. 그 CEO는 지역사회와 교류할 계획이 있다고 말했다. 기술 업계 노동자들을 꾀어내서 사무실에서 나와 동네에서 먹고 소비하게 하고 싶다고 한다. 그럴 때마다 포인트를 줘서 우버나 스포티파이 한 달 무료 이용권을 제공한다.

그의 말은 인상 깊었다. 그가 지역 사람들과 관계를 형성하고 싶어 하는 점이 훌륭했다. 사회적 양심을 지닌 스타트업 창립자를 찾아서 기뻤다.

그리고 나는 떠났다. 밖에는 위험할 수도 있고 아닐 수도 있는 자포자기자, 노숙자, 마약 중독자, 알코올 중독자, 정신병자들이 괴로워하고 있었다. 나는 인도에 누워 있는 사람들을 피하느라 조심조심 걸어야 했다. 고함을 지르는 남자도 있고, 토하는 남자도 있었다. 노숙자들은 이 동네에서 구걸하지 않는다. 어떻게 보면 그들에게는 여기가 집이다.

내 사무실에 도착한 다음 의문이 몰려왔다. 나는 그 CEO의 '지역사회와 교류'한다는 계획을 무슨 생각으로 좋아했던 걸까? 트위터 엔지니어들을 화면 밖으로 꾀어낸다니. 그 CEO는 엔지니어들이 맛있는 공짜 유기농 식사를 포기하고, 마약 판매상 옆에 있는 태국 음식점에 가서 국수를 먹다가 바퀴벌레를 발견하는 위험을 무릅쓰리라고(내가 겪은 일이다) 생각한 걸까? 신선한 음식은 눈을 씻고 찾아봐도 없는 식품점에서 먹거리를 살 거라고? 치안이 불안한 거리에서 필요 이상으로 시간을 보낼 거라고?

내가 가장 의아했던 건, 그 CEO와 동료들이 뜨겁고 폐쇄적인 공유 오피스의 공기를 마시며 만들어낸 꿈을 기반에 두고, 앞서 설명한 변화들을 이루기 위해 기술을 어떻게 활용하고 있는지였다. 그들은 래리 페이지가 하늘에 띄운 열기구처럼 높은 하늘에서 텐더로인을 내려다보고 있었다. 텐더로인에 사는 빈곤층을 돕기 위해 지상에 어떤 구조가 이미 마련되어 있는지는 알지 못했다. 미드마켓 조직은 사업 개발에 중점을 뒀고, 이는 지역의 미래에 중대한 영향을 미친다. 하지만 진작부터 존재해온 도움의 손길들도 있다. 노숙자 쉼터, 주민 센터, 무료 급식소, 수십 년째 어려운 이웃들을 지원해온 글라이드 메모리얼

교회 등. 그 CEO에게 있어 지역 조직은 그저 동네의 소소한 필요를 채워주며 지역적인 활동을 하는 곳, 그러므로 세계적인 규모로 사용자층을 확장할 수 없는 사업 정도로만 보였던 게 아닐까 한다. 또 하나 의아했던 건, 정부와의 '협력 관계'를 일체 회피한다는 점이었다. 마치 그렇게 하면 자금이 부족하고 업무량이 과중하며 인력이 부족한 기관들과 함께 일하느라 무선 인터넷 우산의 영롱함이 퇴색된다는 것 같았다. 독실한 신봉자들 상당수가 그런 것처럼, 그 역시 인류가 당면한 문제를 해결하기 위해 공유 오피스의 투명한 유리 벽 파티션과 회의실 안에서 깨끗한 기술적 방안을 모색했다. 정부는 그와 반대로, 세상을 바꾼다는 꿈들을 영원히 침몰시킬 오물통이다.

그 CEO를 개인적으로 경멸하는 건 아니다. 그는 붙임성 좋고 똑똑한 남자다. 좋은 일을 하고 싶어하고, 그렇게 할 거라고 생각하는 사람이다. 결국 나를 화가 나고 우울하게 만든 건 경찰 2명이 남자 4명에게 총을 겨누는 게 현실인 동네 한복판에서 그들이 선보이는 끔찍발랄함, 무의식적인 편견이었다.

나 역시 기술이 세상을 더 나은 방향으로 바꾸리라고 믿었던 기억이 났다. 나의 젊음, 무지, 자만, 우리가 텅 비다시피 한 방에 들여놨던 비디오테이프와 모니터, 전선들. 더 평등한 세상을 만들기 위한 진짜 노력, 더디고 힘든 준비 작업, 여러 필요가 충돌하는 가운데 주민 회의에서 논쟁을 벌이며 보내는 시간과는 예나 지금이나 거리가 멀다. 지상 가까이에서 일하고, 당사자의 손에 코드를 쥐어주는 사람들만이 우리에게 기술의 유용성을 이야기할 수 있다. 그들을 위한 유용성 말이다.

5.

도널드 트럼프가 대통령으로 뽑힌 날 밤, 차이나타운의 관광객이 북적이는 가게 위층의 공유 오피스 트리하우스 스페이스에 30명 정도가 모였다. 주최자가 보낸 이메일 초대장에 따르면, '끝내주는 다섯 기업'의 발표를 듣기 위해서였다. 나는 선거 결과 때문에 근심에 빠져 있었고, 정해진 일정에 따라 몽유병에 걸린 것처럼 힘겹게 발걸음을 떼서 행사장에 갔다. 달리 뭘 해야 할지 몰랐기 때문이다. 내가 참석한다고 했으니, 마지못해 참석했다.

마치 별일 없었다는 듯 발표 제조 기계가 돌아가는 현장에 앉아 있으니 기분이 묘했다. 그들은 더 비현실적인 꿈들을 제시했다. 인가받은 '녹색' 물을 일반적인 일회용 플라스틱병에 담아서 판다고 한다. 이번에는 또 여행 앱이다. 현지 가이드를 주선해주는 서비스인데, 청중은 호스트의 안전 심사 문제를 지적했다. 내 입장에서 이해되지 않는 앱이 2개 더 소개되었다.

발표 하나는 스타트업 세계의 비현실성에 대한 나의 감각을 어찌나 강하게 자극하는지, 지금 악몽을 꾸고 있나 헷갈릴 정도였다. 그들은 고용주를 위한 서비스를 제안했다. 여행을 좋아하는 사람들을 고용해서, 이 기업이 남미에 보유한 리조트에 보낸다. 직원들은 그 리조트에서 본사와 원격으로 일하면서 스쿠버다이빙, 번지점프, 낚시를 하고 즐거운 시간을 보내면서 유대감을 쌓고, 고용주에게 충성심을 가지게 된다는 것이다. 내게는 비키니를 입은 여자들이 떠올랐다. 트럼프의 판타지, 마음속의 마라라고 리조트* 같은 이미지였다.

나는 허탈하게 행사장을 떠났다. 썰렁한 차이나타운 거리를 지나쳐 집에 가는 길에, 미국에 어떤 폭풍우가 닥칠지 생각했다. 그 폭풍우는 곧장 우리에게 쏟아졌다.

지하 핵 실험이 지표면을 뚫고 나와 하늘에서 폭발한 것처럼 트럼프의 대통령 임기는 시작되었다. 노여움 섞인 추악한 기운이 공기 중에 퍼지기 시작하자, 그에게 표를 주지 않은 국민 대부분이 망연자실했다.

예상치 못했던 트럼프의 당선에는 여러 이유가 있다. 나는 우리가 이 지경에 이르는 데 기술이 어떤 역할을 했다고 믿는다. 트럼프가 트위터를 해서 하는 말이 아니다. 내가 지금 이야기하려는 일은 최소 28년 전부터 시작되었다.

트럼프가 올린 트윗을 볼 때면 1998년이 떠오른다. 수백 년 동안 우리 경제와 사회의 일원이었던 중개상들을 없애는 직거래화가 도래한 시기다. 우리는, 전통적으로 거래에 개입했던 중개인 및 대리인이 (심지어는 도서관 사서와 기자까지) 무능하고, 이기적이고, 부정직한, 허풍선이 영업사원과 협잡꾼에 가깝다는 믿음이 대중에게 강요되는 순간을 목격했다. 중개인들은 쓸모없다. 믿을 건 웹사이트뿐이다. 인터넷에서 바로 해결하라.

그로부터 20년 만에, 중개인들을 경멸하는 추세를 도널드 트럼프가

* 플로리다에 있는 도널드 트럼프 소유의 호화 리조트.

타고 올라섰다. 이건 직접적인 진화의 결과였다. 웹사이트는 자신들이 바라는 진실을 무엇이든 보여줄 수 있었다. '주류 매체'는 믿을 것이 못 되었다. 당신이 마음껏 열망하지 못하게 방해하는 사람은 모두 침입자다. 트럼프는 그 역사를 고스란히 계승했다. 그는 상대를 욕보이고 괴롭힌다. 자신에게 이의를 제기하는 모든 진실을 비웃는다. 정식 언론을 업신여긴다. 우리 시대의 정보기관들이 발견한 사실을 믿지 않는 점은 특히 치명적이다. 모든 정부는 다른 나라들의 동향을 알아야 한다.

트위터는 모든 것을 '직접' 전달하기에 완벽한 중개상이다. 모든 발언을 모두에게 보낼 수 있도록 설계되어 있으며, 중간에 다른 사람을 거치지 않고도 얼마든지 메시지를 전달할 수 있다. 트럼프라는 사람과 기술에 대해 어떻게 생각하든, 우리는 이미 지상 최고 수준의 권력을 가진 남자 한 명에게 트위터가 쥐여준 힘을 두려워해야만 한다. 트럼프는 무슨 말이든 할 수 있다. 그는 말도 안 되는 거짓을 트위터에 올린다. 자신이 싫어하는 개인을 공격하고, 자신에 대해 부정적인 견해를 표현하는 사람이라면 누구든 괴롭혔다. 역대 대통령들을 보좌해 온 전문가들을 외면하다 보니, 정부 전체의 집단적 식견을 활용할 수 없는 지경에 이르렀다. 그는 자기 성찰이 끼어드는 것마저 거부한다. 그가 잘하는 게 있다면, 잠시 멈추고 깊이 생각하는 행위를 철저하게 거부하는 것이다. 한 마디로 그는 트위터가 설계된 바로 그 방식대로 움직인다. 순간의 감정을 큰 소리로 떠들고 방귀 같은 생각을 널리 퍼뜨리는 것이다. 한 마디 한 마디가 전 세계에 울려 퍼진다.

6.

지난주에 나는 뉴욕에 있으면서, 40만 군중과 함께 5번가에서 트럼프 타워를 향해 행진했다. 우리는 이미 시작된 도널드 트럼프의 대통령직 수행에 이의를 제기하는 전 세계 수백만 인구와 뜻을 같이했다.

그 군중 사이에 발을 내딛자니 마음이 설렜다. 고양이 귀가 달린 분홍색 모자(내가 알기로 여성 운동의 상징이 될 모자다)를 쓴 물결이 일었다. 젊은 여성들은, 트럼프를 지지하는 탐욕가들의 손을 닥치는 대로 후려치는 용감무쌍한 질과 여성기를 그린 포스터들을 들고 다녔다. "천하의 무신경한 국수주의·인종차별주의·초특급 허풍 주의"처럼 재치있는 문구도 있었다. 이 행사는 여성 행진으로 기획되었지만, 내 주변에 있던 사람들을 보면 적어도 3분의 1은 남자였다. 대부분 백인이었지만 흑인, 라틴아메리카인, 아시아인도 있었다. 부모들은 유모차를 몰고 나왔다. 한 어머니는 아들 넷에게 "여성이 세계를 지배할 것이다"라고 쓰인 팻말을 들게 했다.

20대 초반의 여성이 많은 것을 보니 가슴이 두근거렸다. 이들은 과거의 전투들에 관해 배우고, 이전 세대 여성들이 몇 년 동안 정치적 투쟁(1970년대의 단어 '투쟁'을 역설 없이 안전하게 사용해도 좋다면)을 벌이고서야 원하는 바를 이룰 수 있었다는 것을 깨달은 것 같았다. 이들은 트럼프 정권에서 자신들이 전투에 임하지 않으면 생식권, 사회적, 경제적, 정치적 평등을 위한 법적 지원을 잃어버릴 수 있다는 걸 알았다. 이들이 과거를 돌아보면서, 1970년대의 여성 운동이 계층, 인종, 정체성 분열로 인해 힘과 기세를 잃어버렸다는 교훈도 얻었으면 좋겠다.

어쨌거나 흥이 났다. 동지가 이렇게나 많다니! 즐거웠다! 구호를 외치는 것도 재미있었다. "손이 그렇게 작아서 벽을 쌓겠나!", "우리에게 필요한 건 지도자다, 징그러운 트윙여가 아니라!" 한쪽 끝에서 다른 쪽 끝으로, 앞에서 뒤로 아니면 뒤에서 앞으로 펼쳐지는 파도타기 야유와 괴성도 짜릿했다. 한 구역에서 다음 구역으로 넘어갈 때마다 5번가 전체의 건물들 사이로 메아리가 쳐서, 뱀처럼 늘어선 길고 시끄러운 시위 행렬에 함께 하고 있음을 알 수 있었다. 그렇게 모두 하나가 되어 행진했다.

우리는 그 자리에 있는 동안 행복했다. 인정받기 위해 자리에서 일어나 우리의 소임을 다했다는 기분으로 집에 왔다. 이제는 시련이 닥칠 차례다. 그 대담한 여성들은 스스로 체계를 세우고, 실패와 손해를 감수하고 싸움을 이어갈 수 있는 다른 이들, 조직들과 연대해야 한다고 나는 생각했다.

샌프란시스코로 돌아오니 사우스파크 공사가 진전되어 있었다. 흙더미가 쌓여있던 철조망 안쪽의 땅이 평평하게 다져져서, 잔디를 깔 수 있는 상태가 되었다. 산책로의 중심축 역할을 하는 콘크리트가 배치되었고, 공원을 구획하는 1미터 남짓의 벽들이 역시나 콘크리트로 세워졌다. 디지털 렌더링 이미지에 빠졌던 공원 벤치와 피크닉 테이블도 실제로는 마련되었지만, 마감하지 않은 단풍나무 목재 같은 황백색이었다.

서쪽으로 해가 기울자, 주변을 둘러싼 하얀 색채가 눈부시게 빛났다. 마음을 나누기에는 너무 깨끗하다는 생각이 들었다. 원래 이 자리에 있던 행복한 지저분함이 말끔히 사라졌다. 이 구조물, 미술관에 온 것처럼 새하얀 공간을 지나다니는 건 생각만 해도 조심스럽다. 흰 카펫과 덮개로 장식된 남의 집에 방문한 기분이다. 하지만 이 결핍은 건축가와 도시 계획자들이 구상한, 디지털 시안에서 근사해 보이는 모조 건축물에나 존재한다는 생각이 들었다. 공원은 야외에 있다. 결국 비가 오기 마련이고, 사람들은 공원에 입장할 때 발에 묻은 흙을 털지 않는다. 콘크리트는 낡으면 흉물스러워진다. 희끄무레한 벤치는 세월이 지나면 진한 벤치보다 더 많이 닳고 변색될 것이다. 곧 그라피티도 생길 것이다. 이 깨끗한 공간은 너무나도 스프레이를 뿌리고 싶은 유혹적인 스케치북이다.

여기저기에 아담한 은색 원형 탁자와 의자가 있었다. 거대한 버섯처럼 땅에서 자라난 요상한 모양새다. 은색, 흰색, 유광, 철제. 해가 나면 너무 뜨거워서 앉을 수 없을 것 같았다. 가로등의 철제 기둥이 설치되었다. 지름 30센티미터 정도의 원기둥이다. 원기둥에서 공원 쪽을 마주 보는 면에는 기사 갑옷의 얼굴 가리개처럼 생긴 반원형 유리가 있다. 환영받지 못한 방문객들로부터 공원을 보호하는 보초병인 셈이다. 살아남은 늙은 나무들 사이에 2미터가 넘는 정도 높이의 어린나무들이 심겼다. 새 나무들이 그늘을 드리워주려면 앞으로 수십 년은 기다려야 한다.

그날은 괜찮은 오후였다. 하늘은 푸르고, 베이에서 바람이 불어왔다. 나는 집에 가는 길에 커피숍과 카페 들을 지나쳤다. 그 안은 대화에 열중하고, 웃고, 휴대폰으로 서로에게 사진을 보여주는 젊은 남성들과 몇몇 여성들로 꽉 차 있었다. 기쁨의 탄성이 들려왔다. 이 운 좋은 지망생들이 얼마나 행복에 겨워 있는지 절로 느껴졌다. 스타트업을 세우거나, 스타트업의 초기 직원이 된다. 이런 성취야말로 성공적인 삶의 품질 보증 마크라고 주변의 모든 것이 속삭인다. 그리고 이들은 기술 세계의 중심점, 모든 세대가 존재해야 하는 바로 그 자리에 와 있었다. 이들은 자신이 속한 시대의 문화를 정의하는 세계 안에 들어와 있었다. 인생의 전성기를 보내고 있는 것이다.

밀레니얼 세대의 특권층은 인터넷에 미래를 걸었다. 이들이 그 내기의 위험성과 어리석음을 알고 있는지는 모르겠다. 그들을 둘러싼 호황의 기세가 꺾이고 있다. 스타트업의 생존율이 떨어지고 있다. 이 글을 쓰고 있는 현재, 주요 인터넷 기업들이 어려움을 겪고 있다. 세일즈포스는 아직 타워 공사가 끝나지 않았는데도 주가가 온탕과 냉탕을 오간다. 링크드인은 다스베이더 건물이 완공되기도 전에 힘겨운 시간을 맞이하다가 마이크로소프트의 손에 넘어갔다. 트위터는 투자자들을 떠나보내고 있으며, 직원들을 서둘러 내보내고 다른 회사로의 매각을 알아보고 있다. 하지만 인수하겠다는 회사는 없다.

한편, 다른 기술 기업들은 주식을 상장하더라도 막대한 부를 거두지 못할 위험에 처해 있다. 우버와 스냅은 올해 상장할 계획이다. 두 회사는 내부에서 엄선된 개인들의 손에 있었다. 첫 번째 호황기에 그랬던 것처럼, 이 스타트업들의 가치는 수익성이 아니라 수익과 성장에 대한 꿈을 기준으로 매겨진다. 우버는 2016년 3분기에만 8억 달러의 적자를 냈다.

일반 대중은 주변부에 서서 회사의 가치가 수십억 달러로 치솟는 광경을 구경하며 입맛을 다셔왔다. 그들도 경기에 뛰어들고 싶다. 나는 주식이 상장되면 첫 호황 때처럼 대중이 달려들어 주식을 살 것 같아 두렵다. 주가는 요란하게 올라갈 것이다. 그러면 내부자와 직원들이 팔기 시작한다. 가격이 떨어진다. 외부자들은 이 현상을 매수 기회로 보고 다시 한번 달려들고, 또다시 달려든다. 결국 맨 마지막에 시장에 들어가는 사람이 저축과 퇴직금을 날리고, 내부자들은 수십억 달러를 챙겨 떠난다. 또 한 번 사회 전반의 재물이 부자들에게로 이전되는 것이다.

내 생각이 전부 틀리기를 바란다.

카페에서 즐거운 한때를 보내고 있는 사람들은 기술 업계의 첫 번째 붕괴에 대해 얼마나 알고 있을지 궁금하다. 나는 그들에게, 인터넷 기업들만이 아니라 사회 전체가 어떤 일을 겪었는지 들려주고 싶다. 인터넷 자체, 기반시설, 프로토콜, 서버는 어떨까? 인터넷을 창조하고 구축한 사람들조차 인터넷의 현재 모습을 보며 낙담한다. 2000년에 팀 버너스리가 컴퓨터·자유·개인정보 학회에서 일어날지도 모른다고 두려워했던 모든 일(정부와 기업의 완전한 사찰)이, 당시 그를 비롯해 학회에 왔던 사람들이 상상했던 것보다 훨씬 극단적인 방식으로 실현되었다. PGP 이메일 암호화 기술을 개발한 필 짐머만은 라바비트Lavabit라는 보안 이메일 서비스를 2013년까지 운영했다. 그 해에 그는, 서비스 사용자들의 신상 정보를 넘기라는 정부의 요청을 받았다. 짐머만은 요청에 따르는 대신 서비스를 접었다. 중요한 보안 알고리듬을 공동 개발한 위트필드 디피는 2000년에, 암호화 기술만으로는 인터넷의 보안을 유지할 수 없다고 말했다. 이제 정부는 암호화된 시스템의 뒷문을 열어달라고 요구하고 있으며, 암호화 프로토콜에 잠입할 프로그램을 개발 중이다. 버너스리, 연구자들, 주요 인터넷 발명가들, 나이든 해커들은 더 안전한 인터넷 기반시설을 상상해보려고 하고 있다. 뭔가 분산된 시스템, 뭔가 새로운 인터넷, 어떻게든 우리가 디지털 교도소를 탈출하게 해줄 무언가를. 내가 인터넷에 대해 들어본 가장 마음 아픈 이야기는 2014년 블랙햇 컨퍼런스에서 댄 기어가 했던 기조연설이었다. 그는 사람들이 네트워크의 취약함이 위험하다는 것을 이해하기 전부터 이를 경고했던, 저명한 컴퓨터 보안 전문가다. 그는 우리가 현재의 시스템으로는 사찰에서 벗어날 수 없다는 현실을 비통하게 인정하면서 애절하게 말했다. 자신을 괴팍한 노인네라고 보는 사람도 있겠지만, 자신은 인터넷으로부터 가능한 한 멀리 떨어져 있다고 말하며 그는 연설을 마쳤다. 기어의 이야기에도 카페에 있는 어린 친구들이 알아야 하는 교훈이 담겨있다. 초창기에 사람들이 웹에 걸었던 희망과 비교하자면, 인터넷은 실패한 신이다.

나는 사우스파크를 떠나서, 베이브리지에 진입하려 아우성치는 차들이 뿜는 배기가스와 열기를 통과해 집으로 걸어가기 시작했다. 나는 그 자리에서 벗어나야 했다. 뒤를 돌아보니, 2번가에서 해변으로 이어지는 경사로에서 산들바람이 불어왔다.

　나는 카페로 돌아가봤다. 갑자기 안으로 쳐들어가 저 선택 받은 젊은이들의 인터넷을 향한 꿈을 떨쳐주고 싶었다. 인터넷이 우리 문화를 어떻게 망치고 있는지, 그들이 봐주기 바랐다. 사생활이 사라지고, 빈부격차가 커지고, 중산층이 사라지고, 지구에 있는 인류 대부분의 진짜 삶을 제대로 바라보지 않는 기술자들이 속세로부터 분리되고 격리되어 사는 사회가 탄생하고 있다.

　그래도 나는 인터넷 꿈나무들이 해낼지도 모르는 좋은 일들을 보려고 노력해야만 한다. 선택의 여지가 없다. 그들을 믿거나, 절망에 무릎 꿇는 수밖에 없다. 나는 인터넷 이전의 삶을 거의 기억하지 못하거나 아예 모르는 이들이, 변화는 밑에서부터 시작되며, 변화를 위해서는 웹의 온실 안에서는 이뤄질 수 없는 고된 사회적 교환이 필요하다는 사실을 이해하기를 희망해야만 한다. 그들이 미래에 기술이 펼쳐낼 경이를 기다리는 것과 더불어, 인터넷이 있기 전의 과거를 돌아보면서 현재의 삶에 대한 방향성을 찾으리라고 믿어야 한다.

　자신들 주변에서 벌어지는 일을 날카로운 시선으로 바라보는 것은 새로운 세대의 몫이다. 이제 그들의 차례다. 그들의 밝은 미래를 기원한다.

샌프란시스코에서 온 라테

라테는 말이야, 하는 말이 유행입니다. '나 때는 말이야'라고 말문을 열어 옛날이야기를 늘어놓기 좋아하는 기성세대의 행태를 풍자하는 신조어입니다. 엄밀히 말하면 이 책에도 그런 라떼 향이 진하게 묻어 납니다. 1970년대에 대학을 다니고 1978년에 개발자로서 사회에 발을 내디딘 저자 엘런 울먼의 그때 그 시절이 고스란히 담겨 있기 때문입니다. 하지만 무려 지난 세기에 쓰인 글들에, 신기하게도 현재 우리의 모습이 선명하게 비칩니다.

엘런 울먼은 1998년에 쓴 글(「두 번째 호황: 작별」에 인용됨)에서, 누군가가 타인과 부대끼지 않고 집에 앉아 인터넷을 통해 필요한 모든 물품을 배송받으면서 쾌적하고 안락한 생활을 영위하려면, 다른 누군가는 집 밖에서 그 물건을 포장하고 배송해야만 한다는 사실을 꼬집었습니다. 그리고 전 세계가 코로나바이러스감염증-19라는 사상 초유의 사태를 맞닥뜨린 2020년, 누군가 집안에서 안전하게 재택근무를 하며 건강과 경제적 풍요를 모두 챙기는 동안, 배달 노동자들은 이 재난의 최전선에서 감염 위험에 노출된 채 과중한 업무에 시달렸습니다.

시간을 좀 더 거슬러 올라간 1994년의 글(「시간을 벗어나다」)에서는 앞으로 '쌍방향'이라는 이름의 주문형 서비스가 우리 생활을 지배할 것이라 이야기합니다. 전화기, 텔레비전, 컴퓨터를 통해 하루 중 어느 시간이건, 입도 뻥긋하지 않고 원하는 서비스를 받게 될 것이라고 말합니다. 실제로 이제 우리는 아무 때고 넷플릭스에 접속해 원하는 영화를 보고, 클릭 몇 번으로 새벽에 야식을 배달시키거나 장을 보고, 택시의 목적지를 입력하고, 카페에서 원하는 음료를 주문할 수 있습니다. 같은 차에 타고 있는 기사나 코앞에 있는 종업원과는 눈도 마주치지 않고, 저자의 말처럼 사람을 대신해 프로그램들과 대화를 나누는 것입니다.

이렇게 코드가 지배하는 세상에 대한 통찰력을 발휘한 저자가 처음부터 컴퓨터를 전공하면서 소프트웨어 엔지니어의 길을 꿈꿨던 것은 아닙니다. 책에도 나온 것처럼 저자는 1970년대 초에 코넬 대학교에서 영문학을 전공하고 휴대용 비디오카메라라는 당시의 신문물을 접하면서 기계를 두려워하지 않는 자신을 발견했습니다. 그 후 샌프란시스코 거리를 지나가다가 본 초소형 컴퓨터에 호기심을 느끼면서 프로그래밍을 처음 배웠습니다. 요즘은 대학에 컴퓨터공학과가 많지만, 그 시절에는 다른 학문을 전공하고 다른 직업을 가졌던 사람들이 독학으로 프로그래밍 언어를 배워 개발자라는 직업을 택하곤 했습니다.

그래서인지 울먼과 일하는 상사들의 출신 성분도 다양했다고 합니다. 그런 배경이 코드에 파묻힌 생활 속에서도 인간과 기술 사이의 균형을 유지하는 데 단단한 중심 근육이 되었으리라 생각합니다.

한편 울먼은 컴퓨터 세계에 발을 들이고 소프트웨어 엔지니어로서 실력을 인정받을 수 있는 운영체제 저층까지 내려가는 데 성공했지만, 그 세계에는 여성인 저자가 겉돌 수밖에 없는 이른바 '남자아이 문화'가 존재했습니다. 기괴한 행동을 할수록 실력을 인정받고, 인정을 많이 받는 위치에 갈수록 젊은 백인과 아시아인 남성만 남게 되는 이 세계에 염증을 느낀 저자는 결국 소프트웨어 엔지니어링에서 컨설팅으로 업종을 변경합니다. 하지만 덕분에 울먼은 실력 있는 소프트웨어 엔지니어로서의 내부자적 시선과 더불어, 그 사회의 주류에서 벗어난 외부자적 시선을 두루 갖춘 입체적인 작가가 되었습니다.

세계를 바꾸는 혁신이 시작되고 전 세계 스타트업 꿈나무들이 집결하는 샌프란시스코에서 소프트웨어 엔지니어, 컨설턴트, 작가로 일하면서 40여 년을 살아온 저자는, 컴퓨터 화면만이 아니라 동네 거리와 공원과 옛 공장 건물에서 온갖 변화를 목격해왔습니다. 히피들의 천국이었던 샌프란시스코가 말쑥한 예비 CEO들의 놀이터로 바뀌고, 투박하지만 그늘이 시원했던 공원은 매끈해지고, 스카이라인은 점점 복잡해져갑니다. 젊은이들은 '좋아하는 일을 한다'는 고귀한 목표를 이루기 위해 오늘도 공유 오피스에서 공짜 맥주를 마시며 밤을 지새웁니다. 하지만 밤새 컴퓨터 화면에 코를 박고 일할수록, 유리 벽 너머 세상을 바라보면 자신과 근사한 인테리어의 사무실이 거울처럼 비칠 뿐 실제로 바깥에 있는 세상은 보이지 않습니다.

다양한 이야기를 통해 결국 울먼이 이야기하는 것은, 코드가 삶에서 아무리 큰 부분을 차지하더라도 우리는 피와 살로 이루어진 인간이고 그 인간다움을 끝까지 지켜내야 한다는 것입니다. 일단 집과 인터넷 회선만 갖추면 생존에 필요한 모든 것을 온라인으로 해결할 수 있는 세상, 사람들끼리 함부로 접촉하는 것이 건강을 위협해 온라인에 의존하는 삶이 권장되는 이 시대를 사는 우리는 각자의 인간다움을 유지하는 동시에 기술의 혜택에서 소외되는 이웃이 줄어들도록 스스로와 주변을 돌아봐야 합니다. 이런 고민을 위해 자리에 앉으면 뇌에 연료를 공급해줄 커피 한 잔이 먼저 생각나기 마련인데요, 이 책은 그런 순간에 마시기 딱 좋은 '라테'입니다. 샌프란시스코에서 온 이 라테, 참 진하고 고소합니다.

사용 허가와 감사의 말

이 책에 실린 일부 내용이 처음 소개되었던 간행물들에 감사하는 마음으로 사용 허가를 받았습니다.

"Outside of Time: Reflections on the Programming Life" first appeared in *Resisting the Virtual Life: The Culture and Politics of Information*, edited by James Brook and Iain A. Boal (City Lights Books, 1995).

"Come In, CQ" first appeared, in very different form, in *Wired Women: Gender and New Realities in Cyberspace*, edited by Lynn Cherny and Elizabeth Reba Weise (Seal Press, 1996).

"The Dumbing Down of Programming" first appeared on *Salon*, May 12 and 13, 1998.

Some portions of "What We Were Afraid of As We Feared Y2K" first appeared in "The Myth of Order," *Wired*, April 1, 1999.

"Off the High" first appeared, in somewhat different form, as "Twilight of the Crypto-Geeks," on *Salon*, April 13, 2000.

"Programming the Post-Human" first appeared in *Harper's Magazine*, October 2002.

"Memory and Megabytes" first appeared in *The American Scholar*, Autumn 2003.

"Dining with Robots" first appeared in *The American Scholar*, Autumn 2004.

A small part of "Close to the Mainframe" first appeared as "Pencils" in *Wired*, April 16, 2013.

프란츠 라이트의 시집 *God's Silence*에 수록된 「고양이의 죽음에 대하여On the Death of a Cat」를 실을 수 있도록 인쇄 허가를 받았습니다. © 2006 by Franz Wright. Used by permission of Alfred A. Knopf, an imprint of the Knopf Doubleday Publishing Group, a division of Penguin Random House LLC. All rights reserved.

코드와 살아가기

초판 인쇄 2020년 7월 29일
초판 발행 2020년 8월 14일

지은이 엘런 울먼
옮긴이 권혜정
펴낸이 강성민
편집장 이은혜
책임편집 김해슬
마케팅 정민호 김도윤 고희수
홍보 김희숙 김상만 지문희 우상희 김현지

펴낸곳 ㈜글항아리 | 출판등록 2009년 1월 19일 제406-2009-000002호
주소 10881 경기도 파주시 회동길 210
전자우편 bookpot@hanmail.net
전화번호 031-955-2663(편집부) 031-955-2696(마케팅)
팩스 031-955-2557

ISBN 978-89-6735-810-5 03500

글항아리는 ㈜문학동네의 계열사입니다.

이 도서의 국립중앙도서관 출판예정도서목록(CIP)은 서지정보유통지원시스템 홈페이지
(http://seoji.nl.go.kr)와 국가자료종합목록 구축시스템(http://kolis-net.nl.go.kr)에서 이용
하실 수 있습니다. (CIP제어번호 : CIP2020029941)

geulhangari.com